Moses Harris

Exposition of English Insects

Moses Harris

Exposition of English Insects

ISBN/EAN: 9783337176082

Printed in Europe, USA, Canada, Australia, Japan

Cover: Foto ©berggeist007 / pixelio.de

More available books at **www.hansebooks.com**

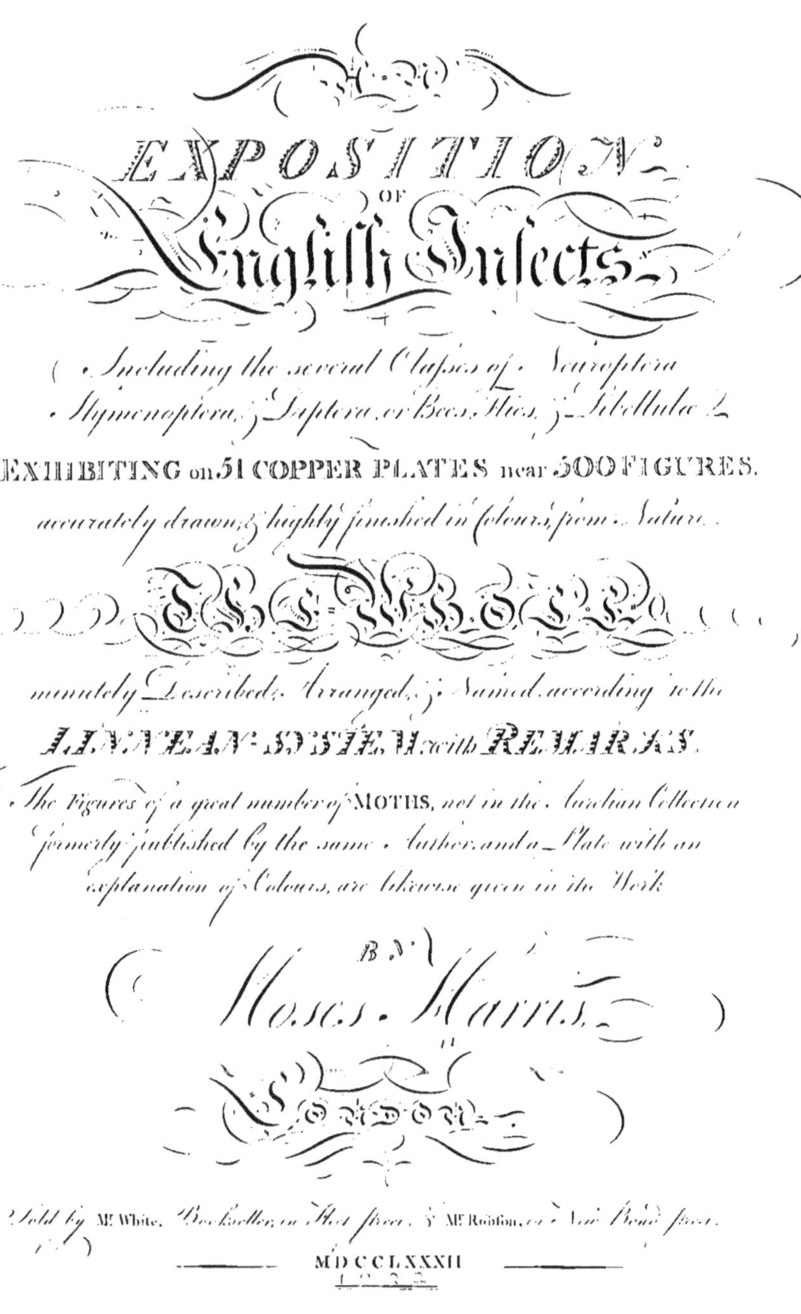

EXPOSITION
OF
English Insects

Including the several Classes of Neuroptera Hymenoptera, & Diptera, or Bees, Flies, & Libellulæ

EXHIBITING on 51 COPPER PLATES near 500 FIGURES.

accurately drawn, & highly finished in Colours, from Nature.

THE WHOLE

minutely Described, Arranged, & Named, according to the

LINNEAN SYSTEM, with REMARKS.

The Figures of a great number of MOTHS, not in the Aurelian Collection formerly published by the same Author, and a Plate with an explanation of Colours, are likewise given in the Work

BY

Moses Harris.

LONDON.

Sold by Mr. White, Bookseller, in Fleet street, & Mr. Robson, in New Bond street.

MDCCLXXXII

SMITHSONIAN INSTITUTION
JUN 25 1931
U.S. NATIONAL MUSEUM

INTRODUCTORY

P R E F A C E.

IT is almoſt an univerſal cuſtom in a preface to a work of this kind, to ſay ſomething in praiſe, or elſe in defence of the ſcience of Natural Hiſtory, as if not meant ſo much to recommend the ſtudy as to apologize for thoſe who labour therein. But to whom ſhould ſuch apology be made? thoſe who object againſt it are generally men of ſmall capacity and low wit, having a mean conception of things in general, and whoſe diſpoſition it is to condemn what they do not underſtand. It ſhall be my deſign, therefore, to dwell on nothing but what is neceſſary as an introduction, and to inform my reader that in the general plan of this work I have kept cloſe to the outlines of the ſyſtem of *Linnæus*, ſo far as his method was agreeable to, and did not interfere with the plan, which I have adopted, of a ſtrict adherence to a Natural Syſtem, ſeparating the claſſes by ſuch nice though ſtrong diſtinctions, that the obſerver at firſt ſight of an inſect (if it be of the *Diptera* or *Hymenoptera*) ſhall be capable of not only knowing the claſs it refers to, but at the ſame time to what order and ſection of that claſs, and this by the wings only.

L'USAGE preſque univerſel dans lequel on eſt dans une preface d'un ouvrage de ce genre, de dire quelque-choſe louable ou en defence de la ſcience de l'Hiſtoire Naturelle, ſemble qu'on ſe propoſe plutôt de faire une apologie en faveur de ceux qui y travaillent, qu' à recommender l'étude de cette ſcience. Mais qui eſt ce qui a beſoin d'apologie? ceux qui y trouvent à redire ne ſont en général que des gens de petite capacité & d'un eſprit rempant, qui n'ont qu'une conception vulgaire des choſes en general, & des diſpoſitions qui ne ſont propre qu'à condomner ce qu'ils ne comprennent point. Mon deſſein eſt donc de n'inſiſter rien autre choſe que ce qui eſt néceſſaire à une introduction, & de prevenir mon Lecteur que dans le Plan géneral de cet ouvrage, je me ſuis laiſſé conduire par les lignes extérieures du Syſteme de Linneus, & j'ai rangé les inſectes dans leurs ordres reſpectifs par des diſtinctions ſi marquées et circonſpectes, ſelon la manière de cet excellent Naturaliſte, en ſeparant les claſſes d'une manière ſi diſtinguée que l'obſervateur au premier coup d'œil d'un Inſecte (s'il eſt un *Diptera* ou *Hymenoptera*) ſera capable non ſeulement de ſçavoir de quelle claſſe elle eſt; mais auſſi de quel ordre, & de quelle ſection de cette claſſe; & le tout par le moyen des ailes.

It is to the tendons of the wings that I am beholden for the discovery of the numerous species (particularly of the *Musca*) contained in this work: for having collected, on a certain time, a great number, I wanted to separate the species, and take away the duplicates, but knew not where to begin for want of some plan or method to proceed upon, and such a one as would effectually prevent the taking a male and female of one kind for two distinct species. I at length perceived, by the different disposition of the tendons, that there were a certain number of orders, or sorts of wings, and immediately proceeded to divide them respectively. Thus the difficulty was unravelled, for it was now but a pleasing task to select the various species of each order, male and female, and place them together. It was therefore a prevailing circumstance with me to insert drawings of the wings according to their various orders, that whoever may intend to collect the *Diptera* and *Hymenoptera* for the future, may have the opportunity of the same benefit and assistance from them which I have experienced.

In the descriptions I have given the *Linnæan* name where the characters of the insect exactly corresponded with that described in the *Systema Naturæ* of that Author: where I was in doubt, I judged it better to be silent than run the hazard of a mistake.

As I have used myself to a set of terms for the various parts of insects, some of which are unknown to many, I have subjoined the following Tables of Explanation, which refer to a plate whereon the respective parts are delineated, and which will be very proper for the reader to peruse before he enters upon the description

2 Ex-

Je dois la decouverte de ce grand nombre d'especes d'insectes (& particulièrement celle de *Musca*) contenues dans cet ouvrage, aux tendons des ailes, car ayant fait dans une certaine saison la collection d'un grand nombre, j'eûs besoin de separer les especes & d'oter les doubles, mais manque de plan ou de methode propre à suivre, je ne sçavois pas où commencer; & il m'en faloit un qui pût effectivement m'empêcher de prendre un Male & une Femelle d'une même espece, pour deux especes differentes, & afin que les Femelles ne fussent pas séparées des Males de leurs même especes en les plaçant dans deux ordres differents. Je m'aperçû à la fin, par les differentes dispositions des tendons, qu'il y avoit un certain nombre d'ordres ou sortes des ailes; je commençai aussi-tôt à les diviser separemment. De cette façon je surmontai la difficulté, car ce n'étoit qu'une tâche fort agréable de choisir les especes differentes de chaque ordre males & femelles, & de les placer ensemble. C'est pourquoi ce me fut un motif efficace pour inserer les figures des ailes selon leurs differents ordres à fin que quiconque puisse être dans le dessein de faire la collection de *Diptera* & *Hymenoptera* ayent l'occasion du même profit & de la même assistance que j'ai experimenté moi-même.

Dans les déscriptions que j'ai données au nom Linnéen, où les caracteres de l'insecte correspondoient exactement à celle qui nous est decrite dans le *Systema Naturæ* de cet auteur; où je me suis trouvé incertain j'ai pensé qu'il étoit plus convenable de ne dire mot, que de courir le risque de me tromper.

Comme je me suis accoutumé a un nombre de termes pour la diversité des partiés des insectes, donc la pluspart ne sont connues que de peu de personnes, j'ai ajouté les Tables suivantes d'explications, & qui renvoyent, à des planches sur lesqu'elles toutes les parties separées sont ebauchés, & qu'il sera très àpropos que le lecteur parcoure avant que de commencer les descriptions.

Ex-

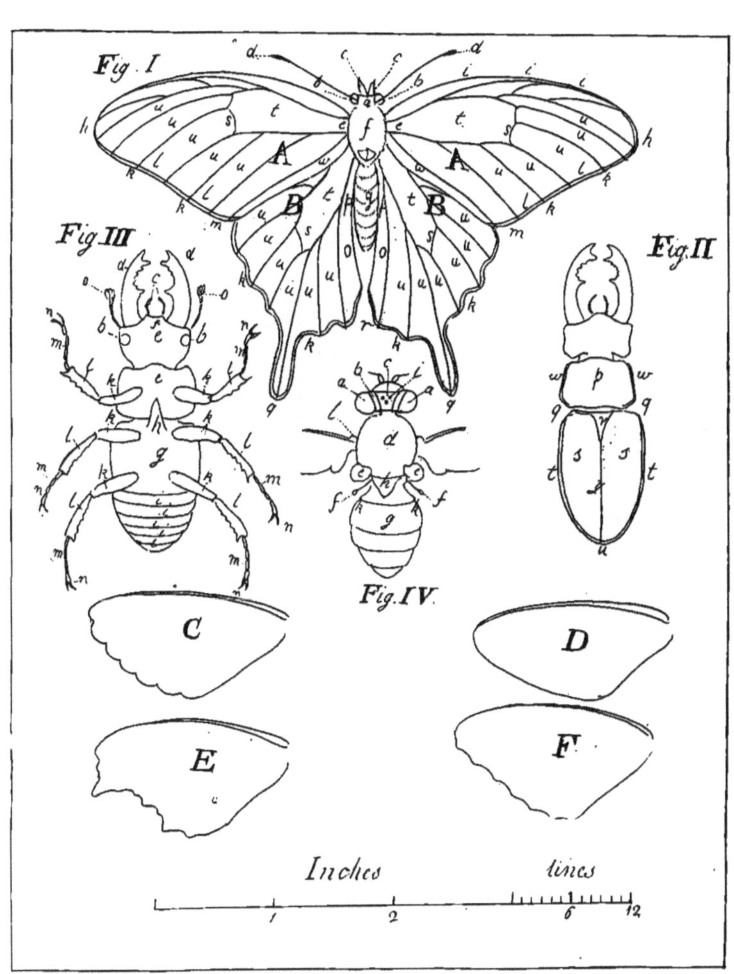
Fig. I
Fig. II
Fig. III
Fig. IV
A
B
C
D
E
F
Inches
lines
1
2
6
12

Explanation.

A A. Superior wings.
B B. Inferior wings.
C. Scolloped wings.
D. Smooth or even wings.
E. Angulated wings.
F. Indented wings.

Fig. I.

a Head.
b b Eyes.
c Palpi.
d d Knobs of the antenna.
e e Shoulders.
f Thorax.
g Abdomen.
h h Tips or apices.
i i Sector edges.
k k Fringes.
l l Fan edges.
m m Lower corner of the ſuperior wings.
n n Outer corners of the inferior wings.
o o Abdominal edges.
p p Abdominal groove.
q q Tails.
r r Abdominal corners.
s s Bar tendons.
t t Table membranes.
u u Fan tendons and membranes.
w w Slip membranes, and ſlip edge.
x Anus.
y Tongue.
z Long membrane.

Fig. II. and III.

a Head.
b b Eyes.
c Palpi.
d d Jaws or forceps.
e Breaſt.
f Mouth.
g Lower part of the breaſt.
h Gorget.
i i Abdomen, with its annuli.
k k Fore, middle, and hinder thighs.

l l Fore,

Explication.

A A. Les ailes ſupérieures.
B B. Les ailes inférieures.
C. Les ailes decoupées a languettes.
D. Les ailes uniés.
E. Les ailes angulaires.
F. Les ailes dentelées.

Fig. I.

a La tête.
b b Les yeux.
c Les antennules.
d d Les boutons des antennes.
e e Les épaules.
f Le corcelet.
g L'abdomen.
h h Les bouts.
i i Les bords tranchants.
k k Les franges.
l l Les bords d'évantail.
m m Le coins inférieurs des ailes ſupérieures.
n n Les coins extérieurs des ailes inférieurs.
o o Les bords abdominaux.
p p La rainure abdominale.
q q Les queües.
r r Les coins abdominaux.
s s Les tendons en barre.
t t Les membranes de table.
u u Les tendons d'évantails & les membranes.
w w Les membranes & le bord gliſſant.
x x L'anus.
y La langue ou trompe.
z La membrane longue.

Fig. II. & III.

a La tête.
b b Les yeux.
c Les antennules.
d d Les machoires.
e La poitrine.
f La bouche.
g La partie inférieure de la poitrine.
h La gorge.
i i L'abdomen & ſes anneaux.
k k Les cuiſſes de devant, du milieu, & de derrière.

l l Les

l l Fore, middle, and hinder ſhins.

m m Bearers.
n n Claws.
o o Antennæ.
p Thorax.
q q Joint of the thorax.
r Eſcutcheon.
s s Wing caſes.
t t Margin of the wing caſes.
u Anus.
w w Lateral margin of the thorax.
x x Hinder margin of the thorax.
y Suture.

FIG. IV.

a a Large eyes.
b Fillets.
c Frontlet.
d Thorax.
e Femoral ſcales.
f Tremblers.
g Abdomen.
h Eſcutcheon.
i Little eyes or ſtemmata.
k Hips.
l Shoulder ſtuds.

In the deſcriptions, I have made uſe of ſuch terms with reſpect to colours and teints as may beſt ſerve to convey a proper idea of the colours in the inſects deſcribed: but as theſe terms are little known but to painters, I have given, in a ſmall ſcheme annexed, a kind of ſyſtem, containing a variety of ſeventy-two different colours, which are placed in ſuch a manner, as demonſtrate at firſt ſight, the dependance colours in general have on each other. Each teint is numbered, and the figures refer to a Catalogue which ſerves as an index to ſhew the name appropriated to each.

I am far from propoſing this ſcheme as a complete ſyſtem, nor does it contain all the teints which decorate the ſubjects compriſed in this work, one being as impoſſible as the other. Many, I believe, are little aware that the teints which may be compoſed of the three prime

l l Les jambes de devant, du milieu, & de derrière.
m m Les tarſes.
n n Les pattes ou griffes.
o o Les antennes.
p Le corcelet.
q q La jointure du corcelet.
r L'écuſſon.
s s Les étuis.
t t La bordure, ou les bords des étuis.
u L'anus.
w w La bordure de côté du corcelet.
x x La bordure de derrière du corcelet.
y La ſuture.

FIG. IV.

a a Les grands yeux.
b Les bandeux.
c Le petit front.
d Le corcelet.
e Les écailes femorales.
f Les trembleurs.
g L'abdomen.
h L'écuſſon.
i Les petits yeux.
k Les hanches.
l Les clous des épaules.

Dans mes deſcriptions je me ſuis ſervi de termes par rapport aux couleurs & aux teints des plus convenables pour donner une idée propre des couleurs de l'inſecte qu'on décrit: mais comme ces termes ſont peu connus que parmi les peintres, j'ai donné dans un plan que j'ai joint, une eſpece de ſyſteme qui contient la diverſité de ſeptante deux differentes couleurs, qui ſont placées d'une façon à demontrer au premier coup d'œil la dependance que les couleurs ont en géneral les unes ſur les autres; chaque teinture eſt numerotée, & les nombres renvoyent à un Catalogue qui ſert de table pour marquer les noms qu'on leur à appropriès.

Bien loin de propoſer ce plan comme parfait, je ſuis convaincû qu'il ne contient pas même toutes les teintures qui decorent les ſujets compris dans cet ouvrage, l'un n'étant pas plus poſſible que l'autre. Je m'imagine qu'il y a pluſieurs perſonnes qui ne prevoient pas

prime of principal colours are infinite: neither can we by any proposed method or measure adjust the quantity of each requisite to compose a teint required. The painter composes his teints by the strength of his judgment, it being a part of his art, some greatly excelling others in this particular; whence it may be said, that teints are proper or improper according to the part of the picture for which they are intended. A child might compose a number of teints not knowing what he does, which a judicious artist could dispose on the canvas to wonderful purpose.

pas que la teinture qu'on peut composer des trois couleurs principales (car on peut dire que tautes les autres couleurs sont composées de ces trois la) sont à l'infini: il est même impossible par aucune methode proposée ou autre moyen d'ajuster la quantité de chaque couleur necessaire pour composer une teinture que nous est demandée. Le peintre compose ses teintures par la force de son jugement, comme étant une partie de son art, & nous en voyons qui en surpassent d'autres de ce côté la; de sorte qu'on peut bien dire que les teintures sont propres ou impropres selon la partie du portrait pour lequel elles sont destirées: un enfant pourroit composer un nombre de melanges sans savoir la consequence de ce qu'il fait, pendant qu'après un artiste judicieux pouroit les disposer admirablement sur de canevas et à un très grand avantage.

The intention of this scheme then, is merely to assist the conception of the reader, and to give some idea of each meant by the terms in the Catalogue. I could have extended it greatly beyond its present limitation, but it would be here unnecessary, as it already comprehends all the teints answering to the terms used in the descriptions.

C'est pourquoi l'intention de ce plan est seulement d'assister la conception du lecteur, qui peut-être n'a qu'une petite connoissance du melange des couleurs & en donner quelques idées de chaqu'une, signifies par les termes du Catalogue. J'aurois pu l'etendre bien plus ou long qu'il n'est, mais cela n'est pas necessaire, puis qu'il comprehend toutes les teintures qui repondent aux termes donc on fait usage dans les descriptions.

The three conjunctive triangles in the centre, of Red, Blue, and Yellow, are intended to shew, that those three colours, when mixed together in equal powers, compose or constitute Black, and that all teints in the surrounding circles are generated of them according to the various proportions of each mixed together. The colour or teint in each compartment of the inner circle, is composed or partakes of the joint powers of those situated on each side: thus between the red and yellow, is orange; between the yellow and blue, is green; and between the blue and red is the purple. The intermediate which makes up the rest of the circle partakes most of that colour to which it is nearest. Each of the teints which compose the two inner circles are made of only two of the prime colours, but those of the outer ones of all the three.

Les trois triangles conjonctifs dans le centre de Rouge, de Bleu, & de Jaune, sont pour montrer, que quand ces trois couleurs sont melées ensemble d'une puissance égale elle compose ou constitue la couleur Noire, & que toutes les teintures dans les cercleaux environnants prennent leurs existences de ces couleurs selon les diversités des proportions de chaque melange ensemble. La couleur ou teinture de chaque compartiment des cercles interieurs, est composée ou participer aux puissances jointes à celle qui sont situées de chaque côté; par exemple, entre le rouge & le jaune est la couleur d'orange; entre le jaune & le bleu, est le verte; et entre le bleu & le rouge, se trouve la couleur de pourpre. L'entre deux qui fait le reste du cercle participe plus à la couleur qui lui est plus proche qu'à aucune autre. Chaque teinture qui compose les deux cercles interieurs

By C

By powers I would be underſtood to mean that force with which colours mutually act one againſt another when blended together. Thus a blue and a yellow when mixed together to compoſe a green, if neither of the two be predominant, it may be ſaid to be of equal powers. Thus, with a little attention to this plan, the reader will be enabled to judge of the variety of teints that adorn the ſeveral parts of inſects.

terieurs ne ſont compoſée que de deux des principales couleurs & celles de l'exterieur de toutes les trois.

Ce que je comprehend par puiſſance eſt la force avec laquelle les couleurs agiſſent mutuellement l'une contre l'autre quand on les mele enſemble. Par exemple, en melant la couleur bleu & la couleur jaune, enſemble pour en faire une verte, s'il n'y en a aucune d'eux qui predomine, on peut bien dire quelles ſont d'une egale puiſſance. De ſorte qu'en donnant un peu d'attention à ce plan, le lecteur peut devenir capable de juger des diverſitées des teintures pui couvre les diverſes parties des inſectes.

EXPLANATION. CIRCLE I.

1 Red or ſcarlet.
2 Orange-red.
3 Red-orange.
4 Orange.
5 Yellow-orange.
6 Orange-yellow.
7 Yellow.
8 Green-yellow.
9 Yellow-green.
10 Green.
11 Blue-green.
12 Green-blue.
13 Blue.
14 Purple-blue.
15 Blue-purple.
16 Purple.
17 Red-purple.
18 Purple-red or crimſon.

CIRCLE II.

1 Carnation.
2 Fleſh.
3 Yellow-fleſh.
4 Gold-colour.
5 Buff-colour.
6 Cream-colour.
7 Straw-colour.
8 Light greeniſh-yellow.
9 Light yellowiſh-green.

EXPLICATION. CERCLE I.

1 Rouge ou ecarlate.
2 Orange rouge.
3 Rouge orange.
4 Orange.
5 Jaune d'orange.
6 Orange jaune.
7 Jaune.
8 Verd jaune.
9 Jaune verd.
10 Verd.
11 Bleu verd.
12 Verd bleu.
13 Bleu.
14 Pourpre bleu.
15 Bleu de pourpre.
16 Pourpre.
17 Rouge de pourpre.
18 Pourpre rouge ou cramoiſi.

CERCLE II.

1 Carnation.
2 Couleur de chair.
3 Jaune de chair.
4 Coleur d'or.
5 Coleur de fond brun.
6 Coleur de créme.
7 Coleur de paille.
8 Verdatre jaune clair.
9 Jaunatre verd clair.

10 Light Green.
11 Saxon or pea-green.
12 Saxon-blue.
13 Light blue.
14 Light purple-blue.
15 Pearl colour.
16 Light purple.
17 Pink or bloſſom.
18 Roſe colour.

CIRCLE III.

1 Red brown.
2 Copper brown.
3 Nut brown.
4 Brown.
5 Olive brown.
6 Browniſh olive.
7 Yellow olive.
8 Green olive.
9 Greeniſh olive.
10 Olive.
11 Blueiſh olive.
12 Blue olive.
13 Grey.
14 Slate colour.
15 Red ſlate.
16 Purple ſlate.
17 Purple brown.
18 Cinnamon.

CIRCLE IV.

1 Light reddiſh brown.
2 Light copper brown.
3 Light nut brown.
4 Light brown.
5 Light olive brown.
6 Light browniſh olive.
7 Light yellow olive.
8 Light green olive.
9 Light greeniſh olive.
10 Light olive.
11 Light blueiſh olive.
12 Light greeniſh ſlate colour.
13 Light grey.
14 Light ſlate.

15 Light

10 Verd clair.
11 Verd be pois.
12 Bleu de Saxe.
13 Bleu clair.
14 Pourpre bleu clair.
15 Couleur de perle.
16 Pourpre clair.
17 Couleur d'œillet.
18 Couleur de roſe.

CERCLE III

1 Rouge brun.
2 Brun de cuivre.
3 Brun de noiſette.
4 Brun.
5 Brun d'olive.
6 Brunatre d'olive.
7 Jaune d'olive.
8 Verd d'olive.
9 Verdatre d'olive.
10 Olive.
11 Bleuatre d'olive.
12 Bleu d'olive.
13 Gris.
14 Coleur d'ardoiſe.
15 Rouge d'ardoiſe.
16 Pourpre d'ardoiſe.
17 Pourpre brun.
18 Canelle.

CERCLE IV.

1 Rougatre brun clair.
2 Brun de cuivre clair.
3 Brun de noiſette clair.
4 Brun clair.
5 Brun d'olive clair.
6 Olive baunatre clair.
7 Olive jaune clair.
8 Verd d'olive clair.
9 Olive verdatre clair.
10 Olive clair.
11 Bleuatre clair.
12 Couleur verdatre d'ardoiſe.
13 Gris clair.
14 Ardoiſe clair.

15 Rougatre

15 Light reddiſh ſlate.
16 Light purpliſh ſlate.
17 Light browniſh purple.
18 Dark bloſſom.

N. B. All the ſynonyma mentioned in this work referring to *Linnæus Syſtema Naturæ* are from the twelfth edition of that author.

15 Rougatre d'ardoiſe clair.
16 Pourpre d'ardoiſe clair.
17 Pourpre brunatre clair.
18 Couleur obſcure de fleur.

(Remarque) Tous les ſynonimes dont on a fait mention dans cet ouvrage pris de *Linneus*, ſe trouve dans la douzieme edition.

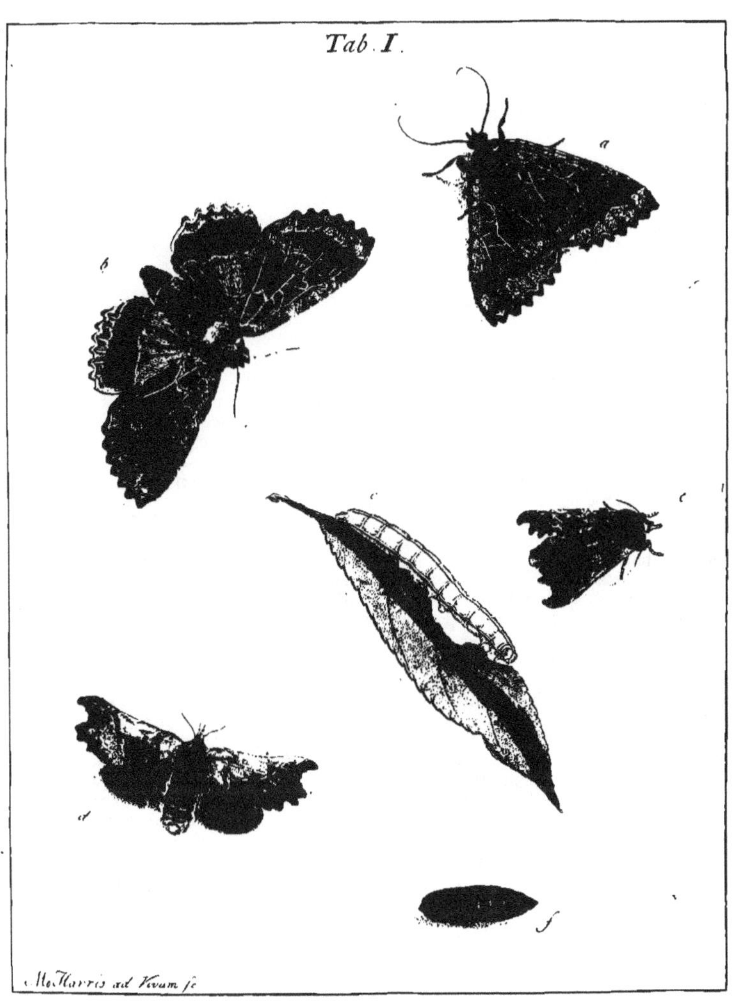
Tab. I.
a
b
c
d
f
Mo. Harris ad Vivum fc

D E C A D I.

T A B. I.

L E P I D O P T E R A: PHALÆNA.

Fig. a *and* b *Expands two inches and three quarters.*

UPper *side.* The *antennæ* are like threads, about three quarters of an inch long, and of a sooty black colour. On the front of the *thorax* is a broad kind of ruff or cape, which surrounds the neck and covers the shoulders. The *thorax* is crested or crowned with divers tufts of hair, which descending down the *abdomen* become less by degrees almost to the *anus*, which is also furnished with a fan-like tuft of the same substance. The *superior wings* are of a fine dark soot colour, having several waved lines of light and dark brown crossing each of them from the sector to the slip edge, the whole appearing like dark brown tabby. About the center of each wing are two marks which appear circular, and not unlike in shape to human ears. The *inferior wings* are also of a soot colour, having a lightish tender bar which crosses them from the abdominal edge upward, and meeting with the second bar in the superior wing, seem to compose one line with it: the portion of the wing between this bar and the thorax is much lighter than that beneath. The *fan-edges* of the wings are scolloped, and have a pretty broad fringe.

Under

Fig. a & b *Deploye ses ailes deux pouces & trois quarts.*

LE *dessus.* Les *antennes* sont comme des fils, d'environ trois quarts de pouce de long, & d'une couleur de suire noire. Sur le devant du *corcelet* il-y-a une large espéce de pointe, qui environne le cou et couvre les épaules. Le derrière, ou la partie supérieure du *corcelet*, est crêtée ou couronné de diverses touffes de poil, qui descendant vers l'*abdomen*, diminuant & devenant plus courts par degrés, près jusqu'à l'*anus*; qui est aussi couvert d'une espéce de touffe d'évantail de la même substance. Les *ailes supérieures* sont d'une belle couleur de suie foncée; plusieurs lignes ondées d'un brun clair & foncé, qui les traversent, depuis le secteur jusqu'au bord, le tout paroit comme un tabis brun obscur. Vers le centre de chaque aile on trouve deux marques qui paroissent circulaires, et qui ne different point en forme de l'oreille humaine. Les *ailes inférieures* sont aussi d'une couleur de suie, ayant une barrere foible clairatre, qui les traversant depuis le haut du bord abdominal, & rencontrant la seconde barrere de l'aile supérieure, semble ne composer qu'une ligne. La partie de l'aile qui se trouve entre celle ci & le corcelet, est beaucoup plus claire que celle de dessous. Les *bouts d'évantails* des ailes sont decoupées a languettes, & ont une frange asses large fort agréable.

Le

Under ſide. The *palpi* are ſhort, the upper joints being void of plumage appear like two points. The *tongue* is brown, and lies curled up in a ſpiral form between the palpi. All the wings are of a ſoot colour, having a tender lightiſh bar croſſing the middle of each; all the fan edges have a border of a light brown colour. They are taken in plenty here, particularly in Kent: it appears in the month of Auguſt, and flies in the duſk of the evening; but its natural hiſtory is entirely unknown to us. It is called the *old lady.* The male is ſhewn at *a*, and the female at *b*. *See Linnæus, phal. noct. Maura.*

Fig. c *and* d *Expands one inch and three quarters.*

Upper ſide. The *antenna* are about half an inch in length, are pectinated, and of a light brown colour. The *palpi* are pretty long, and naked at their extremities. The *eyes* are of a fine brown. The *head, thorax* and *abdomen* are of a light copper brown. The *ſuperior wings* are of the ſame colour, having two neat double bars of a cream colour, which croſs each of them; one lies about a quarter of an inch from the thorax, the other about the ſame diſtance from that at the ſlip edge; but the other end inclining obliquely, ends on the ſector edge, near the tip. On the ſhoulder ligature is a ſmall ſpeck of a clear white, from which, to the middle of the wing, a cloud of orange colour extends itſelf, where is another white ſpeck about the ſame ſize as the former. The *fan-edges* are much angulated. The *inferior wings* are of a lightiſh brown, and plain, no markings being viſible on them. The *Caterpillar* feeds on *willow* and *ſallow*, is of a fine tranſparent green, having a darkiſh line down the middle of the back, which reaches from the mouth to the anus, with two other lines, one on each ſide. It changes to the chryſalis ſtate in September, and the moth appears in December. The chryſalis

Le *deſſous.* Les *antennules* ſont courtres, les jointures ſupérieures étant depourvues de plumage, paroiſſent comme deux pointes. La *trompe* eſt brune & tournée en ſpirale, entre les antennules. Toutes les ailes de ce côte ſont d'une couleur de ſuie, & ont une barre foible clairatre qui en traverſe le milieu de chaqu'une. Tous les bouts d'évantails ont une bordure d'une couleur brune claire. Nous en avons dans ce pais une quantité médiocre, & particulierement en Kent. Elles paroiſſent dans le mois d'Août, & ne volent qu'à l'obſcurité du ſoir; mais leur hiſtoire naturelle nous eſt entiérement inconnüe. On les appelle *the old lady*, ou la vielle dame. Le male eſt repreſenté à *a*, & la femelle à *b*. *Voyez Lin. phal. noct. Maura.*

Fig. c *&* d *Deploye ſes ailes un pauce & trois quarts.*

Le *deſſus.* Les *antennes* ſont environ un demi pouce de long, & ſont formées en peigne & d'un brun clair. Les *antennules* ſont paſſablement longues & nues aux bouts. Les *yeux* ſont d'une belle couleur brune. La *tête*, le *corcelet*, & l'*abdomen*, ſont d'un brun de cuivre clair. Les *ailes ſupérieures* ſont de la même couleur, elles ont deux belles barres couleur de creme qui les traverſent; l'une eſt à-peu-près un quart de pauce du corcelet, l'autre environ la même diſtance du bord, mais de l'autre côté penchant obliquement finit près du bout du bord ſecteur. Sur la *ligature* de l'*epaule* il-y-a une petite tache d'un blanc clair; depuis laquelle juſqu'au milieu de l'aile, ſe trouve une nuée de couleur d'orange, qui s'etend juſqu'à une autre tache blanche, a peu pres de la même grandeur. Les bouts d'évantails ſont très angulaires. Les *ailes inférieures* ſont d'un brune clairatre & unies; n'ayant point de marque viſible. La *chenille* ſe nourrit ſur le *ſaule*, & eſt d'un beau verd tranſparent, avec une ligne foncatre au milieu de dos, qui court depuis la *bouche* juſqu'à l'*anus*, & deux autres lignes, une à chaque côté. Elle ſe change en *chryſalide* en Septembre, & le *phalene* paroit en Decembre.

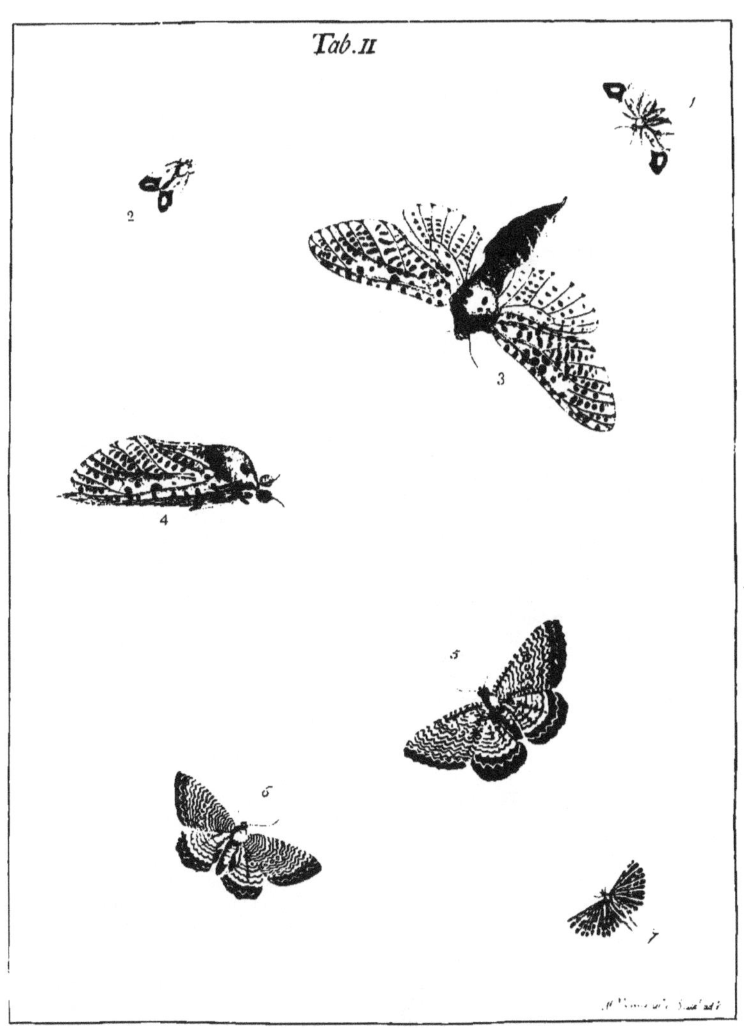
Tab. II
1
2
3
4
5
6
7

chryfalis is of a dull black, having a ridge on that part which contains the thorax, like the creft of a helmet. This defcription is taken from a female; it is called *the herald*. *See Linn. fyft. phal. bomb. Libatrix.*

Decembre. Le chryfalaide eft d'un noir trifte & a une elevation fur la partie qui contien le corcelet, femblable à une crête d'un cafque. Cette defcription eft pris d'une femelle. Cette phalene l'appellé *the herald*, ou le heraut. *Voyez Linn. fyft. phal. bomb. Libatrix.*

T A B. II.

Fig. 1 *and* 2 *Expands ten lines and an half.*

UPper *fide*. The *antenna* are like fmall hairs and about a quarter of an inch in length. The *eyes* are brown. *Thorax* and *fuperior wings* are of a fine ftraw colour, the latter having two fmall brown fpots near the middle of each. On the *fan membranes* is a broad angular brown bar, the limbs of which reft, one on the upper, the other on the lower corner of the wing, the angular point approaching towards the middle of the wing. The inferior wings are plain and of a light brown. A female. The *under fide* is totally of a light brown colour. I have not feen it any where defcribed. It is called the *clouded ftraw*.

Fig. 1 & 2. *Deploye fes ailes dix lignes & demi.*

LE *Deffus*. Les *antennes* font comme de petits poils, & environ au quart de pouce de long. Les *yeux* font brun. Le *corcelet* & les *ailes fupérieures* font d'une belle couleur de paille; les dernieres ont deux petites taches brunes, vers le milieu de chaque aile. Sur les *membranes d'évantails* fe trouve une barre large angulaire brune; les membranes duquel reftent fur le bout, l'autre fur le coin inférieur de l'aile, le point angulaire approchant près au milieu de l'aile. Les *ailes inférieures* font d'un brun clair, fans aucun marques vifibles. Cette defcription eft prife d'une femelle. Le *deffous* eft entierement d'un brun clair. Je ne l'ai vüe decrit nulle part. Elle s'appelle *the clouded ftraw*, ou la paille nuée.

Fig. 3 *and* 4. *The female expands three inches. The male much lefs.*

Upper fide. The *antenna* of the female are like fine threads, and about a quarter of an inch in length. But thofe of the male are broadly pectinated for about half way, the remainder towards the tips is naked, as if ftripped of its comb-like appendages. The *eyes* are black. The *head* and *thorax* are white, the latter having three fpots thereon of a dark fhining blue-green colour. All the *wings* are white, fprinkled all over with a great number of dark green fpots which are round

Fig. 3 & 4. *La femelle deploye fes ailes trois pouces. Le male beaucoup moins.*

Le *deffus*. Les *antennes* de la femelle font comme un filet fin, & environ un quart de pouce de long; mais ceux du male font beaucoup pectinées jufque vers le milieu, le refte vers les bouts font nuds, comme s'il etoient depoullées de leurs apanages convenables. Les *yeux* font noirs. La *tête* & le *corcelet* font blanc, le dernier à trois taches d'un bleu verd foncé & luiffant. Toutes les *ailes* font blanches, arrofées par tout d'un grand nombres de taches rondes, d'un verd obfcur, & les

round, the largest of them, which are situated on the table membrane, are about the circumference of small shot. Those on the inferior wings are less and paler, some being hardly visible. The *abdomen* is white next the *thorax*, but the greatest portion toward the anus is of a dark shining green nearly black. *Under side*. The *eyes* on this side are brown olive. It hath no *tongue*. The *legs* are dark blue. The *breast* is white. The *abdomen* and *wings* as on the upper side, but much paler. The *caterpillar* feeds within the bodies of young ash trees, and the moth appears in August: it is called the *wood leopard*. *See Linn. syst. phal. noct. Esculi.*

Fig. 5 and 6 Expands an inch and three quarters. The male much less.

Upper side. The *antennæ* are like fine threads. The *head*, *thorax*, and *abdomen*, are of a pale brown. All the *wings* are of the same colour, being covered over with a great number of neat waved brown bars which lay across the wings, from the sector edge to the slip edge. Near the middle of each wing is a small black speck which is placed on the bar tendon; and it may here be observed, that most species of the phalæna have a mark in that place called by Linnæus *stigma*. Round the fan edges of the wings is a border about an eighth of an inch broad, and of a lively brown colour; along the middle of which runs a white serpentine line. The *male* is remarkable for two tufts of black hair, one on each of the abdominal edges. *Under side*. The waved marks are not so conspicuous on this side, especially those of the male, but the black speck on the bar tendon is much stronger. It is taken about the middle of June, near wood sides, but is very scarce here. It is called the *scollop shell*. I believe it to be a non-descript.

Fig.

les plus grandes, qui sont situées sur la table membrane, sont à-peu-près de la circonference d'un petit grain de plomb. Celles qui se trouvent sur les *ailes inférieures* ne sont pas si grandes, & plus pales; il-y-en a qui à peine sont visibles. L'*abdomen* est blanc vers le *corcelet*, mais le plus grande partie vers l'anus est d'un verd foncé approchant le noir. Le *dessous*. Les *yeux* de ce côté sont d'un brun d'olive. Il n'a point de *trompe*. Les *jambes* sont d'un bleu foncé. La *poitrine* est blanche. L'*abdomen* & les *ailes* comme au dessus, mais beaucoup plus pale. La *chenille* se nourrit dans les troncs des frenes jeunes, & le phalene paroit en Août: on l'appelle *the wood leopard*, ou le leopard du bois. *Voyez Linn. syst. phal. noct. Esculi.*

Fig. 5 & 6 Deploye ses ailes un pouce & trois quarts. Le male beaucoup moins.

Le *dessus*. Les *antennes* resemblent a de fils fins. La *tête*, & le *corcelet*, & l'*abdomen*, sont d'un brun fort pale, presque blanc. Toutes les *ailes* sont de la même couleur; & sont couvertes d'un grand nombre de belles barres ondées brunes, qui croisent les ailes depuis le secteur jusqu'au bord glissant. Vers le milieu de chaque aile se trouve une petite tache noire, qui est placée exactement sur la barre du tendon; & on peut ici observer que la plus part des espéces de phalenes, ont une marque dans le même endroit appellée *stigma* par Linné. Au tour des bords d'évantails des ailes, on trouve une bordure d'environ un huitiéme d'un pouce de long, d'un brun vif, au milieu de laquelle traverse une ligne serpentine blanche. Le *male* est remarquable par deux touffes de poil noir, une sur chaque bord abdominale des ailes inférieures. Le *dessous*. Les marques ondées ne sont pas si visibles à ce côté qu'à l'autre, sur tout celles du *male*, mais la tache noire sur le tendon de la barre, est beaucoup plus fort. On la prend vers la milieu de Juin, & se trouve pour l'ordinaire près des bois, mais est fort rare. On l'appelle ici *the scollop shell*, ou la coquille peigne. Je crois qu'elle n'est pas decrite.

Fig.

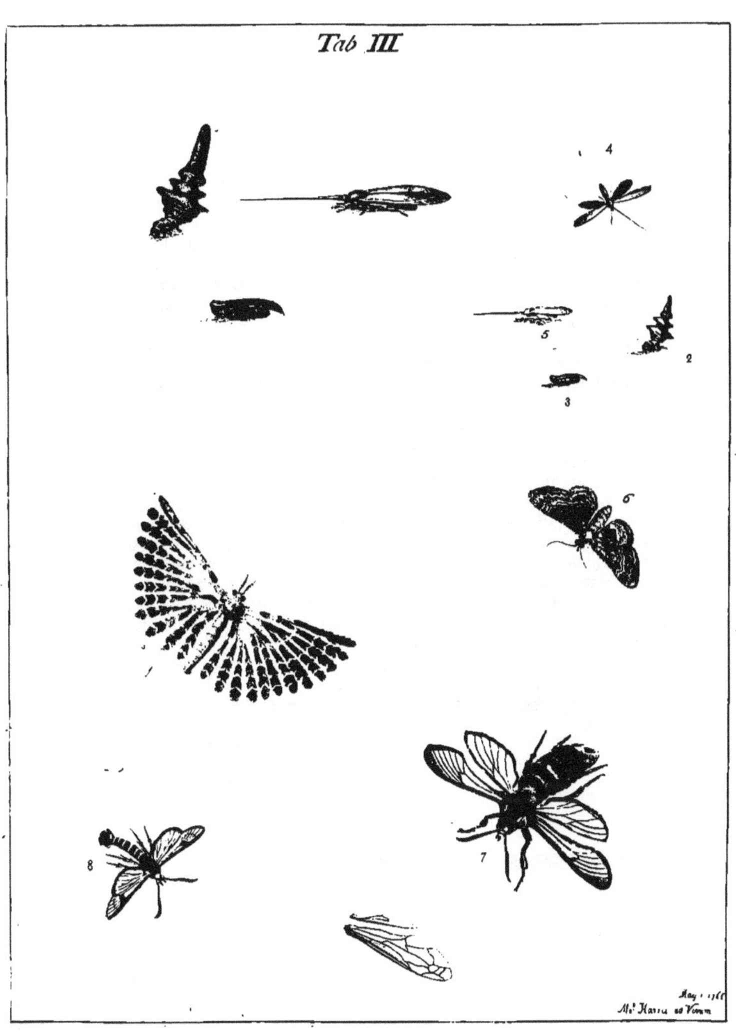
Tab III
4
5
2
3
6
7
8

Fig. 7 *Expands five eighths of an inch.*

Upper side. The *antennæ* are like small hairs, and of a light brown colour. The *palpi* are about the length of the thorax. The *head* is broad, lying flat against the thorax, the eyes standing apart. The *thorax* is very short, and the *abdomen* long, both being of a light brown colour. The *wings* are of a very singular form and construction, being wholly devoid of those membranaceous parts which appear so very necessary in the fabrication of the wings of other insects; so that the tendons appear like the sticks of a fan when open and extended. Every *tendon* is fringed on each side, so as to appear like pinions, except the shoulder tendon, which hath it only on the inner-side. Each wing hath six of these feather-like tendons; they are of a pale wainscot colour. On each of the superior wings are two irregular clouded bars of a dark brown colour, which run across them from the sector to the slip edge. The inferior wings have likewise some small disjointed bars which cross the tendons, but they are rather fainter than those on the superior wings. *Under side.* This side is totally of a pale brown. There are two broods a year of them, one in May, the other in August, and the moth is commonly found flying on the inside our windows. It is called, though falsely, Twenty-plume. *See Lin. phal. Alucita, Hexadactyla.*

Fig. 7. *Deploye ses ailes cinq huitièmes d'un pouce.*

Le *dessus.* Les *antennes* sont comme des petits poils, & d'un brun clair. Les *antennules* sont à-peu-près de la longeur du corcelet. La *tête* est large, & est couché plate contre le corcelet, les yeux etant apart. Le *corcelet* est fort court, & l'*abdomen* long; ils sont tous les deux d'un brun clair Les *ailes* sont d'une forme & d'une construction fort singuliere; elles sont entiérement depourvues de ces parties membraneuses qui paroissent si necessaires dans la fabrique des ailes des autres insectes: de sorte que les tendons paroissent comme des bois d'évantails quand ils sont ouverts & etendues. Chaque tendon a une frange de chaque côté, de sorte qu'ils paroissent comme des plumes, excepté le tendon d'epaule, qui l'a seulement, que sur la partie intérieure. Chaque aile a six de ces tendons en forme de plumes; ils sont d'une couleur de boisserie pale. Sur chaqu' une des *ailes supérieures,* il-y-a deux barres ondées irregulieres, d'un brun obscur, qui les parcourent depuis le secteur jusqu'au bord. Les *ailes inférieures* ont de même quelques petites barres demisses, qui traversent les tendons, mais elles sont plus pales que celles des ailes supérieures. Le *dessous.* Cet côté est totalement d'un brun pale. Elles produisent deux fois l'année, l'une dans le mois de May, & l'autre en Août, & la phalene se trouve pour l'ordinaire dans l'interieur des fenêtres. On l'apelle quoique erroneusement *the twenty-plume,* ou le vingt plume. *Voyez Lin. phal. Alucita, Hexadactyla.*

T A B. III.

Fig. 1. IS the Twenty plume enlarged; a description of which was given in the preceding table.

Fig. 1. EST le vingt plume grossi dont nous avons donné la description dans la table precedente.

Fig. E *Fig.*

Fig. 2. Early in the ſpring I diſcovered a number of theſe feeding on the leaves of the *horehound*; they appeared like ſmall pieces of withered leaves, and were fixed almoſt perpendicularly on one end. After I had viewed them ſome time, I perceived each of them contained a caterpillar, whoſe manner of feeding was briefly thus: having fixed it caſe as before deſcribed, with the mouth or entrance downward, by a ſtrong ſpinning, its next buſineſs is to eat through the upper ſkin or membrane to the fleſhy part of the leaf on which it feeds, having its head and part of its body withinſide the leaf, between the upper and lower membranes; here it eats away the fleſhy ſubſtance as far as it can reach round, for it never comes wholly out of its caſe. When it wants freſh, it looſens its caſe, and faſtening it to ſome approved place, proceeds as before. It is ſhewn in the plate at *b*, of its natural ſize, and in the manner it creeps, which is with its caſe erect. Its colour is white, having a brown *head*, and ſome ſpots of black on the back. It changes into chryſalis within the caſe, and the moth appears at the expiration of one month. The chryſalis is of a pleaſant nut brown, and not above an eighth of an inch in length; the part containing the wings extends greatly beyond the abdomen, as ſhewn at fig. 3. The *moth* expands about five eighths of an inch. The *antennæ* are like fine hairs, above twice the length of its body, and perfectly ſtraight; it hath the faculty of laying them ſo cloſe together that they appear as united in one, holding them ſtraight forward in a right line with the body, like a ſpear, as ſeen at fig. 5. The *head*, *thorax* and *abdomen* are of a buff colour. The *ſuperior wings* are very long and narrow, the *fan edges* deeply fringed; they are totally of a buff colour, having no markings on them. The *inferior wings* are of a duſky brown, having a broad fringe alſo. The *legs* are very ſhort. I have given figures of the caterpillar, chryſalis, and moth, magnified,

Fig. 2. Un matin dans l'été j'ai decouvert un nombre de cette eſpece, ſur les ſeuilles du *marrubium*. Elles paroiſſoient comme de petits morceaux de feuilles fletriés, & etoient attachées preſque perpendiculaires ſur un côté. Après que ſe les eûs examinées quelque temps, je m'apperçû qu'elles contenoient chaqu' une chemille, qui ſe nouriſſoit de la façon donc je vais rapporter en peu des mots. Ayant fixé leurs etuis comme on a deja decrit, la bouche ou l'entrée en bas ſur le deſſus de la feuille, par un filet fort, elles commencent à manger a travers la peau ſupérieure ou membranes juſqu'au la partie charneuſe de la feuille, ſur laquelle elles ſe nouriſſoient; ayant leurs têtes & parties de leurs corps dans le dedans de la feuille, entre la membrane de deſſus et celle de deſſous; ici elles mangent la ſubſtance charneuſe tout autour, juſqu'au elles peuvent atteindre; car elles ne ſortent jamais tout entierement de leurs etuis. Quand elles cherchent de nouvelle nourriture, elles lachent leurs etuis, & les attachent à quelqu' autre place; puis elles procedent comme deja decrit. On montre par la planche *b*. leurs grandeur naturelle, & de quelle maniere elles rampent, qui eſt avec leurs etuis ériges. Leur couleur eſt blanche, & la *tête* brune, & quelques taches noires ſur le dos. Elles changent en chryſalide dans le dedans de l'etui, & la phalene paroit à l'expiration d'un mois. La chryſalide eſt d'un brun de noiſette fort agreable, & pas au deſſus d'un huitiéme d'un pouce en longeur. La partie qui contient les ailes, ſetend beaucoup au-delà de l'abdomen comme on le montre à la fig. 3. La *phalene* deployé ſes ailes environ cinq huitiémes d'un pouce. Les *antennes* ſont comme de petits poils, & ſont deux fois plus long que le corps, & parfaitement droites; elle a la faculté de les joindres enſemble ſi ſerrées, qu'elles ſemblent unies l'une dans l'autre; le tenant debout en avant dans une ligne droite avec le corps comme une lance, telle qu'on le voit par la fig. 5.

nified, that their parts may be the easier discerned. The *spear moth*.

fig. 5. La *tête*, le *corcelet*, & l'*abdomen*, sont d'une couleur saunatre. Les *ailes supérieures* sont fort longues & fort etroits, les *bouts d'évantails* profondement frangées, & d'une couleur saunatre sans aucune marque. Les *ailes inférieures* sont d'un brun obscur; ayant aussi une frange profonde. Les *jambes* sont fort courtes. J'ai donne des figures de chenilles, de chrysalides, & phalenes, grossis, asin que leurs parties puissent ce discerner plus aisement. *La lance phalene*.

Fig. 6 *Expands an inch and one eighth.*

Upper side. The *antennæ* are like fine threads, and about half an inch in length. The *eyes* black. The *head, thorax*, and *abdomen* are olive, the latter having three small tufts on the upper part. All the wings are of a fine dark olive colour, having several bars and waved lines of a darker colour, which run across them from the sector through both the wings to the abdominal edge, of which the bar that crosseth the middle of the wings is very broad. This description is taken from a male. It appears in April. It is considered as a non-descript. The *olive moth*.

Fig. 6 *Deploye ses ailes un pouce & un huitiéme.*

Le *Dessus*. Les *antennes* sont comme des fils fins, & environ un demi pouce de longeur. Les *yeux* sont noirs. La *tête*, le *corcelet*, & l'*abdomen*, sont couleur d'olive, le dernier ayant trois petites touffes sur la partie supérieure. Toutes les ailes sont d'une belle couleur d'olive obscure, & ont plusieures barres & lignes ondées d'une couleur plus obscure, qui les traversent, depuis le secteur, a travers les ailes supérieures & inférieures, jusqu'au bord abdominal; celles qui croise le milieu de chaque aile est fort large. Cette description est prise d'un male. Elles paroissent en Avril. Je la considere comme non decrite. Elle s'appelle *the olive moth*, ou la phalene olive.

Fig. 7 *Expands an inch and three quarters.*

Upper side. The *antennæ* are about the length of the thorax, growing thick towards the end or extremity like a club, but lessening from thence to a sharp point at the ends, which turn a little outward; they are of a fine brown colour. The *eyes* are of a deep chocolate. The *palpi* and *head* are yellow. The *thorax* is of a dark brown colour, having two large yellow spots of a triangular form, one on each shoulder. The *abdomen* is of a fine yellow, except the middlemost annulus, which is brown, but that and the rest of the annuli are edged with black. The *superior wings*

Fig. 7 *Deploye ses ailes un pouce & trois quarts.*

Le *Dessus*. Les *antennes* sont à-peu-près de la longeur de corcelet, & sont epaisses vers l'extremité, comme un retrouce de cheveux; mais diminue de la en pointe aux bouts, ou il-y-a une petite tournure en dehors; elles sont d'un beau brun. Les *yeux* sont d'une couleur de chocolat fort epais. Les *antennules* & la *tête* sont jaune. Le *corcelet* est d'un brun obscur, ayant deux grandes taches jaunes, d'une forme triangulaire, une sur chaque epaule. L'*abdomen* est d'un jaune fin, excepte l'anneau du milieu, qui est brun, mais celui ci & les autres anneaux sont

wings are tranſparent like very thin horn, and of the ſame amber-like colour; they are long and narrow, eſpecially near the ſhoulders. The *tendons* with the fringe on the fan edges are of a deep gold colour. The *tips* are clouded a little way, and appear opake; a cloud of the ſame dark gold colour covers the bar of each wing. *The inferior wings* are alſo tranſparent, and the tendons and fringes of the ſame colour as thoſe on the ſuperior wings. The *legs* are alſo gold coloured, the hind ones being remarkably long and large. It is called *the hornet moth*, from its ſimilitude to that inſect. The *caterpillar* feeds within the body of the poplar tree, changes into *chryſalis* about the 20th of May, and the *moth* appears the middle of July. I have given a drawing of the wings of the hornet, that the wings of the one may more eaſily be compared with thoſe of the other. *See Linn. ſyſt. ſphinx Apiformis.*

Fig. 8. *Expands three quarters of an inch.*

Upper ſide. The antennæ are black, and clubbed toward the ends, tapering to a point at their extremities. The *head* and *eyes* are black. In the front of the head juſt below the roots of the antennæ are two ſmall ſilver ſtreaks, one on each ſide. The *thorax* is black and gloſſy. The *abdomen* is long and black, having four neat rings of yellow. The *anus* is covered with a broad fanlike tuft of hair which is alſo black. The *ſuperior wings* are long, very narrow, and tranſparent like glaſs, but they do not ſhine. The *fan-membranes* are half concealed with a black cloud, which covers the end of each wing. The *inferior wings* are alſo tranſparent. The *fringes* are black. The *caterpillar* feeds within the woody branches of the currant tree during the winter. The *moth* appears

ſont bordes de noir. Les *aïles ſupérieures* ſont tranſparentes commede la corne fine, & de le même couleur, elles ſont longues & etroites, principalement vers les epaules. Les tendons & les franges ſur les bords d'évantails, ſont d'une couleur d'or foncée. Les *bouts* ſont un peu ondées; & paroiſſent opaque; un nuage onde de la même couleur que les tendons couvre la barre de chaque aile. Les *ailes inférieures* ſont auſſi tranſparentes, & les tendons & les franges d'une couleur egale à celles des ailes ſupérieures. Les *pieds* ſont auſſi de couleur d'or, & ceux de derrière remarquablement longs et larges. On l'appelle *the hornet moth*, ou la phalene frelon, par la ſimilitude qu'elle a avec cet inſecte. La *chenille* ſe nourrit dans le troncs du peuplier; & ſe change en *chryſalide* vers le 20 de May, & la *phalene* paroit au milieu de Juillet. J'ai donné la repreſention des ailes du frelon, afin que les ailes de l'un puiſſent ce comparer plus aiſement avec celle de l'autre. *Voyez Linn. ſyſ. ſphinx Apiformis.*

Fig. 8. *Deploye ſes ailes trois quarts d'un pouce.*

Le *Deſſus.* Les *antennes* ſont noires, retrouſsé vers les bouts & en forme de pyramide, appetiſſant en une pointe vers les extremités. La *tête* & les *yeux* ſont noirs. Dans le front de la tête exactement deſſus les recines des antennes on trouve deux petits traits d'argent une de chaque côté. Le *corcelet* eſt noir & luſtré. L'*abdomen* eſt long & noir, & a quatre anneaux nets d'une couleur jaune. L'*anus* eſt couvert d'une large touffe de poils, en façon d'évantail, & noir. Les *ailes ſupérieures* ſont longues, fort etroites, & tranſparantes comme du verre, mais ne luiſſent point. Les *membranes d'évantails* ſont amoitié cachées d'une nüée noire, que couvre le bout de chaque aile. Les *ailes inférieures* ſont auſſi tranſparentes. Les *franges* ſont noires. La *chenille* ſe nourrit dans le de dans

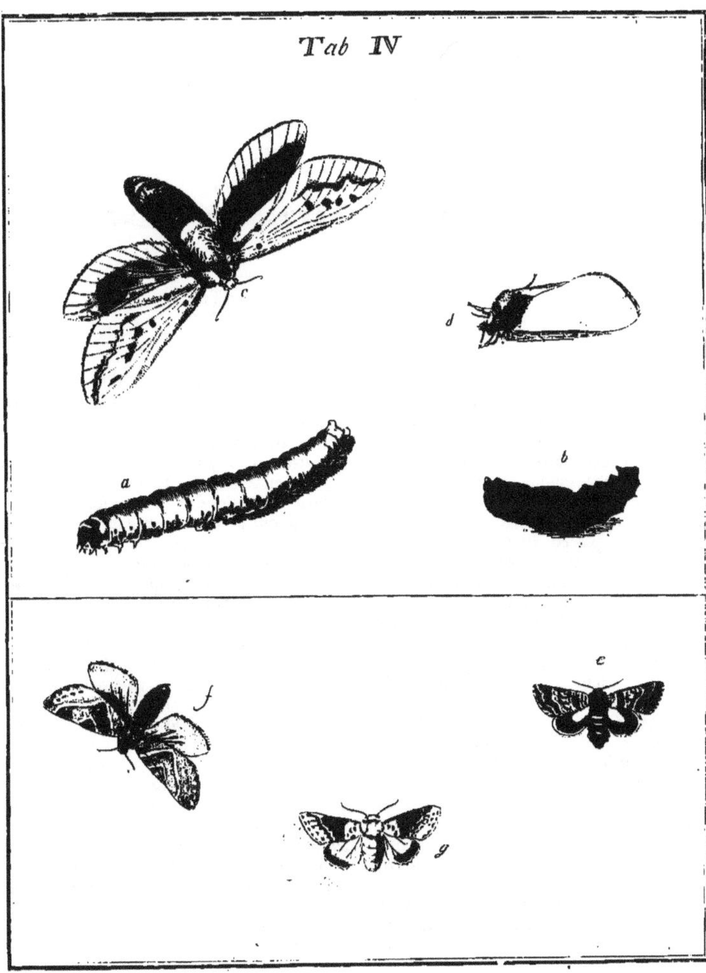
Tab IV
c
d
a
b
f
e
g

appears in May. It is called the leſſer humming bird. *See Linn. ſyſt. ſphinx fuciformis.*

dans des branches de groſeillé pendant l'hyver la phalene paroit en May. On l'appelle *the little humming bird,* ou le petit colibri. *Voyez Linn. ſyſt. ſphinx fuciformis.*

T A B. IV.

Fig. c. Expands about three inches.

UPper ſide. The antennæ are very ſhort, not being above an eighth of an inch in length, and of a light brown colour. The eyes are of a dark brown. The neck and thorax are of the colour of yellow ochre. The ſuperior wings are of a gold colour, having divers ſtains or ſpots of bright browniſh red colour placed in various parts of them : but the moſt remarkable is a kind of bar which ariſing from the tips, croſſeth the fan tendons to the ſlip edge : In ſome ſpecies this bar comes not quite ſo low, for they vary very much from each other, ſo that two are hardly to be found whoſe markings are alike. The inferior wings are of a duſky pale brown, but towards the fan edges ſoften to a reddiſh tan colour. The abdomen is the ſame, being of a duſky pale brown towards the thorax, but ſoftens near the anus to a reddiſh tan colour. The male ſeen at *d.* is conſiderably ſmaller. The antennæ, head, thorax and abdomen are in colour ſimilar to the female, but the wings are of a ſilver white, ſhining like ſatin. The fringes are yellow. The caterpillar is hatched from an egg very ſmall and perfectly round ; it is of a dull white, like rice or virgin-wax, when firſt laid, but in

Fig. c. Deploye ſes ailes environ trois pouces.

LE Deſſus. Les antennes ſont fort courtes, n' ayant pas plus d'un huitième d'un pouce en longeur, et d'une couleur brune clairatre. Les yeux ſont d'un brun clair. Le cou et le corcelet ſont de couleur d'ocre jaune. Les ailes ſupérieures ſont de couleur d'or, et ont diverſes taches de couleur rouge brunatre vive, placées ſur diverſes parties ; mais ce qu'il-y-a de plus remarquable, eſt une eſpece de barre qui venant des bout croiſſe les tendons d'évantails juſqu' au bord. Cette barre ne deſcend pas tout-a-fait ſi bas dans quelques unes ; car ces phalenes varient beaucoup les unes des antres ; de ſorte qu'à peine peut-on en trouver deux qui ayent les mêmes marques. Les ailes inférieures ſont d'un brun pale obſcur, mais vers les bouts d'évantails elles s'adouciſſent en couleur rougatre halée. L'abdomen eſt de même que les ailes inférieures juſque vers le corcelet et vers l'anus s'adoucit en couleur rougatre halée. Le male qui ſe voit a *d.* eſt conſiderablement plus petit. Les antennes, la tête, le corcelet, et l'abdomen, ſont en couleur ſemblable à la femelle, mais les ailes ſont d'un blanc d'argent qui luit comme du ſatin. Les franges ſont jaune. La chenille eſt

in a few minutes after changes to a perfect black. The female in laying, discharges them from the ovarie with great force, as a pellet is discharged from a pop-gun. The caterpillar feeds on the roots of the burdock, is of a cream colour and somewhat glossy. The head is nut brown, on the back close behind the head is a brown shining mark of a hard callous substance. It changes in May to a dark brown chrysalis, as seen in the plate at 6, and the moth appears in June. It flies in the dusk of the evening, playing in some one particular spot, over which it hovers up and down a long time together in a kind of motion like a gnat. They particularly frequent church yards, where they may be found in plenty. It is called *the ghost*. *See Linn. noct. pha. Humili.*

est ecorrée d'un œuf très petit, & tout-à-fait rond, et est d'un blanc triste comme le ris ou la cire vierge, quand elle sort de la coque.; mais quelques minutes après se change en beau noir; lorsque la femelle les pond elle les decharge de l'ovaria aucune grande force, semblable à une bale qui est dechargée d'un carabinne. La chenille se nourrit sur la racine du bardane; elle est d'une couleur de créme, et un peu lustrée. La tête est brun de noix. Sur le dos exactement derrière la tête se trouve une marque brune luisante d'une substance calleuse dure. Elle se change dans May en chrysalide brune qu'on peut voir a la planche 6, et la phalene paroit en Juin et vole a l'obscurité du soir, joüant dans un endroit particulier sur lequel elle voltige allant et venant pendant long temps; d'une espece de mouvement semblable à un moucheron. Elles frequentent particulierement les cimetiéres, ou on peut les trouver en abondance. On l'appelle *the ghost*, ou l'esprit. Le *dessous*. Ce côté est d'une couleur brune sale. *Voyez Lin. phal. noct. Humili.*

Fig. c. *Expands an inch and one eighth.*

Upper side. The antennæ are like fine threads, and about three eighths of an inch in length. The head and thorax are regularly sprinkled with red, yellow, and black. The superior wings are of a fine deep blood colour inclining to crimson; across them from the sector to the slip edge run several irregular and broken bars of a yellowish white, particularly one near the fan edge, which runs parrallel with it in a serpentine form. About the middle of each wing is a small round spot of white, in the centre of which is a black one. The inferior wings are of a golden yellow colour, having a broad border of black which covers almost half the wings. The fringes are yellow. The abdomen is of a dark dusky brown; the edges or fringes of the annuli being yellow, appear like rings. The fringes of the superior

Fig. c. *Deploye ses ailes un pouce & un huitieme.*

Le *dessus*. Les antennes sont comme de petits fils, et environ trois huitiémes d'un pouce en longeur. La tête et la corcelet sont regulierement arrosés de rouge, de jaune & de noir. Les ailes superiéures sont d'une belle couleur de sang, portant sur le cramoise. A travers depuis le secteur jusqu' au bord, il-y-a plusieurs barres irreguliéres qui les traversent d'un blanc jaunatre; particuliérement une parallele près du bord d'évantail, en forme serpentine. Vers le milieu de chaque aile on trouve une petite marque ronde blanche, dans le centre de laquelle on en trouve un autre noire. Les ailes inférieures sont d'un couleur jaune d'or, et ont une bordure large de noir qui couvre presque la moitié de l'aile. Les franges sont jaunes. L'abdomen est d'un brun obscur foncée, les bouts ou franges des anneaux sont jaunes,

rior wings are yellow alſo, having ſeven black ſpots on each. I conſider it as a non-deſcript. The caterpillar is green and feeds on heath. The moth appears in June. *Under ſide.* The body is of a pleaſant light brown. The legs ſpotted brown and white. The tongue is brown. The ſuperior wings are of a deep brown, having a white ſpot on the bar tendon. The inferior wings are marked faintly like the upper ſides. It is called *the beautiful yellow under-wing.*

jaunes et paroiſſent comme des bagues. Les franges des ailes ſupérieures ſont auſſi jaunes, et ont ſept marques noires ſur chaqu' une. Je la conſidere comme non decrite. Cette deſcription eſt priſe d'un male. La chenille eſt verte et ſe nourrit ſur la bruyere. La phalene paroit en Juin. Le *deſſous.* Le corps eſt d'un brun clair agreable. Les jambes marquées de brun & de blanc. La trompe eſt brune, et eſt en forme ſpirale entre les antennules. Les ailes ſupérieures ſont d'un brun couvert, et ont une marque blanche ſur le tenden de la barre. Les ailes inferiéures de ce côté ont une foible reſemblance du deſſus. On l'appelle *the beautiful yellow under-wing*, ou le beau jaune ſous aile.

Fig. f. *Expands about one inch and an half.*

Upper ſide. The antennæ are about one eighth of an inch in length, and thinly pectinated. The head and thorax are of a dark orange. The abdomen is of a duſky brown. The ſuperior wings are of a deep gold colour, having a bar of a yellowiſh hue, edged with brown, reaching from the tip to the ſlip-edge, from whence turning ſuddenly runs up to the ſhoulder ligament, forming an angle whoſe point is on the middle of the ſlip-edge: within this is another ſmall angle, the limbs of which proceeding from the ſector edge meet in the middle of the wing. Along the fan-edge cloſe to the fringe are ſeven ſmall duſky ſpots. The inferior wings are of a pale duſky brown. *Under ſide.* This ſide is totally of a pale duſky brown, the edges of the wings being rather lighter than the parts towards the body. It flies in the evening in June, and is called *the golden ſwift.* I have not ſeen it any where deſcribed. This deſcription is taken from a female.

Fig. f. *Deploye ſes ailes environ un pouce et demi.*

Le *deſſus.* Les antennes ſont environ un huitième d'un pouce de long mediocrement pectines. La tête et le corcelet ſont d'une couleur d'orange obſcure. L'abdomen eſt d'un brun obſcur. Les ailes ſupérieures ſont d'une couleur d'or foncée, et ont une barre de jaune bordée de brun, qui commence depuis le bout juſqu'au bord, et delà le tournant ſubitement va juſqu'au ligâment de l'epaule, et forme un angle qui a la pointe au milieu du bord. Dans le dedans de celle ci il-y-a un autre petite angle; les membres duquel procedent du bord ſecteur, et ſe rencontrent au milieu de l'aile. Le long du bord d'évantail près de la frange ſe trouve ſept petite marques obſcures. Les ailes inférieures ſont d'une couleur brune pale et obſcure. Le *deſſous.* Ce côté eſt entierement d'un couleur brune obſure, les bouts des ailes ſont plutôt plus clares que les parties vers la corps. Elles volent le ſoir dans Juin, et on l'appelle *the golden ſwift*, ou l'hirondelle d'oré. Je ne l'ai vuë nulle part decrite. Cette deſcription eſt priſe d'une femelle.

Fig. g. *Expands one inch and a quarter.*

Upper ſide. The antennæ are like fine threads, and are about a quarter of an inch in

Fig. g. *Deploye ſes ailes un pouce et un quart.*

Le *deſſus.* Les antennes ſont comme de petits fils, et ſont environ un quart de pouce de

in length. The general colour of this moth is a very light aſh, almoſt white, and all the markings of a paliſh dirty brown. Acroſs the middle of the ſuperior wings is a broad bar, the ſides of which are indented. In the middle of this bar is a round white ſpot having a black one in its center. The inferior wings are a little duſky on the fan-edges, and the fringes a little dentated. A male. N. B. This moth is not the ſame with the ranunculus deſcribed by Wilkes, neither have I ſeen it any-where deſcribed.

de long. La couleur générale de cette phalene eſt de cendre claire preſque blanc, et toutes les marques ſont d'un brun pale et ſale. A travers le milieu des ailes ſupérieures ce trouve une barre large, les côtés de laquelle ſont dentelées. Dans le milieu de cette barre, ce trouve une marque blanche ronde et qui en contient un autre dans ſon centre. Les ailes inférieures ſont un peu obſcure ſur les bords d'évantails. Les franges ſont un peu dentelées. Cette deſcription a été priſe d'un male.—Note. Cette phalene n'eſt pas la même que le ranunculus decrit par Wilkes, ni je ne le trouve decrite nulle part.

T A B. V.

Fig. 1. *Expands one inch and a quarter.*

UPper *ſide.* The *antennæ* are like fine threads. The head and thorax are dark brown. The abdomen is of a dirty browniſh white. The ſuperior wings are of a yellowiſh white, having a dark brown cloud on the ſhoulder part, and a broadiſh bar which croſſeth the wings on the fan membranes, appearing like lace; the edge of this bar toward the ſhoulder is pale orange. The inferior wings are a light brown, having a lightiſh bar along the fan-edges, in which are five faintiſh ſpots. Theſe wings are dentated. *Under ſide.* This ſide is a faint reſemblance of the upper. This deſcription is taken from a male. It flies in June, and is called *the large blue border'd.* I have not ſeen it any where deſcribed.

Fig.

Fig. 1. *Deploye ſes ailes un pouce et un quart.*

LE *Deſſus.* Les antennes ſont en filets fins. La tête, et le corcelet ſont d'un brun obſcur. L'abdomen eſt d'un blanc ſale et brunatre. Les ailes ſupérieures ſont d'un blanc jaunatre, et ont une nuée d'un brun obſcur ſur les parties des epaules, et une barre un peu large qui traverſe les ailes ſur les membranes d'évantails, et paroit comme de la dentele, le bout de cette barre vers les epaules eſt couleur d'orange pale. Les ailes inférieures ſont d'un brun clair, et ont une barre blanchatre le long des bords d'évantails, dans laquelle ſont cinq marques pales. Les ailes ſont dentelées. Le *deſſous.* Ce côté a une reſemblance approchante du deſſus. Cette deſcription eſt priſe d'un male. On la trouve en Juin. Je ne l'ai pas vuë decrite. On l'appelle *the blue border'd*, ou le bleu bordé.

Fig.

Tab. V
1
2
3
4
5
6
7
8

Fig. 2. Expands two inches and one quarter.

Upper side. The antennæ are like fine threads. The head and neck are light brown. The thorax is dark brown. The abdomen is of a deep gold colour. The superior wings are of a warm yellow brown, clouded with shades of a deeper brown. A narrow angulated bar crosseth the wings within a quarter of an inch of the fan-edge, of a light brown colour. The inferior wings are of an orange gold colour, having a broad border on the sad-edges near half an inch deep, and of a fine deep velvet black. The fringes are orange colour. *Under side.* The superior wings are black, surrounded by a broad border of light brown. The inferior wings are similar to their upper sides. The palpi, breast, legs and abdomen are cream colour. It hath a brown spiral tongue. It is called *the broad-bordered yellow under-wing.* Flies in August, and is very scarce. I have not seen it anywhere described.

Fig. 2. Deploye ses ailes deux pouces et un quart.

Le *dessus.* Les antennes sont comme de petits fils. La tète et le cou sont d'un brun clair. Le corcelet est brun obscur. L'abdomen est d'une couleur d'or foncé. Les ailes supérieures sont d'un brun jaune vif, couvert en nuage de brun plus foncé. Une barre étroite angulaire croisse les ailes d'un quart de pouce du bord d'évantail, d'une couleur brune clair. Les ailes inférieures sont d'une couleur d'orange d'or, ayant une bordure large sur les bouts d'évantails à-peu-près d'un demi pouce de profondeur, et d'un beau velour noir. Les franges sont couleur d'orange. Le *dessous.* Les ailes supérieures sont noires, environnées d'une bordure large, d'un brun clair. Les ailes inférieures sont d'orange, avec une bordure large de noir. Les antennules, la poitrinne, les pieds, et l'abdomen, sont couleur de créme. Elle a une trompe spirale et brune. On l'appelle *the broad-bordered yellow under-wing*, ou le borde large sous aile jaune. Elle vole en Août, et est fort rare. Je ne l'ai vué decrité dans aucun endroit.

Fig. 3. Expands one inch and three quarters.

Upper side. The antennæ are like threads. The palpi, thorax and superior wings, are of a light purple or blossom colour, beautifully variegated with dark brown shades. In the center of each wing is a mark of a silver appearance resembling the letter Y, having the tail a little separated from the upper part. The inferior wings and abdomen are of a lightish brown colour, but towards the fan-edges are much darker. The thorax is crested. It is extremely scarce. *Under side.* This side is totally of a light brown colour. The fringes are ash colour. It was sent me by a gentleman in Yorkshire, and is an undoubted non-descript. N. B. The above described is a different species from the Phalena In-

Fig. 3. Deploye ses ailes un pouce et trois quarts.

Le *dessus.* Les antennes sont comme de petits fils. Les antennules, le corcelet, et les ailes supérieures, sont d'un pourpre claire, ou couleur de fleur; agreablement bigarré de teints d'ombres bruns obscurs. Dans le centre de chaque ailes on trouve une marque d'aparance d'argent, qui ressemble à la lettre Y, qui a le quëue un peu separée de la partie supérieure. Les ailes inférieures et l'abdomen sont d'un brun clairatre, mais vers les bouts d'évantails sont beaucoup plus noir. Le corcelet est crêté. Le *dessous.* Ce côté est entierement d'une couleur brune claire. Les franges sont couleur de cendre. Il me fût envoyé par un gentilhomme du comté de York, et il n'est certainment decrit.

 Re-

Interrogationis of *Linnæus*, which fee, page 844, No. 129, of that author.

Fig. 4. *Expands one inch and a quarter.*

Upper fide. The antennæ are pectinated. The thorax is dark brown. I could not perceive any tongue. The fuperior wings are of a deep yellow, having a border of black on the fan-edges about an eighth of an inch deep. The inferior wings and abdomen are alfo of a deep yellow, but the fringes are not fo dark. *Under fide.* The head, body and legs are of a yellow olive colour. The fuperior wings are deep yellow, being finely powdered with black fpecks. The inferior wings are alfo yellow, and freckled or powdered with fmall black ftrokes parallel to each other. Down the middle of every membrane is a ftripe of white. There are two broods a year of this moth; one in May, the other in Auguft. It is called the *frofted yellow*. I cannot find it any where defcribed. This defcription was taken from a male.

Fig. 5. *Expands an inch and an half.*

Upper fide. The antennæ are like fine threads. The head and thorax are brown. The neck is bordered with white. The fuperior wings are dark brown, beautifully variegated with light afh colour, not eafily defcribed. The inferior wings and abdomen are light brown, having no markings on them. *Under fide.* This fide is totally of a light brown. It hath a fpiral tongue. This defcription was taken from a male. It is an undoubted non-defcript.

Fig. 6. *Expands an inch and an half.*

Upper fide. The antennæ are like threads. The head and thorax are of a dark dirty brown.

Remarque. Le deffus decrit eft une efpece differente du Phalena Interrogationis de *Linnæus*, lequel voyez dans la page 844, No. 129.

Fig. 4. *Deploye fes ailes un pouce et un quart.*

Le *deffus.* Les antennes font pectinées. Le corcelet eft brun obfcur. Je n'ai pu m'appercevoir d'aucune trompé. Les ailes fupérieures font d'une jaune foncé, et ont une bordure de noir fur les bouts d'évantails d'environ un huitième de pouce de profondeur. Les ailes inférieures et l'abdomen font de la même couleur jaune foncée, mais la bordure fur le bout d'évantail n'eft pas fi foncé. Le *deffous.* La tête, le corps, et les jambes, font de couleur jaune d'olive. Les ailes fupérieures font jaune foncé, et joliment poudrées de taches noires. Les ailes inférieures font jaune, et pleine de rouffeurs ou poudrées de petites marques noires paralleles les unes aux autres. Au bas du milieu de chaque membrane fe trouve une raye blanche. Il-y-a deux couvées en l'année de ces phalenes, l'une en Mai, & l'autre en Août. On l'appelle *the frofted yellow*, ou le jaune gelé. Je ne la trouve decrite nulle part. Cette defcription a été prife d'un male.

Fig. 5. *Deploye fes ailes un pouce et demi.*

Le *deffus.* Les antennes font comme de petits fils. La tête et le corcelet font brun. Le cou eft bordé de blanc. Les ailes fupérieures font d'un brun obfcur, agréablement bigarré de couleur de cendre claire, pas aife à décrire. Les ailes inférieures et l'abdomen font d'un brun clair, fans aucune marque. Le *deffous.* Ce côté eft entièrement d'un brun clair. Elle a une trompe fpirale. Cette defcription eft prife d'un male. Elle n'eft certainment point decrite.

Fig. 6. *Deploye fes ailes un pouce et demi.*

Le *deffus.* Les antennes font comme des fils. La tête et le corcelet font d'un brun obfcur

brown. The ſuperior wings are white, having a dark brown ſpot covering the ſhoulder part. Near the middle of each wing is a triangular ſpot of dark brown, having one of its ſides ſituated on the ſector edge, and one of its angles approaching the center of the wing. Along the fan edge of each wing is a broad border of the ſame, having a gap or vacancy about the middle part, forming a ſquariſh white ſpot. The inferior wings are alſo white, having a paliſh brown border along the fan edge, and ſeveral other waved tender bars croſſing the wing parallel thereto. The abdomen is alſo white. *Under ſide.* The head and eyes are dark brown. It hath a ſpiral tongue. The ſuperior wings are of a paliſh dirty brown, having a whitiſh bar croſſing each of them, within a ſixth of an inch of the fan edge. The inferior wings are white, having a few dark waved lines croſſing them, and a longiſh black ſpeck in the center of each. This deſcription was taken from a female. Taken in the month of June. It is called the *Cliſden beauty.*

obſcur et ſale. Les ailes ſupérieures ſont blanches, et ont une marque brune obſcure qui couvre la partie de l'épaule. Près du milieu de chaque aile, il-y-a une marque triangulaire de la même couleur, qui a un de ſes côtés ſitué ſur le bord ſecteur, et un de ſes angles qui approche le centre de l'aile. Le long du bout d'évantail de chaque aile on trove une bordure large, qui a une ouverture vers la partie du milieu qui forme une marque blanche carrée. Les ailes inférieures ſont auſſi blanche, et ont une bordure brune pale le long du bout d'évantail, et pluſieurs autres barres ondées foibles qui croiſent l'aile parallelement. L'abdomen eſt auſſi blanc. Le *deſſous.* La tête et les yeux ſont d'un brun obſcur. Elle a une trompe ſpirale. Les ailes ſupérieures ſont d'un brun pale, et ſale, et ont une barre blanchatrequi les croiſent chacune, de la diſtance d'un ſixieme d'un pouce du bout d'évantail. Les ailes inférieures ſont blanches, et ont quelques lignes obſcures et ondées qui les croiſe, et une tache noire dans le centre un peu longue. Cette deſcription eſt priſe d'une femelle. On la prend dans le mois de Juin, et on l'appelle *the Cliſden beauty*, ou le beaute de Cliſden.

Fig. 7. Expands one inch and a quarter.

Upper ſide. The antennæ are pectinated. The eyes are black. The head and thorax are dark brown. The ſuperior wings are alſo dark brown, having ſome marks of a browniſh white colour, which, proceeding from the thorax to the middle of the wing, appear like branches of a tree, or rather like the antlers of a ſtag. The inferior wings and abdomen are of a dark brown, not having any viſible markings on them. It was ſent me by Mr. Bolton, of Halifax, in Yorkſhire, to whom I am obliged for many favours of this kind. *The antler. Under ſide.* This ſide is totally of a lightiſh brown, but dark-

Fig. 7. Deploye ſes ailes un pouce et un quart.

Le *deſſus.* Les antennes ſont pectinées. Les yeux ſont noirs. La tête et le corcelet ſont d'un brun obſcur. Les ailes ſupérieures ſont auſſi d'un brun obſcur, et ont qulques marques d'une couleur blanche brunatre, qui en procedant du corcelet juſqu'au milieu de l'aile paroiſſent comme les branches d'un arbre, ou plutôt comme les andouilliers d'un cerf. Les ailes inférieures et l'abdomen ſont d'un brun obſcur, et n'ont aucune marques viſibles. Elle me fut envoyée par Mr. Bolton, de Halifax, au comté de York, à qui je ſuis redevable de pluſieurs faveurs de cette eſpece. *The antler*, ou l'andouiller. Le *deſſus.* Ce côté

darkiſh near the edges of the wings. All the fringes are light brown. A male.

côté eſt tout entier d'un brun clairatre, mais plus obſcur près du bout des ailes. Toutes les franges ſont d'un brun clair. Cette deſcription a été priſe d'un male.

Fig. 8. *Expands about an inch and one eighth.*

Upper ſide. The antennæ are like fine threads. The eyes, head, and thorax, are the colour of cork. The ſuperior wings are of a fine copper brown, on the ſector edge of each are two triangular yellowiſh white ſpots, the firſt about the ſixth of an inch from the ſhoulder, the ſecond about the ſame diſtance from the firſt. The inferior wings and abdomen are of a pale dirtyiſh brown, without any viſible markings thereon. *Under ſide.* The palpi are of a buff colour, having a ſpiral tongue between them. The breaſt, legs, and abdomen, of a very light brown. The ſuperior wings are of a lightiſh copper colour, but the middle parts are darker. On the ſector edge, within about an eighth of an inch of the tip, are two ſmall whitiſh ſpots. The inferior wings are of the ſame colour as on the upper ſide. It is called the *white ſpotted pinion.* The caterpillar feeds on elm leaves, changes to chryſalis the latter end of June, and the moth appears the beginning of July. I believe it has no where been deſcribed.

Fig. 8. *Deploye ſes ailes environ un pouce et un huitieme.*

Le *deſſus.* Les antennes ſont comme de petits fils. Les yeux, la têté, et le corcelet, ſont couleur de liege. Les ailes ſupérieures ſont d'un beau brun de cuivre. Sur le bord ſecteur de chacune ſe trouve deux marques triangulaires d'un blanc jaunatre, la premiere eſt de la diſtance d'un ſixieme d'un pouce de l'epaule, et la ſeconde de la même diſtance de la prémiere. Les ailes inférieures et l'abdomen ſont d'un brun pale et obſcur, ſans aucune marque qui y ſoit viſible. Le *deſſous.* Les antennules ſont d'une couleur de buffle, et ont une trompe ſpirale entre elles. La poitrine, les jambes, et l'abdomen, ſont d'un brun fort clair. Les ailes ſupérieures ſont d'une couleur de cuivre clairatre; mais les parties du milieu ſont plus obſcures. Sur le bord ſecteur environ le huitieme d'un pouce du bout; ſe trove deux petites marques blanchatres. Les ailes inférieures ſont de la même couleur que celle de deſſus. On l'appelle *the white ſpotted pinion,* ou le blanc pignon marqué. Le chenille ſe nourrit ſur les feuilles de l'orme, et ſe change en chryſalide à la fin de Juin, et la phalene paroit dans le commencement de Juillet. Je crois qu'elle n'a jamais été décrité àilleurs.

T A B. VI.

Fig. 3. *Expands about half an inch.*

UPper ſide. The inſect is enlarged at *fig.* 1. as viewed through a microſcope. It has no antennæ, tongue, chaps, or proboſcis, that

Fig. 3. *Deploye ſes ailes environ un demi pouce.*

LE *Deſſus.* Cet inſecte eſt groſſi à la *fig.* 1. comme vué au microſcope. Il n'a point d'antennes, langue, machoires, ou trompe, que

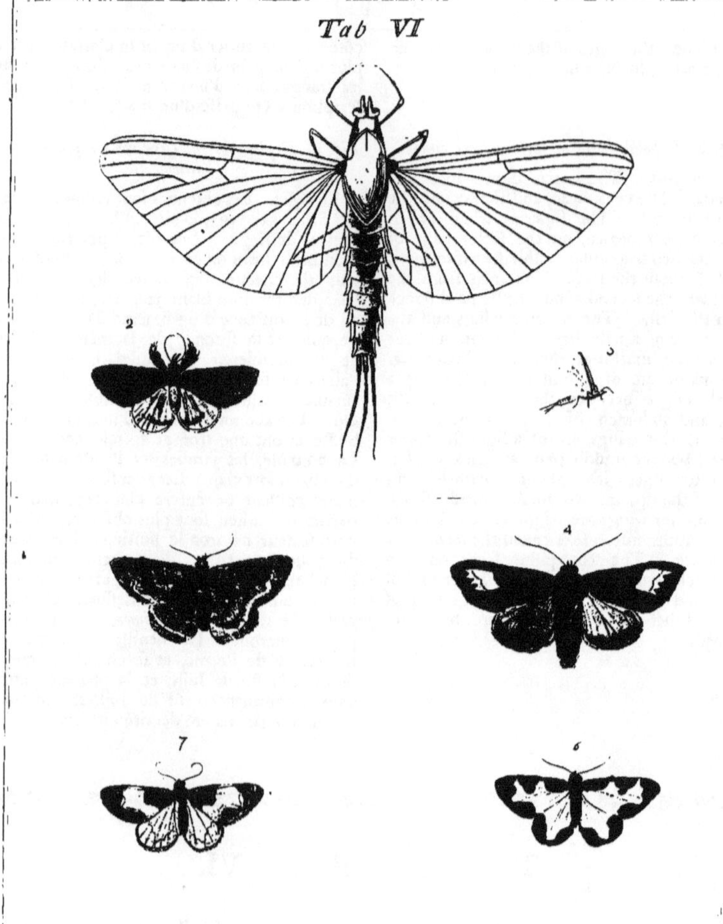
Tab VI
2
3
4
7
6

that I could diſcover. The head is flat, and very thin. The eyes on the upper ſide the head, appear in the form of creſcents. The head is immovable. The thorax is gibboſe and thick. The abdomen conſiſts of nine annuli, at the extremity of which are three hair-like tails. The legs, which are ſix in number, are long and ſlender. The wings, which are large and ample, are of a deadiſh white, very thin and tranſparent, and no more than two in number. I know not what genus this refers to, as the generical characters anſwer to none in *Linnæus's Syſtema*, but in my opinion it is an *ephemeron*. It flew withinſide my window.

Fig. 2. Expands one inch and a quarter.

Upper ſide. The palpi are long, and turn upward. The thorax and ſuperior wings are of an umber colour; the latter having three black lines croſſing each, from the ſector to the ſlip edge; that which croſſeth the middle of the wing being crooked. The inferior wings are ſomewhat light. This moth is remarkable for two tufts, or feather-like appendages, which proceed from the breaſt, and protrude themſelves out beyond the head. It hath formerly been falſly called the *fanfooted*. I have not ſeen it any where deſcribed.

Fig. 4. Expands two inches.

Upper ſide. The antennæ are like threads. The thorax is of a dark brown, and creſted. The ſuperior wings are alſo of a dark brown, having towards their extremities a ſpot of about a quarter of an inch ſquare, which appears of a braſſy hue. The abdomen and inferior wings are of a lightiſh yellow brown. This is the firſt I ever ſaw. It was taken in June. It hath a ſpiral tongue. *The ſcarce burniſhed braſs.*

Fig. 5. Expands one inch and an half.

Upper ſide. The antennæ are like fine threads,

que je pouvois decouvrir. La tête eſt platte et fort mince. Les yeux ſur le deſſus de la tête paroiſſent en forme de croiſſants. Le tête eſt immobile. Le corcelet eſt boſſu et gros. L'abdomen eſt composé de neuf anneaux, à l'extremité deſquels ils ſe trouvent trios queües comme des poils. Les pieds, au nombre de ſix, ſont longs et deliés. Les ailes ſont deux, grandes et etendues, d'une couleur blanche obſcure, fort mincés et tranſparentes. Je ne ſçai pas à quel genre remettre cet inſecte, comme ſes caractères génériques ne repondent à aucun dans le *Syſtème de Linné*, mais en mon opinion, il eſt un *ephemeron*. Je l'ai pris volant ſur ma fenêtre.

Fig. 2. Deploye ſes ailes un pouce et un quart.

Le *deſſus*. Les antennules ſont longues et tournent par haut. Le corcelet et les ailes ſupérieures ſont couleur d'ombre, et les ailes ont chacune trois lignes noires qui les traverſent du bord tranchant au bord gliſſant, celle qui traverſe le milieu de l'aile étant courbée. Les ailes inférieures ſont d'une couleur plus clair. Cette phalene eſt remarquable pour deux touffes de plumes, qui procedent de la poitrine, et s'allongent au delà de la tête. Au tems paſsé on la nomma fauſſement le *fanfooted*, ou pied en évantail. Je ne la trouve aucunement décrite.

Fig. 4. Deploye ſes ailes deux pouces.

Le *deſſus*. Les antennes ſont en filet. Le corcelet eſt brun obſcur et encrête. Les ailes ſupérieures brun obſcur, ayant vers leurs extremités une tache environ un quart d'un pouce en carré, qui paroit couleur de bronze. L'abdomen et les ailes inférieures ſont brun jaunatre claire. C'eſt la premiere que j'ai jamais vué. Il fut pris en Juin. Il a une langue ſpirale. Je la nomme *the ſcarce burniſhed braſs*, le bronze eclairci rare.

Fig. 5. Deploye ſes ailes un pouce et demi.

Le *deſſus*. Les antennes ſont en filets fins et

threads, and the moth is totally of a darkiſh green. The ſuperior wings have two darkiſh lines croſſing the middle of each, which, ſoftening gradually towards each other, appear to compoſe a bar better than a quarter of an inch broad. In the center of the wing, is a ſmall black dot. The inferior wings have a dark line croſſing the middle of each. It is called *the green carpet*. It hath no tongue. I cannot find it any where deſcribed.

et la phalene eſt entièrement d'une couleur verdâtre foncée. Les ailes ſupérieures ont deux lignes obſcures traverſant le milieu de chaque aile, leſquelles s'adouciſſant, l'une envers l'autre, paroiſſent former une barre au delà d'un quart d'un pouce en largeur. Dans le centre de l'aile, il-y-a un point. Les ailes inférieures ont une ligne obſcure qui traverſe le milieu de chacune. Elle s'appelle *the green carpet*, ou le tapis vert. Elle n'a point de langue, et je ne la trouve décrite.

Fig. 6. *Expands one inch and a quarter.*

Upper ſide. The antennæ are like fine threads. The head, thorax, and abdomen are black. The ſuperior and inferior wings are white, having the fan and ſector edges covered with large ſpots, or clouds of black. It is called the *clouded border*, and is found in woods the end of June. I have not ſeen it any where deſcribed.

Fig. 6. *Deploye ſes ailes un pouce et un quart.*

Le *deſſus*. Les antennes ſont en filets fins. La tête, le corcelet, et l'abdomen ſont noirs. Les ailes ſupérieures et inférieures ſont blanches, ayant les bords d'évantail, et les bords tranchants couverts de grandes taches ou nuages noirs. Elle s'appelle *the clouded border*, ou le bord nebulé, et ſe trouve dans les bois à la fin de Juin. Je ne le trouve aucunement décrit.

Fig. 7. *Expands one inch and a quarter.*

Upper ſide. The antennæ are like ſmall threads. The ſuperior wings are each divided into three portions. The firſt towards the thorax, is of a darkiſh brown, edged with a darker bar of black. The ſecond, or middle, is of a pale brown. The third, or outer portion, is alſo of a dark brown, edged towards the body, or thorax, with a double line, which towards the ſector edge are united in one undulated line, appearing like a long narrow flag, called a ſtreamer. It hath a ſpiral tongue. They are found, by beating the hedges about the end of April. I have not ſeen it any where deſcribed. It is called *the ſtreamer.*

Fig. 7. *Deploye ſes ailes un pouce et en quart.*

Le *deſſus*. Les antennes ſont comme des petits filets. Les ailes ſupérieures ſont diviſées en trois portions. La première portion vers le corcelet eſt de couleur brune foncée bordée d'une barre noire. La ſéconde, ou du milieu, eſt brun pale. La troiſième, ou portion exterieure, eſt auſſi d'une couleur brune foncée, bordée vers le corps, ou corcelet, d'une ligne double, laquelle vers le bord tranchant eſt unie dans une ſeule ligne ondulée, et paroit comme un pavillon, ou banderole. Il a une langue ſpirale. Elle ſont trouvé en frappant les haies vers la fin d'Avril. Je ne la trouve décrit. Il s'appelle *the ſtreamer*, ou la banderole.

Tab VII
TABANI
2
3
4
5
6
7
8

T A B. VII.

D I P T E R A: TABANI.

A wing of the Tabani with its Tendons, carefully delineated.

GENERICAL CHARACTERS.

The head *of a tabanus is large and flat, something like a button. It is concave on the back, or hinder part, so as to admit the neck and thorax. The* eyes *have not the surrounding fillets. The* mouth *is armed with two sharp horny points, with which it wounds or pierces the skin of those animals on which it settles, to the quick; at which time these points, parting with great strength, open the wound, so as to admit its tongue, which is also composed of a strong horny substance, hollow and sharp pointed, but furnished with two spongy lips. This the insect strikes into the wound, and drinks the blood issuing therefrom. This is performed so nimbly, that the insect is no sooner settled, but the blood is seen to start from the wound. The* wings *are marginated quite round. The* abdomen *is composed of seven annuli, exclusive of the anus. They have not the stemmata, or little eyes. The male is discovered by the eyes meeting together. The length of each insect is taken from the frontlet to the anus.*

Une aile de Taon avec ses Tendons, soigneusement figurée.

CARACTERES GENERAUX.

La tête *d'un taon est grande et platte, quelque-chose semblable à un bouton. Elle est concave en arriere, pour admettre le col et le corcelet. Les* yeux *n'ont point leur cercles ou bandeaux qui les entourent. La* bouche *est armée de deux pointes aigues, qui tient de la nature de la corne, avec lesquelles il blesse ou perce la peau de ces animaux sur lesquels il se fixe, jusqu'au vif; au même tems ces pointes, s'ecartant avec un grande force, ouvrent la plaie de telle maniere que d'admettre sa langue, qui est aussi composée d'une substance qui tient de la nature de la corne très forte, elle est creuse, pointué, et fournié de deux levres spongieuses. Cet insecte perce sa langue dans la plaie, et boit le sang qui coule. Il le fait avec tant de legereté, qu'aussitôt qu'il se fixe, on voit le sang couleur de la plaie. Les* ailes *ont les bords tout a fait ronds. L'*abdomen *est composée de sept anneaux, exclusif de l'anus. Ils n'ont point les stemmata, ou petits yeux. Le male se reconnoit par les yeux qui se joignent. La longuer de l'insecte est prise du front à l'anus.*

BOVINUS. *Fig.* 1. *Measures twelve lines.*

THE *thorax* is of a lightish dirty brown, having four dark lines thereon. The *wings* are clear. The *abdomen* is black; down the middle part are six triangular spots of a light brown; between these and the sides is a line of larger spots of the same colour, and of an uncertain form. This is a male. See *Linnæus, tab.* 4.

TRO-

BOVINUS. *Fig.* 1. *Longueur douze lignes.*

LE *corcelet* est d'une couleur brun sale claire, ayant quatre lignes obscures. Les *ailes* sont claires. L'*abdomen* noir, le long du milieu sont six taches triangulaires brunes claires, entre elles et les côtés il-y-a une rangee de taches plus grandes, de la même couleur, et irregulieres. Cet insecte depeint est un male. Voyez *Linné, tab.* 4.

TRO-

Tropicus. *Fig.* 2 *Measures nine lines.*

The *thorax* is of a dirty brown. The *abdomen* hath a broad black list down the upper part, from the thorax to the anus, along the middle part of which are placed four or five yellowish spots. The sides of the abdomen are covered with orange colour. The *wings* are of a smoaky tinge, having a brownish spot on the sector edge. This was a male. See *Linn. tab.* 14. The caterpillar feeds under ground in moist woods, and is a great plague to horses in the surrounding meadows.

Sanguisorba. *Fig.* 3. *Measures nine lines.*

The *eyes* are of a brownish orange colour. The *thorax* and *abdomen* are of a brownish olive; the latter, having a large oblong spot on each hip, of an orange colour. The *wings* are clear, and their sector edges orange colour. This was a female. I have not seen it any where described.

Autumnalis. *Fig.* 4. *Measures nine lines.*

The *thorax* and *abdomen* are of a lightish dirty brown. The former having some dark markings thereon, and the latter having three whitish spots on each annulus. The *antennæ* are long. The *wings* are clear. This was a *female.* The fore legs of this tabanus and the sanguisorba appear to have a joint more in them, than in any other of the tabini. See *Linnæus, tab.* 5.

Nubilosus. *Fig.* 5. *Measures seven lines and an half.*

The *antennæ* are about one line and an half in length. The *eyes* are of a most beautiful green, spotted with a lovely red. The *thorax* is dark and glossy, having three black streaks thereon, meanly covered with hair of an orange colour. The *wings* are white, or transparent, having on each three large black cloud like spots which in the male almost totally cover them. The

Tropicus. *Fig.* 2. *Longuer neuf lignes.*

Le *corcelet* est brun sale. L'*abdomen* a une bande large et noire, qui court le long de la partie supérieure du corcelet à l'anus, sur le milieu duquel quatre où cinq taches jaunatres sont placées. Les côtés de l'abdomen sont couverts d'une couleur d'orange. Les *ailes* sont de couleur de la fuma, avec une tache brunatre sur le bord tranchant. Cet insecte étoit un male. Voyez *Linné, tab.* 14. La chenille se nourrit sous terre en des bois moites, et sont des grands tourments aux chevaux dans les prairies voisines.

Sanguisorba. *Fig.* 3. *Longuer neuf lignes.*

Les *yeux* sont d'une couleur brunatre orange. Le *corcelet* et l'*abdomen* brunatre olive; le dernier ayant une grande tache oblongue sur chaque hanche, couleur d'orange. Les *ailes* sont claires et leurs bords tranchants couleur d'orange. Cet insecte étoit une femelle. Je ne le trouve décrit par aucun auteur.

Autumnalis. *Fig.* 4. *Longuer neuf lignes.*

Le *corcelet* et l'*abdomen* sont de couleur sale brune claire, le premier ayant quelques marques foncées, et le dernier trois taches blanchatres sur chaque anneau. Les *antennes* sont longues. Les *ailes* sont claires. Cet insecte étoit une femelle. Les pieds de devant de cette espece et du sanguisorba, paroissent avoir une articulation plus que les autres especes de tabani. Voyez *Linné, tab.* 5.

Nubilosus. *Fig.* 5. *Longuer sept lignes et demi.*

Les *antennes* sont environ un ligne et demi en longueur. Les *yeux* sont d'une très belle couleur verte, tachetes d'une très belle couleur rouge. Le *corcelet* est de couleur obscure, et lustré, avec trois lignes noires foiblement couvert de poil, couleur d'orange. Les *ailes* sont blanches, ou transparentes, avec trois grandes taches noires comme des nuages, sur chacune

The *abdomen* is of a dark brown, having a large orange-coloured ſpot on each hip, and a ſmall round one between them on the upper p rt. The *legs* are black. This was a female. They are taken in June, and are often found feeding in flowers.

chacune qui dans l'inſecte male les couvrent preſque entièrement. L'*abdomen* eſt brun foncè, ayant une grande tache, couleur d'orange, ſur chaque hanche; et une autre tache petite et ronde entre elles ſur la partie ſupérieure. Les *pieds* ſont noirs. Cet inſecte étoit une femelle. Ils ſont pris en Juin, et généralement trouvés ſe nourriſſant ſur les fleurs.

Sanguisuga. *Fig.* 6. *Meaſures eight lines.*

The *antennæ* are about two lines in length. The *thorax* nearly black, having three whiteiſh lines on the upper part. The *wings* are of a dark duſty colour, ſpeckled all over with whitiſh ſpots. The *abdomen* is alſo of a dark du ſty black, having a whitiſh line or liſt down the middle, from the thorax to the anus, and a ſmall ſpot of the ſame colour on each ſide every anulus. The margin of each anulus is alſo whitiſh. This was a female. They are found in June.

Sanguisuga. *Fig.* 6. *Longuer huit lignes.*

Les *antennes* ſont environ deux lignes en longuer. Le *corcelet* preſque noir, ayant trois lignes blanchâtres ſur la partie ſupérieure. Les *ailes* ſont d'une couleur terreſtre obſcure, marquetées partout des marques blanchâtres. L'*abdomen* eſt auſſi d'une couleur terreſtre noire, ayant une ligne ou blande blanchâtre qui court au milieu, du corcelet a l'anus, comme auſſi une petite tache de la même couleur de chaque côté de la bande, ſur chaque anneau, et les bords des anneaux ſont blanchâtres. Cet inſecte étoit une femelle. Ils ſe trouvent en Juin.

Cæutiens. *Fig.* 7. *Meaſures five lines.*

The *antennæ* are in length about one line. The *thorax* of a dark dirty brown, without any markings thereon. The *wings* are brown, marbled with white. The *abdomen* is of a dark brown, having two whitiſh ſpots on each anulus, incircled with black. The *legs* of a light brown, clouded like tortoiſe-ſhell. This was a female. *See Linn. Tab.* 17.

Cæutiens. *Fig.* 7. *Longuer cinq lignes.*

Les *antennes* ſont environ une ligne en longueur. Le *corcelet* d'une couleur brune terreſtre foncée, ſans aucunes marques. Les *ailes* ſont brunes marbrée de blanc. L'*abdomen* eſt brun obſcur, avec deux taches blanchâtres ſur chaque anneau, environnées de noir. Les pieds brun clair varié comme l'écaille de tortuë. Cet inſecte étoit une femelle. *Voyez Linné. Tab.* 17.

Pluvialis. *Fig.* 8. *Meaſures four lines.*

The *antennæ* are long, meaſuring about two lines, the roots thick and globoſe. The *thorax* is black, with three whitiſh lines thereon. The *abdomen* is blackiſh, or rather of a duſty brown, having two whitiſh ſpots on each anulus, incircled with black. The *wings* are lead colour, freckled with white. This was a female. *See Linn. Tab.* 16.

Pluvialis. *Fig.* 8. *Longuer quatre lignes.*

Les *antennes* ſont longues environ deux lignes, leurs racines groſſes et rondes. Le *corcelet* noir avec trois lignes blanchâtres. L'*abdomen* noiratre, ou plutôt d'une couleur brune terreſtre, avec deux tachee blanchâtres ſur chaque anneau environnées de noir. Les *ailes* ſont de couleur de plomb, picotée de blanc. Cet inſecte étoit une femelle. *Voyez Linn. Tab.* 16.

T A B. VIII.

E P I D O P T E R A: Phalæna.

Fig. 1. *Expands an inch and an half.*

UPper *ſide.* The *antennæ* are like threads about half an inch in length. The *thorax* and *abdomen* are of a pale brown, as are the wings in general. The *ſuperior wings* are full of dark brown waved bars like a watered-tabby ſilk, running acroſs the wings from the ſector edge to the ſlip edge, the middlemoſt being very broad. The *inferior wings* have alſo a number of theſe undulating bars, which cover the lower portion of the wings. It is taken in June, and called here, the *clouded carpet.*

Fig. 1. *Deployе ſes ailes un pouce et demi.*

LE *deſſus.* Les *antennes* ſont en filet, et environ un demi pouce en longuer. Le *corcelet* et l'*abdomen* ſont brun pale comme auſſi les ailes en général. Les *ailes ſupérieures* ſont pleines des barres ondulées brunes foncées, comme un tabis ondé, qui courent au travers les ailes du bord tranchant au bord gliſſant, la barre du milieu êtant fort large. Les *ailes inférieures* ont auſſi un nombre de ces barres ondées qui couvrent la portion inférieure des ailes. Elles ſont priſes en Juin, et s'appelle, *the clouded carpet,* ou le tapis couvert de nuages.

Fig. 2. *Expands one inch and an half.*

Upper ſide. The *antennæ* are like threads. The *ſuperior wings* are of a gold colour, having thereon ſix white ſpots, the largeſt of which are nearly of the circumference of a tare, each ſpot being bordered with a neat line. The *inferior wings* are white, and of a radiant or pearly caſt, having a broadiſh unequal bar near the fan-edge, bordering on the ſide next the thorax with a neat yellow line edged with a black one on each ſide; another cloud, edged and bordered in the ſame manner, occupies the upper portion of the wing next the thorax. They are caught in June, and are called *the large China mark.*

Fig. 2. *Deploye ſes ailes un pouce et demi.*

Le *deſſus.* Les *antennes* ſont en filet. Les *ailes ſupérieures* d'une couleur d'or, avec ſix taches blanches, les plus grandes deſquelles ſont à-peu-près de la circonference des yvroies, chaque tache étant bordée par une ligne très fine. Les *ailes inférieures* ſont blanches, et d'une couleur reluiſante ou nacrée, avec une barre large, mais inégale près du bord d'évantail, bordée ſur les côtés près du corcelet par une ligne fine et jaune bordée de noir, une de chaque côté, un autre nuage environné de la même maniere, occupe la portion ſupérieur de l'aile près du corcelet. Elles ſont priſes en Juin, et s'appelle *the large China mark,* ou le grande marque Chinoiſe.

Fig. *Fig.*

Tab. VIII

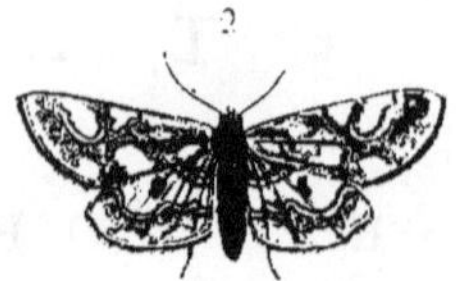

Fig. 3. *Expands one inch and half.*

Upper ſide. The *antennæ* are like fine threads. This *moth* is totally of an aſh or greyiſh colour, having a number of neat waved bars, croſſing the wings parallel with each other, and placed two and two like double ſtripes. On each of the *inferior wings* are two of theſe undulated lines, which run parallel with, and within a line diſtance of the fan or fringed edge. It is called *the grey waved.* I have not ſeen it any where deſcribed.

Fig. 3. *Deploye ſes ailes un pouce et demi.*

Le *deſſus.* Les *antennes* ſont en filet. Cette phalene eſt entierement d'une couleur griſe ou de cendre, avec un nombre des barres ondées fines, qui courent au travers des ailes. Elles ſont paralleles l'une a l'autre, et placées deux & deux comme des lignes doubles. Sur chacune des *ailes inférieures* ſe trouvent deux de ces lignes ondées, qui courent parallele a et environ un ligne diſtante du bord d'évantail ou bord frangé. Elle s'appelle *the grey waved,* ou la griſe ondée. Se ne la trouve décrite par aucun auteur.

Fig. 4. *Expands about one inch and a quarter.*

Upper ſide. The *antennæ* are like threads. The *ſuperior wings* are white, having a dark brown cloud next the thorax, which covers half the wing. A ſmall oblong ſpot occupies a part of the wing near the apex, and ſome faint marks near the fringe of the fan-edge. The *inferior wings* are alſo white, full of waved bars, which are very faint, as if almoſt obliterated. They are found in May, and called the *ſhort-cloak carpet.*

Fig. 4. *Deploye ſes ailes environ un pouce et un quart.*

Le *deſſus.* Les *antennes* ſont en filet. Les *ailes ſupérieurs* ſont blanches, avec un nuage brun foncé près du corcelet, qui couvre la moitié de l'aile. Une petite tâche oblongue occupe une partie de l'aile, près du pointe ſupérieur, et il-y-a quelques marques foibles près de la frange du bord d'évantail. Les *ailes inférieures* ſont auſſi blanches, et pleines de barres ondées, qui ſont fort foibles ou comme effacés. Elles ſe trouvent en May, et s'appelle *the ſhort-cloak carpet*, ou le tapis au manteau court.

Fig. 5. *Expands one inch and a quarter.*

Upper ſide. The *antennæ* are like threads. The *ſuperior wings* are of a pleaſant browniſh white, having a broad bar of a chocolate colour, of an angular, or chevron-like form, bordered on each ſide at a ſmall diſtance from its edges with a neat line. A ſmall double bar is in the midway between this and the thorax. The *inferior wings* are of a browniſh white, void of any markings. It is called the *chocolate bar.*

Fig. 5. *Deploye ſes ailes un pouce et un quart.*

Le *deſſus.* Les *antennes* ſont en filet. Les *ailes ſupérieures* d'une couleur blanche brunatre, très agréable, avec une barre large couleur de chocolat, d'une figure angulaire, bordée de chaque côté à une petite diſtance de ſes bords par une ligne fine. Une petite barre double ſe voit michemin entre elle et le corcelet. Les *ailes inférieures* ſont blanches brunatres, ſans aucunes marques. Elle s'appelle *the chocalate bar,* ou la barre de chocolat.

Fig. 6. *Expands an inch and a quarter.*

Upper ſide. The *antennæ* are pectinated. This *moth* is totally of a pale brown. The *ſuperior*

Fig. 6. *Deploye ſes ailes un pouce et un quart.*

Le *deſſus.* Les *antennes* ſont formées en peigne. Cette phalene eſt entierement brun pale-

superior wings having a broad bar of a dark brown colour crossing the middle of each, with irregular or undulated edges. The *inferior wings* are also of a pale brown, having a dark line which arises at the abdominal edge, and reaches some way across the middle of the wing. Taken in June.

pale. Les *ailes supérieures* ont une barre large brune foncée, qui traverse le milieu de chacune; les bords de cette sont barre irreguliers ou ondées. Les *ailes inférieures* sont aussi de couleur brune pale, avec une ligne obscure qui s'eleve ou bord abdominal, et court quelque longuer à travers le milieu de l'aile. Elle fut prise en Juin.

Fig. 7. Expands about one inch.

Upper side. The *antennæ* are like threads. The *thorax* and *superior wings* are of a reddish chocolate. The *abdomen* is red, having a black list down the middle. The *inferior wings* are of a dark grey, the sides next the abdomen red, and two black spots in the middle of each. N. B. This must not be mistaken for that in my *Aurelian*, fig. (m) plate 27, being another species. The caterpillar of this is remarkable for a red line down the middle of the back.

Fig. 7. Deploye ses ailes environ un pouce.

Le *dessus*. Les *antennes* sont en filet. Le *corcelet* et les *ailes supérieures* sont couleur de chocolat rougeatre. L'*abdomen* est rouge, avec une bande noire au milieu. Les *ailes inférieures* gris obscur; les côtés près de l'abdomen rouge, avec deux taches noires au milieu de chacun. N. B. Cette espece ne se doit pas meprendre pour celle dans mon livre le *Aurelian*, fig. (m) planche 27, etant une espece distincte. La chenille de celle ci est remarquable pour une ligne rouge qui court le long du milieu du dos.

Fig. 8. Expands one inch and a quarter.

Upper side. The *antennæ* are like threads. This *phalena* is totally of a fine pea-green. The *superior wings* have two white lines crossing each, dividing them nearly into three equal parts. The *inferior wings* are angulated, and have a white line crossing the middle of each, or within a quarter of an inch of the fan-edge. This we call the *small emerald.*

Fig. 8. Deploye ses ailes un pouce et un quart.

Le *dessus*. Les *antennes* sont en filet. Cette *phalene* est entierement d'une belle couleur verte de pois. Les *ailes supérieures* ont deux lignes blanches qui les traversent, et les divisant presque en trois parties égales. Les *ailes inférieures* sont angulaires, et ont une ligne blanche qui traverse le milieu de chacune, ou près d'un quart d'un pouce du bord d'évantail. Nous appellons cette phalene *the small emerald.*

TABLE IX.

PLANCHE IX.

Tab. IX.

MUSCÆ. Ord. I.

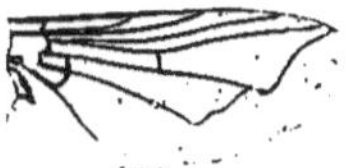

T A B. IX.

D I P T E R A: Muscæ, Order I.

A wing of the first Order, with its Teadons, carefully delineated.

Generical Characters.

The abdomen *is divided into four* annuli, *exclusive of the* anus. *The* inferior edge *of the* wing *is not marginated.* *The* tongue *is fleshy, having two lips at its extremity formed for sucking liquids. It hath the stemmata or three little eyes on the top part of the head, which are the only organs of vision this insect hath.*

It has been an opinion generally received and enforced by authors of good credit, that the two hemispherical parts placed one on each side the head, were the eyes of the musca: whatever may be their office in any other genus it is not so in this. I had formerly many doubts of this circumstance, both from the magnitude of the parts and their dull and languid appearance, with many other objections needless to mention. Determined to satisfy myself of the truth, I caught one of the large blowing flies, or blue bottles, *as they are vulgarly called, and with an opake substance composed of white lead and gum water, carefully covered those hemispherical parts all over. Then taking the insect to the farthest part of the room from the windows, let it loose. It was no sooner disengaged, but flew directly to the windows, forceably beating against the glass, as endeavouring for its enlargement. I then began to fear that I had not effectually covered the parts, and therefore caught it again, and examining the head closely with a good magnifier, found that I had covered the parts sufficiently; at the same time carefully viewing the stemmata (the parts which I had before suspected for eyes) considered their situation, their brilliancy, and how carefully nature had guarded them from harm, it was natural for me to conclude these were indeed the eyes. I then caught another fly of the same kind, and covered the stemmata carefully, then retreating from the windows, let it loose, when instead of flying to the windows as the other had done, it hopped from my hand to the ground, where it lay struggling on its back for some time, but recovering its feet made several attempts to fly, going about a foot at a time, but always fell on its back; neither did it in any of its efforts make toward the light, taking no more notice of the windows than any other part of the room: and to be short, acted in every respect as totally void of sight. I tried the experiment on several more of them, but their actions were similar to the first: by which I was convinced that the stemmata were organs of vision, and that the musca particularly hath no parts by which they can discover an object but by them. I cannot call them therefore by any other term than eyes; and they are not only so in this, but I will venture to affirm them to be such in whatever insect they may be found, for reasons I shall give in another place. The aforementioned parts which appear like cheeks, I have in the course of this work termed the larger eyes, because in some insects which have not the stemmata, providence may have adapted them for such purposes, and as there is no other term hitherto given, I hope the impropriety will be excused. In most species of the Musca the male is distinguished by the larger eyes meeting together on the top of the head, but in*

others

others these parts both in male and female are separated by the frontlet; in this case the sexes are distinguished by the anus, that of the female ending in a sharp point, and the males being blunt or obtuse.

Une aile du premier Ordre, avec ses tendons, soigneusement figuré.

Characteres Generaux.

L'abdomen *est divisé en quatre* anneaux, *exclusif de l'*anus. *Le* bord inferieur *de l'aile n'est point marginé. La* langue *est charnue, avec deux levres à son extremité formées pour sucer les liquides. Il a les stemmata ou trois petits yeux sur le haut de la tête, qui sont les seuls organes de vue cet insecte jouit.*

Il a été une opinion generalement recue, et soutenue par des bons auteurs, que les deux parties hémisphériques placés sur chaque côté de la tête étoient les yeux du musca. Quelconque est leur emploi dans les autres genres, elles ne sont pas employées dans cet office, par les mouches; autrefois j'avois plusieurs doutes sur cette circonstance, tant pour la grandeur de ces parties que pour leur apparence languide et foible, avec plusieures autres objections, qui ne valent point mentionner. Determiné à me satisfaire de la verité, j'ai attrappé une mouche carnossiére, des plus grandes, qui s'appellent vulgairement, blue bottles, *et avec une substance opaque, composée de ceruse, ou blanc de plomb, et de l'eau gommée, j'ai soigneusement couvert entierement ces parties hemispheriques. Alors prenant l'insecte, au coin de la chambre, le plus eloigné des fenêtres, je l'ai relache. Aussi-tôt qu'elle etoit librée elle vola directement aux fenêtres, battant ses ailes avec une force contre la vitre comme si elle voudroit essayer à regagner sa liberté. J'ai donc commencé à craindre que je n'avois pas totalement ou effectivement couvert ces parties, ainsi je l'ai attrapé derechef, et examinant la tête soigneusement avec une bonne loupe j'ai vu que j'avois suffisament couvert ces parties, et au même tems examinant soigneusement les stemmata (les parties que j'avois devant soupçonné d'être les yeux) et considerant leur situation, leur brillant ou eclat, et avec quel soin la nature les avoient protegée d'accidents, il m'étoit naturel de conclure, qu'els etoient les yeux. J'ai donc attrapé une autre mouche de la même éspece, et aiant soigneusement couvert ses stemmata, je me suis retire de la fenêtre, et le relachant, au lieu de voler aux fenêtres, comme l'autre mouche avoit fait, il santa de ma main sur la terre, ou elle resta sur son dos, faisant des efforts pour quelque tems, mais recouvrant ses pièds elle tenta plusieures fois de voler, et vola environ un pièd à la fois, mais tomba pourtant toujours sur son dos; ni pendant touts les efforts qu'elle fit, tenta-til de gagner la lumiere, ni prit il notice des fenêtres plus que d'aucune autre partie de la chambre, et enfin elle s'agita absolument de telle manière comme s'il étoit depourvu de la vue. J'ai essayé l'experiment sur plusieres autres mouches toujours avec la même succes, par lesquelles experiment je suis convainçu que les stemmata, sont les organes de la vue, et que les muscæ particulierement n'ont point d'autres parties avec lesquelles ils peuvent reconnoitre ou decouvrir les objets. Je ne puis pour cette raison les appeller par aucun autre nom que les yeux; et il ne sont pas ainsi seulement dans ce genre des insectes, mais j'ose affirmer qu'ils sont tels dans quelque insecte que ce soit, ou ils se trouvent, pour des raisons que je donnerai ailleurs. Les parties ci-mentionnées qui paroissent comme des jeues j'ai dans cet ouvrage appellé les* grands yeux, *parcequ'en quelques insectes, qui n'ont point les stemmata, la providence pouvoit les avoir appliqués à tel propos et comme il n'y-a d'autre terme ci-devant donne j'espere qu'on m'excusera cette impropriété. Dans la plûpart des especes de muscæ le male est distingué par les grands yeux se rencontrant ensemble sur le haut de la tête, mais en d'autres ces parties, tant dans le male que la femélle, sont separées par le petit front; en ce cas, les sexes sont distingués par l'anus, celui de la femélle finissant dans une pointe aigué, et le male l'aiant emoussé ou obtus.*

Grossa.

Grossa. *Fig.* 1. *Meaſures twelve lines.*

THE *larger eyes* are of a rich chocolate. The *frontlet, fillets,* and *mouth,* are of a fine golden yellow colour. The *thorax, abdomen,* and *legs* are black; the ſhoulder part of the wings and the under part of the feet are likewiſe gold colour. The *abdomen* is greatly armed with very ſtrong black briſtles or thorns. The male hath the *larger eyes* apart. The *palpi,* which join to the tongue or proboſcis, are very conſpicuous in this Muſca. *See Linn. Muſ.* 75.

Rotundata. *Fig.* 2. *Meaſures ſeven lines and an half.*

The *frontlet, fillets,* and *mouth,* are buff colour. The *thorax* is black and gloſſy, and beſet with briſtles. The *abdomen* is of a fine orange brown, thickly beſet with ſtrong briſtles near the anus, having a broad unequal liſt of black down the upper part. The wings are tinged with brown, but the ſhoulder part is of a golden yellow. The *legs* are black; but the bottoms of the feet yellow. The male hath the *larger eyes* apart. *See Linn. Muſca.* 76.

Investigator. *Fig.* 3. *Meaſures ſix lines.*

The *larger eyes* are of a light brown, nearly orange. The *fillets* are white. The *frontlet* orange brown. The *thorax* is of a browniſh aſh, ſtriped with black lines. The *abdomen* is of a gloſſy brown, having a dark ſtripe down the middle, and three white ſhining ſquariſh ſpots on each ſide, two of which cannot be ſeen in the figure. The *femoral ſcales* are white. The male hath the larger eyes apart. Taken in meadows in June.

Reccumbo. *Fig.* 4. *Meaſures ſix lines.*

The *frontlet* is light brown. The *fillets* and *mouth* gold colour. The *thorax* is of a dark brown and gloſſy. The *eſcutcheon* is light brown. The *abdomen* is of a light orange.

Grossa. *fig.* 1. *Longueur douze lignes.*

LES *grands yeux* ſont couleur de chocolat rougeâtre. Le *petit front,* les *bandeaux,* et la *bouche,* d'une belle couleur de jaune d'or. Le *corcelet,* l' *abdomen,* et les *pièds* noirs. Le epaule des ailes, et le deſſous des pièds, ſont pareillement couleur jaune d'or. L'*abdomen* eſt fortement armé avec des ſoies, ou des epines, noires et fortes. Le male a les *grands yeux* diſtants. Les *antennules* qui joignent à la langue, ou la trompe, ſont fort viſibles dans cette mouche. *Voyez Linné, Muſ.* 75.

Rotundata. *Fig.* 2. *Longuer ſept lignes et demi.*

Le *petit front,* les *bandeaux,* et la *bouche,* ſont de couleur jaunatre. Le *corcelet* eſt noir, luſtré, et garni des ſoies. L'*abdomen* d'une belle couleur d'orange brune, epaiſſiſſement garni de ſoies fortes près de l'anus, avec une bande noire, large et inegale, le long de la partie ſupérieure. Les *ailes* teintes de brune, mais les epaules ſont de couleur jaunâtre d'or. Les *pièds* noirs, mais leur deſſous jaune. Le male a les *grands yeux* diſtants. *Voyez Linné, Muſca* 76.

Investigator. *Fig.* 3. *Longuer ſix lignes.*

Les *grands yeux* ſont brun clair preſque orange. Les *bandeaux* blancs. Le *petit front* d'orange brun. Le *corcelet* d'une couleur brunâtre cendrée, rayée des lignes noires. L'*abdomen* eſt brun luſtré, avec une bande, couleur foncée, le long du milieu, et trois petites taches blanches brillians, et quarrées de chaque côté; deux de quelles ne peuvent être montrées dans la figure. Les *ecailles femorales* ſont blanches. Le male a les *grands yeux* diſtants. Pris dans une prairie en Juin.

Reccumbo. *Fig.* 4. *Longuer ſix lignes.*

Le *petit front* eſt brun clair. Les *bandeaux* et la *bouche* couleur d'or. Le *corcelet* brun foncé et luſtré. L'*ecuſſon* brun clair. Le *abdomen* d'une couleur brune orange et luſtrée

orange brown, and gloſſy, having a black liſt down the upper part. On each ſide the anus, is a bright glaring ſpot of a gold colour. The ſhoulder part of the wings is of a gold colour. The *legs* are brown. The male hath the larger eyes apart. They are found in woods in June.

RESTITUO. *Fig.* 5. *Meaſures three lines.*
The *frontlet* is black. The *fillets* are of a ſilver grey. The *thorax* is aſh-colour, having a number of black lines on the upper part. The *abdomen* is grey, having two diagonal black marks on every anulus, which lean toward each other. The *legs* are black. This deſcription is taken from the female. The male which is figured in the plate hath the *larger eyes* joined together. The *thorax* is black. The *abdmen* is of an orange brown, having a black line down the upper part, and a whitiſh glare on each ſide on every anulus. They appear very early in the ſpring, and ſeem fond of ſitting and playing on the tops of poſts, &c. by road ſides in the ſunſhine, where ten or twelve may frequently be ſeen within the compaſs of an inch ſquare, as if a private committee were met together on buſineſs, when ſuddenly three or four will ſtart away into the air, but returning quickly again will replace themſelves on, or ſo near, where they were before, that it cannot eaſily be told which they were that made the excurſion.

CERINUS. *Fig.* 6. *Meaſures three lines.*
The *larger eyes* are red. The *frontlet* is brown. The mouth is white. The *fillets* are gold colour. The *antennæ* are black and extend ſome diſtance from the head. The *thorax* is black, but towards the ſhoulders of an orange colour. The *eſcutcheon* is alſo black. The *abdomen* is of the colour of yellow wax and gloſſy, in ſhape almoſt round, and hanging down as if weighty; on the back or upper part of the *thorax* are four round black

luſtrée, avec une bande noire le long du deſſus. De chaque côté de l'anus il-y-a une tache eclatante, d'une couleur d'or. L'epaule des ailes eſt couleur d'or. Les *pièds* ſont bruns. Le male a les *grand yeux* diſtants. Elles ſe trouvent dans les bois en Juin.

RESTITUO. *Fig.* 5. *Longuer trois lignes.*
Le *petit front* eſt noir. Les *bandeaux* couleur griſe argentée. Le *corcelet* couleur de cendre, avec un nombre de lignes noires au deſſus. L'*abdomen* gris, avec deux marques noires diagonales ſur chaque anneau, qui penchent l'une vers l'autre. Les *pièds* noirs. Cette deſcription eſt faite d'une femélle. Le male, qui eſt depeint dans la planche, a les *grands yeux* joints enſemble. Le *corcelet* noir. L'*abdomen* orange brun, avec une ligne noire le long du deſſus, et un luſtré blanchâtre de chaque côté ſur touts les *anneaux*. Elles paroiſſent au commencement du printems, et aiment de ſe fixer et ſe divertir ſur le ſommet des poteaux, &c. aux côtés des grands chemins en la clarté du ſoleil, ou frequemment on peut voir dix ou douze de ces mouches dans l'eſpace d'un pouce quarrè, comme une campagnie ſelecte, quand ſoudainement trois ou quatre s'envoleront, mais retournant bientôt derachef alles ſe fixeront ſi près ou bien exactement au même endroit quelles etoient, qu'il eſt difficile de reconnoitre celles qui ont volé d'entre les autres.

CERINUS. *Fig.* 6. *Longueur trois lignes.*
Les *grands yeux* ſont rouge. Le *petit front* brun. La bouche blanche. Les *bandeaux* couleur d'or. Les *antennes* noires, et s'attendent au loins de la tête. Le *corcelet* noir, mais vers les epaules couleur d'orange. L'*ecuſſon* eſt auſſi noir. Le *abdomen* couleur de cire jaune et luſtré, preſque rond, et pendant comme ſi il ètoit peſant. Le long du dos, ou la partie ſuperieure du *corcelet*, ſont quatre taches rondes et noires dans une range. Les *pièds* noirs. Les *ailes* un peu

black ſpots in a line. The *legs* are black. The *wings* are a little ſmoaky, as I term it, the ſhoulder part being tinged with gold colour. They are found in the month of May. The male hath no orange colour on the *thorax*, and the *larger eyes* are placed cloſe together.

Atratus. *Fig.* 7. *Meaſures three lines.*

The *fillets* are black and gloſſy. The *thorax* and *abdomen* the ſame. The *wings* are tinged with brown. The *femoral ſcales* buff colour, and the legs black.

Obsidianus. *Fig.* 8. *Meaſures four lines and an half.*

The *frontlet* is black. The *fillets* ſhine with ſilver grey, and which with the frontlet extend or ſwell out ſome way from the head. The *thorax* and *abdomen* are of an exceeding fine black, highly poliſhed, and armed with long briſtle-like hairs. The *wings* are brown, but near the ſhoulder part of a fine gold colour. This is a female; the male I have not yet ſeen.

Meridiana. *Fig.* 9. *Meaſures near ſeven lines.*

The *frontlet* is black. The *fillets* are broad and appear like gold, but on the top of the head, dark brown. The *thorax* and *abdomen* are of a fine black and gloſſy, thick ſet with fine ſhort hair. The *legs* are alſo black. The *wings* near the ſhoulder part are of a gold colour. The male hath the larger eyes cloſe together. They are fond of ſettling againſt the bodies of trees in woods early in the ſpring, and all the ſummer. *See Linn. Muſ.* 63.

Repens. *Fig.* 10. *Meaſures ſeven lines.*

The *frontlet* is black. The *fillets* of a dirty buff, but near the mouth white. The *thorax* is of a light dirty or greyiſh brown, having

peu obſcurcies ou fumées, comme je m'exprime. L'épaule teint de couleur d'or. Ces mouches ſe trouvent en Mai. Le male n'a point de couleur d'orange ſur le *corcelet*, et les *grands yeux* ſont placés tout près enſemble.

Atratus. *Fig.* 7. *Longuer trois lignes.*

Les *bandeaux* ſont noirs et luſtrès. Le *corcelet* et l'*abdomen* du même. Les *ailes* ſont teintes de brun. Les *ecailles femorales* de couleur jaunâtre, et les pièds noirs.

Obsidianus. *Fig.* 8. *Longuer quatre lignes et demi.*

Le *petit front* eſt noir. Les *bandeaux* eclatent d'une couleur griſe argentée, leſquels, comme auſſi le petit front s'etendent ou ſe gonflent un peu au de-là de la tête. Le *corcelet* et l'*abdomen* ſont d'une belle couleur noire, luiſante, et armés de ſoies longu, comme des poils. Les *ailes* ſont brunes, mais près de l'épaule d'une belle couleur d'or. Cette mouche etoit une femélle; le male je n'ai pas encore vué.

Meridiana. *Fig.* 9. *Longuer près de ſept lignes.*

Le *petit front* eſt noir. Les bandeaux larges et paroiſſent comme de l'or, mais ſur le ſommet de la tête ils ſont brun foncé. Le *corcelet* et l'*abdomen* beau noir et luſtré, epaiſſiſſement garnis de poils fins et courts. Les *pièds* ſont auſſi noirs. Les *ailes* près de l'épaule ſont couleur d'or. Le male a les grands yeux joints enſemble ou contigus. Ces mouches aiment de ſe fixer aux troncs des arbres dans le bois au commencement du printems et tout l'été. *Voyez Linné, Muſ.* 63.

Repens. *Fig.* 10. *Longuer ſept lignes.*

Le *petit front* eſt noir. Les *bandeaux* ſale jaunâtre, mais près de la bouche blanc. Le *corcelet* d'une couleur brune ſale ou griſâtre, avec

having four dark or blackiſh ſtrokes down the upper part. The *eſcutcheon* is of a rediſh brown. The *abdomen*, which is ſet with hairs, is of a light clay colour, each anulus having a broad edging of black which is gloſſy. Down the upper part, from the eſcutcheon to the anus, is a tender black liſt or line. The *legs* are of a dirty black. This deſcription was taken from a male, which hath the larger eyes apart.

CONSPERSUS. *Fig.* 11. *Meaſures ſix lines.*

The *larger eyes* are of a fine red. The *frontlet* and *fillets* are brown. The parts near the mouth are cream colour. The *thorax* is of a lightiſh brown, having a number of broken lines thereon of a deep black colour and dull. The *abdomen* appears of a light browniſh aſh colour, beautifully mottled and clouded on the upper part with deep brown. The *wings* are clear and the *tendons* conſpicuous, particularly a ſhort one in the middle of the wing, which appears like a black ſpeck. This is a female, and the larger eyes are parted by the fillets. Taken in May.

avec quatre lignes foncées ou noirâtres le long de la partie ſupérieure. L'*ecuſſon* brun rougeâtre. L'*abdomen*, qui eſt garni des poils, eſt d'une couleur brunâtre claire. Chaque anneau a un bord large qui eſt luſtré. Le long de la partie ſupérieure, des l'ecuſſon juſques a l'anus, il-y-a une ligne tendre et noire. Les *pièds* ſont noir ſale. Cette deſcription fut priſe d'un male, qui a les grands yeux diſtants.

CONSPERSUS. *Fig.* 11. *Longuer ſix lignes.*

Les *grands yeux* ſont d'une belle couleur rouge. Le *petit front* et les *bandeaux* bruns. Les parties près de la bouche couleur de crême. Le *corcelet* brun clair avec un nombre de lignes interrompues d'une couleur noire chargée. L'*abdomen* eſt cendre brunâtre clair, bellement marquétée et nuagée ſur la partie ſupérieure d'une couleur brune foncée. Les *ailes* ſont claires ou tranſparentes, et les *tendons* ſont fort viſibles, particulierement un, au milieu de l'aile, que eſt court, et que paroit comme un petit point noir. Cette mouche etoit une femélle, et les grands yeux ſont partagés par les bandeaux. Priſe en Mai.

TAB. X.

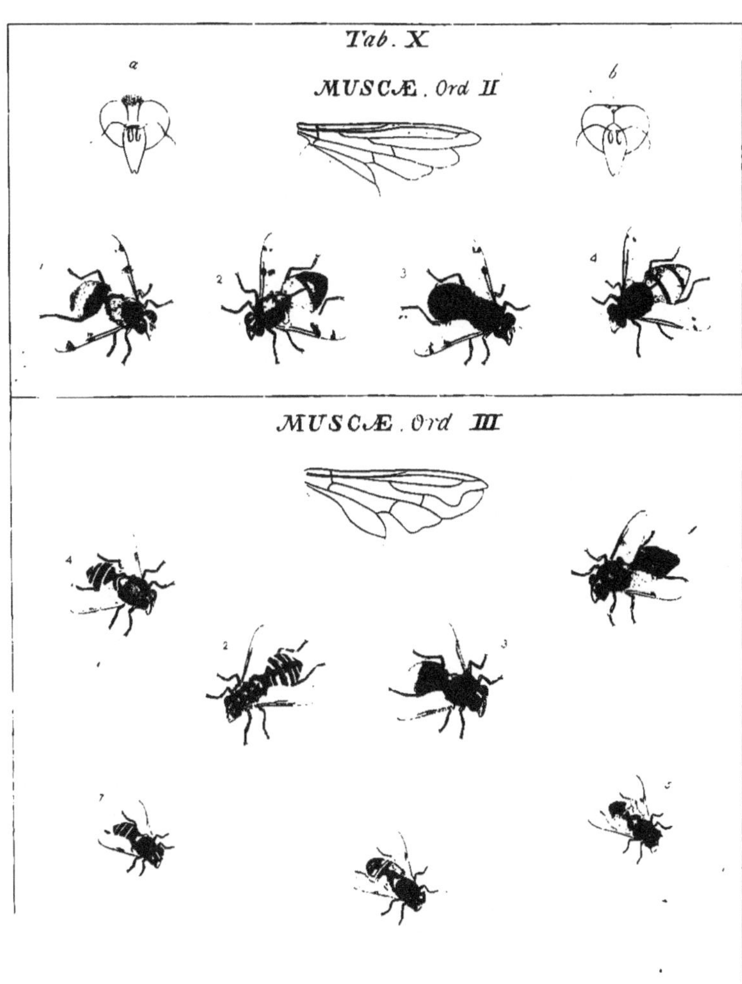
Tab. X
MUSCÆ. Ord II
a
b
1
2
3
4
MUSCÆ. Ord III
4
1
2
3
7
5

T A B. X.

M U S C Æ, Order II.

A wing of the second Order, with its Tendons, carefully delineated.

Generical Characters.

The larger eyes *have not the fillets as seen by the Fig.* a. *and* b. *which distinguish the male from the female, by the larger eyes of the male being close together, as at* b. *On each wing are two dark clouds-likespots.*

Une Aile du second Ordre, avec ses Tendons, soigneusement figure.

Characteres Generaux.

Les grands yeux *n'ont point les bandeaux comme il paroit par les figures* a. *et* b. *qui distingue le male de la femélle par les grands yeux du male étant tout contigués l'un à l'autre, comme dans la figure* b. *sur chaque aile ils ont deux taches obscures comme des nuages.*

Mystacea. *Fig.* 1. *Measures near nine lines.*

THE *nose* and *frontlet* are covered with yellow hair. The *thorax* is also covered with yellow hair, except a part on the top, which is black and glossy. The *abdomen* is also covered with the same yellow hair, having a black bar crossing the middle from side to side. The under side is intirely black. *See Linn. Mus.* 26.

Fera. *Fig.* 2. *Measures nearly nine lines.*

The *frontlet* is of a yellow brown. The *thorax* is black on the top, and of an equal polish, but brown on the sides. The *escutcheon* is brown and glossy in the female, but black in the male. The *abdomen* appears divided into two parts, that towards the anus is black and of an equal polish. The other near the escutcheon is transparent and hollow, like a bladder, and of the same horn-like colour, consisting of one anulus, which is divided by a neat line down the middle. The tendons of the wings are very strong and brown. They are taken in July in woody places. *See Linn. Mus.* 74.

Bom-

Mystacea. *Fig.* 1. *Longuer près de neuf lignes.*

LE *nez* et le *petit front* sont couverts de poils jaunes. Le *corcelet* est aussi couvert de poil jaune excepté une partie sur le sommet qui est noire et lustrée. L'*abdomen* est aussi couvert de poil jaune, avec une barre noire traversant le milieu de côté à côté. Le dessous est totalement noir. *Voyez Linné, Mus.* 26.

Fera. *Fig.* 2. *Longuer près de neuf lignes.*

Le *petit front* est jaune brun. Le *corcelet* noir, au sommet, et lustré, mais brun sur les côtés. L'*ecusson* brun et lustré dans le femélle, mais noir dans le male. L'*abdomen* paroit divisé en deux parties, celle vers l'anus est noire et lustrée, l'autre près de l'ecusson est transparente et vuide, comme une vessie, et de la même couleur ; elle est composée d'un anneau qui est divisé par une ligne fine le long du milieu. Les tendons des ailes sont très forts et bruns. Cette mouche est prise en Juillet dans les lieux pleins de bois. *Voyez Linné, Mus.* 74.

Bom-

BOMBYLANS. *Fig.* 3. *Meaſures nearly nine lines.*

The *frontlet* is thickly ſet with yellow hair, as is the noſe or beak. The *thorax* is black, gloſſy, and thinly ſet with black hair. The *eſcutcheon* is olive. The *abdomen* is alſo black and gloſſy, thinly ſet with black hair, except the part toward the anus, which is covered with hair of a blood red. The *legs* are dark brown. They are taken in July. *See Linn. Muſ.* 25.

ANNULATUS. *Fig.* 4. *Meaſures nine lines.*

The *frontlet* and *mouth* are a deep yellow. The *thorax* and *eſcutcheon* are of a fine brown. The *abdomen* is of a fine yellow, having two black lines or bars lying acroſs, which divide the abdomen into three equal parts; a ſmall line alſo reaches from the ſcutulum to the firſt bar. The *anus* of the male is black. Theſe muſcæ are fond of ſettling on the flowers of elecampane, in the months of July and Auguſt.

BOMBYLANS. *Fig.* 3. *Longuer près de neuf lignes.*

Le *petit front* eſt epaiſſiſſement garni de poil jaune, comme eſt auſſi le nez ou le bec. Le *corcelet* eſt noir, luſtré, et garni, mais légèrement, de poil noir. L'*ecuſſon* eſt couleur d'olive. L'*abdomen* eſt auſſi noir, luſtré, et garni, mais légèrement, de poil noir, excepté la partie vers l'anus, qui eſt couvert de poil couleur de ſang. Les *pièds* ſont brun foncé. Elles ſont priſes en Juillet. *Voyez Linné, Muſ.* 25.

ANNULATUS. *Fig.* 4. *Longuer neuf lignes.*

Le *petit front* et la *bouche* ſont jaune foncé. Le *corcelet* et l'*ecuſſon* d'une belle couleur brune. L'*abdomen* jaune, avec deux lignes ou barres noires, qui le traverſe et le diviſe en trois parties égales. Une petite ligne s'etend auſſi du ſcutulum à la premiere barre. L'*anus* du male eſt noir. Ces mouches aiment de ſe fixer ſur les fleurs du enula campana, dans les mois de Juillet et Août.

MUSCAE, ORDER III.

DECAD II.

MUSCÆ, Order III.

A Wing of the third Order carefully delineated.

Generical Characters.

The larger eyes *have not the surrounding* fillets ; *the females are known from the males by the* frontlet, *the males having none. The* antennæ *are like fine hairs, whereas the former are like fine feathers.*

Une Aile du troisieme Ordre soigneusement figurée.

Caracteres Generaux.

Les grand yeux *n'ont point les bandeaux environnants ; les femelles sont distinguées des males par le* petit front, *car les males n'en ont point ; & les* antennes *sont comme des poils fins, au lieu que celles des femelles ressemblent à des belles plumes.*

Tenax. *Fig.* 1. *Measures nine lines.*

THE *frontlet* and *thorax* covered with hair of a yellowish brown colour ; the *scutulum* rather lighter. The *abdomen* of a dark red brown and glossy, having three black bars across it, and another down the upper part from the scutulum to the anus, sometimes hardly visible, thinly covered with a yellowish pile or down, like hair. They fly in Midsummer, are fond of resting on the sun-flower, from whence they may easily be taken with the hand ; they seem dull or dronish, and not easily alarmed. The *caterpillar*, from whence they are bred, lives in putrid waters or stinking cesspools. *See Linn. Musca.* 32.

Ablectus. *Fig.* 2. *Measures eight lines.*

The *thorax* is covered with a yellow pile, or hair, having an appearance of a cross thereon, in some scarcely visible. The *ab-*

Tenax. *Fig.* 1. *Neuf lignes de longueur.*

LE *petit front* & le *corcelet* sont couverts de poils de couleur jaunâtre brune ; l'*ecusson*, ou le *scutulum*, plus clair. L'*abdomen* rouge brun, foncé & lustre, avec trois barres noires au travers, et un' autre dessus la partie supérieure du scutulum à l'anus, quelquefois a peine visible, legerement couverte d'un duvet jaunâtre, ou comme du poil fin. Elles volent en la Miété, et aiment à se fixer sur l'eliotrope, ou tournesol, sur le quel on les prend facilement avec la main ; elles paroissent lourdes ou stupides, & point aisement effrayèes. La *chenille* dont elles proviennent habitent les eaux croupissantes & puantes, ou les privés. *Voyez Linné, Musca.* 32.

Ablectus. *Fig.* 2. *Huit lignes de longueur.*

Le *corcelet* est couvert de poil jaune, avec la ressemblance d'une croix au dessus, dans quelques unes a peine visible. L'*abdomen* est

d'une

abdomen is of a fine yellow, having four black bars crossing it from one side to the other, and another of the same colour, reaching from the scutulum across the rest, down to the anus. They are taken in July, sitting on flowers, appearing remarkably neat and beautiful.

FUSCUS. *Fig.* 3. *Measures eight lines.*

The *thorax* is of a dusky brown, covered with brown hair; the *abdomen* is black, covered with hair; but toward the anus the hair is white. They may be taken in June, sitting on flowers by bank sides.

LINEATUS. *Fig.* 4. *Measures near seven lines.*

The *frontlet* and *nose* are covered with hair of a dirty buff colour, having a black shining mark down the middle. The *thorax* is dark olive brown, clothed with short hair. The *abdomen* is black and gold colour. The first anulus hath an orange coloured spot on each side, the middle part being black; the other anuli are black, and separated from each other by a neat narrow line. The *thorax* of the male is of an olive brown, having a double mark down the middle, and a round spot on each shoulder; those marks are of a dark olive brown, not easily seen. All the species of this order may be taken in plenty in June and July. They are usually found sitting on the flowers of the greater ragwort.

LYRA. *Fig.* 5. *Measures six lines.*

The *frontlet* and *nose* are of a dirty buff colour, and hairy, but on the top of the head, black and shining; which appearance extends some way behind the larger eyes. The *thorax* is of a dirty brown, covered with short hair; the *scutulum* is more on the orange cast; the *abdomen* is of a velvet black,

d'une belle couleur jaune, ayant quatre barres noires qui le traversent d'un côté à l'autre, & un'autre de la même couleur, qui se tend du scutulum au travers les autres, jusqu'au l'anus. Elles sont prises en Juillet, sur les fleurs, & paroissent remarquablement propres & belles.

FUSCUS. *Fig.* 3. *Huit lignes de longueur.*

Le *thorax* est brun morne, couvert de poil brun; l'*abdomen* noir, couvert de poil, mais vers l'anus le poil est blanc. Elles sont prises en Juin, sur les fleurs qui croissent aux bords des champs.

LINEATUS. *Fig.* 4. *Près de sept lignes de longueur.*

Le *petit front* et le *nez* sont couverts de poil d'une couleur jaunâtre, avec une marque noire reluisante le long du milieu. Le *thorax* est olive obscur, garni de poils courts. L'*abdomen* noir & couleur d'or. Le premier anulus ou jointure a une tache, couleur d'orange à chaque côté, le milieu etant noir; les autres anuli sont noirs, & separés l'un de l'autre par une ligne mignonne & etroite. Le *thorax* du male est de couleur olive brune, avec une marque double le long du milieu, et une tache ronde sur chaque epaule; ces marques sont de couleur olive brune obscure difficilement visibles. Toutes les especes de cet ordre peuvent être prises en abondance en Juin & Juillet. Elles se trouvent ordinairement sur les fleurs de la grande jacobola.

LYRA. *Fig.* 5. *Six lignes de longueur.*

Le *petit front* et le *nez* sont d'une couleur jaunatre sale, and garni de poil, mais sur le sommet de la tête, noir & reluisant; laquelle apparence continue jusqu'au de la des grands yeux. Le *thorax* est sale brun, couvert de poil court; le *scutulum* est plus sur le teint d'orange; l'*abdomen* noir de velours,

black, except the hips, which are of a yellow orange; each anulus is adorned with a cream-coloured line. The *male* hath more yellow on the *abdomen*, ſo that the black part appears like a broad interrupted ſtripe or liſt down the middle. Taken in June.

Cinctus. *Fig.* 6. *Meaſures above ſix lines.*

The colouring of the *head*, *thorax* and *abdomen*, as the laſt deſcribed. This muſt not be miſtaken for the male of that ſeen at fig. 4, or fig. 5; the difference will be ſeen by comparing them together; the female is not yet diſcovered.

Paralleli. *Fig.* 7. *Meaſures almoſt five lines.*

The *head* is ſimilar to the laſt deſcribed; the *thorax* is of a dirty aſh colour, covered with ſhort hair; the *abdomen* is black, having three neat aſh coloured lines lying acroſs from ſide to ſide.

lours, excepté les hanches qui ſont d'orange jaune; chaque anulus ou jointure eſt orné d'une ligne couleur de creme. Le *male* eſt plus jaune ſur l'*abdomen*, de ſort que la partie noire paroit comme une large bande ou raye interrompue, le long du milieu. Priſe en Juin.

Cinctus. *Fig.* 6. *Au dela de ſix lignes de longueur.*

Le coloris de la *tête*, du *thorax*, & de l'*abdomen*, comme la derniere; il ne faut pas le méprendre pour le male de celle, vué dans la fig. 4, ou fig. 5; on en vera la difference, par les comparant enſemble; la femelle n'eſt point encore decouverté.

Paralleli. *Fig.* 7. *Preſque cinq lignes longueur.*

La *tête* reſſemble à la derniere décrite; le *thorax* eſt couleur de cendre ſale, couvert de poil court; l'*abdomen* noir, avec trois jolies lignes cendrées courants au travers d'un côté à l'autre.

TAB.

T A B. XI.

M U S C Æ, Order IV.

A Wing of this Order carefully delineated.

Generical Characters.

The larger eyes *of the male meet together, and have not the surrounding* fillets*; the* thorax *and* abdomen *appear flat or depressed, and the wings, when at rest, lie close together, one exactly covering the other. The* scutuli *of those of the first section have two sharp tooth-like points. The* antennæ *consist of two joints each, the two first lie close together, but the second lie in different directions, viz. one toward the right, the other the left.*

Une Aile du cet Ordre soigneusement figuré.

Characteres Generaux.

Les grands yeux *du male se rencontrent ensemble & n'ont point les* bandeaux *environnants; le* thorax *ou* corcelet, *et* l'abdomen, *paroissent plats ou comprimés, et les ailes, quand elles sont en repos, sont pensées ensemble, l'une couvrant exactement l'autre. Le* scutuli *ou l'ecusson de celles de la premiere section ont deux pointes aigues, comme des dents. Les* antennes *consistent chacune de deux jointures, les deux premieres jointures sont serrées ensemble, mais le secondes sont posées en des directions differentes, à sçavoir, l'une vers la droite, et l'autre à la gauche.*

Chamelion. *Fig.* 1. *Measures twelve lines.*

THE *antennæ* are black, and about two lines in length; the *thorax* is black, covered with short hair, of a dirty brown colour; the *scutulum* and thorn-like points thereon, are yellow; the *abdomen* is black and glossy, surrounded by seven longish spots, of a bright yellow, one of which covers the anus; near the top of the *head* are four yellow spots, two on the back parr, and the other two in the front. The *male* hath the yellow spots on the head. The caterpillar is above two inches in length, it consists of twelve anuli, is broad and flat in the middle, tapering to a

Chamelion, *Fig.* 1. *Douze lignes de longueur.*

LES *antennes* sont noires, et environ deux lignes en longueur; le *thorax* est noir, couvert de poil court, ou de duvet, d'une couleur brune sale; l'*ecusson*, ou *scutulum*, & les pointes aiguës la dessus sont jaunes; l'*abdomen* noir et reluisant, environné de sept taches, assez longues, d'un jaune brillant, une desquelles couvre l'anus; près du sommet de la *téte* se trouvent quatre taches jaunes, deux sur la partie posterieure, et les autres deux au front. Le *male* a les taches jaunes sur la tête. La chenille est plus de deux pouces en longueur, elle a douze anneaux, est large et platte au milieu, & diminue en pointe à chaque

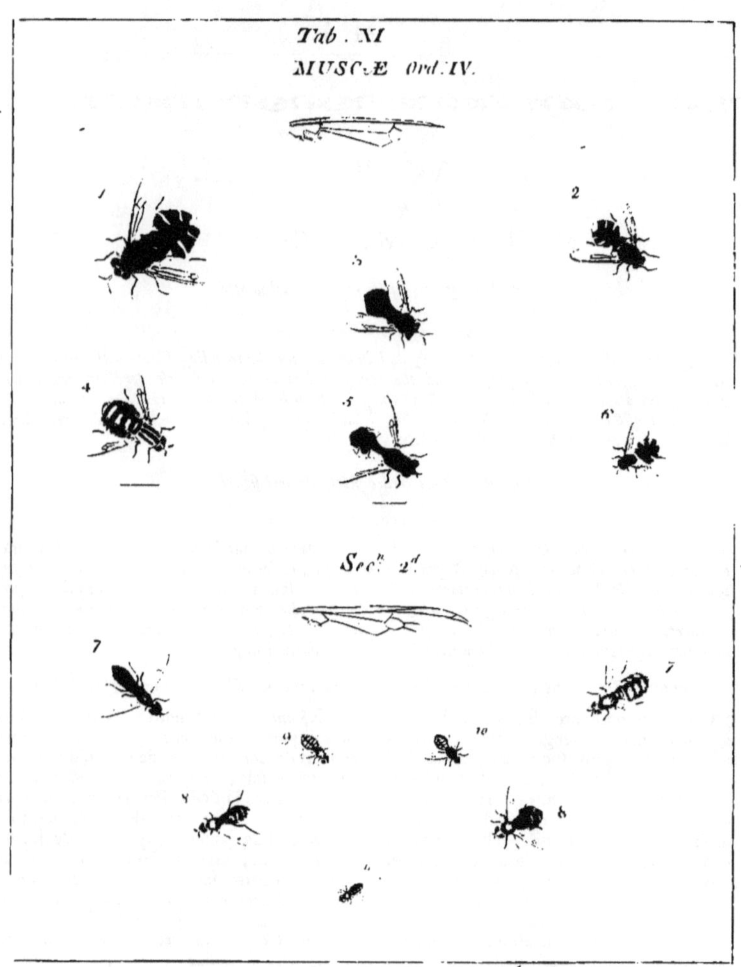
Tab. XI
MUSCÆ Ord. IV.
Sect. 2d
1
2
3
4
5
6
7
7
9
10
8
8
6

a point at each end, ſo that it is difficult to diſtinguiſh the head from the tail. It feeds at the bottom of ſtagnant pools, incloſed in long ſerpentine tubes of a green hair-like ſubſtance, ſomething like the ſlimy weeds uſually ſeen in ſuch places; it is about the thickneſs of a man's thumb, and more than a yard and a half in length, lying in a winding form, like a rope dropt careleſly out of the hand. When the caterpillar is full fed, it comes out of the water, and conceals itſelf in the firſt hole or cranny it finds, where it is preſently ſtiff and callous; it does not contract but preſerves it's proportion entire, and the muſca appears in about ten days. Who would think a nympha of this form could produce an animal ſo very different in make and proportion? I make no doubt but all the ſpecies of this firſt ſection breed in much the ſame manner. *See Linn. Muſcæ* 3.

Singularius. *Fig.* 2. *Meaſures about ſix lines.*

The deſcription of this agrees with the *muſca chamelion*, with reſpect to the *thorax*, *ſcutulum*, and the upper part of the *abdomen*, but the *head* is totally black, whereas the male of the former hath two yellow ſpots of a triangular form, a little above the mouth, one on each ſide. The underpart of the *abdomen* is black, marked with yellow lines, but of the former it is yellow, marked with black lines; neither is this above one quarter it's ſize. I therefore conclude this a diſtinct ſpecies.

Tenebricus. *Fig.* 3. *Meaſures ſix lines.*

The *larger eyes* are black, *fillets* yellow; the *thorax* is black, covered with hair of a dirty buff colour; the *abdomen* is entirely black.

Hy-

chaque extremité, ainſi qu'il eſt difficile, de diſtinguer la tête de la queüe. Elle ſe nourrit au fond des etangs croupiſſants, enclos dans des tuyaux longs & ſerpentans d'une ſubſtance verte comme du poil, pareil aux herbes glaires, qu'on trouve uſes· généralement dans de tels endroits; il eſt environ de la groſſeur d'un pouce d'un homme, & plus d'une verge & demi en longueur, couché en forme ondée, comme une corde qu' on laiſſe gliſſer de la main. Quand la chenille eſt raſſaſiée, elle ſort de l'eau & ſe cache dans le premier trou ou fente qu' elle trouve, où elle devient bientôt roide; elle ne rediminué point, mais conſerve ſa proportion entiere, et la mouche paroit environs dix jours après. Qui pourroit croire qu'une nymphe de cette forme pouroit produire un animal ſi different en figure & grandeur? Je ne doute point que toutes les eſpeces de cette premiere ſection engendrent de cette maniere. *Voyez Linné, Muſca* 3.

Singularius. *Fig.* 2. *Longueur environ de ſix lignes.*

La deſcription de celle-ici accorde avec la *muſca chamelion*, à l'egard du *thorax*, *ſcutulum*, & de la partie ſuperieure de l'*abdomen*, mais la *tête* eſt entierement noire, au lieu que le male du precedent a deux taches jaunes triangulaires un peu un deſſus de là bouche de chaque côté. Le deſſous de l'*abdomen* eſt noir, marqué de lignes jaunes, mais du precedent il eſt jaunes, marqué de lignes; & celle ci n'eſt pas le quart de la grandeur de l'autre. Ainſi je conclue qu'elle eſt d'une eſpece differente.

Tenebricus. *Fig.* 3. *Longueur ſix lignes.*

Les *grands yeux* ſont noirs, les *bandeaux* jaunes, le *thorax* d'une couleur jaunâtre ſale, l'*abdomen* totalement noir.

Hy-

HYDROLEON. *Fig.* 4. *Measures about three lines.*

The *antennæ* are short, the *fillets* are green, the *frontlet* black; the back part of the *head* is bordered with a green line or edging; the *thorax* and *abdomen* are also green; the former having three strong black marks down the upper part, the latter hath also three black marks which lie across it, but they do not reach quite to the sides. The *legs*, *antennæ*, and *tendons* of the wings, are light brown; the male hath a small round spot behind the head. *See Linn. Muscæ* 5.

MYCROLEON. *Fig.* 5. *Measures three lines.*

The *antennæ* are short; the *frontlet* and *thorax* hath a metallick appearance, like bronze used in Japan work. The *abdomen* is black and glossy, edged on the sides with yellow, which is broadest at the hips. The *legs* are of a light yellow brown; the male is not yet discovered. This beautiful insect was taken in June, sitting on a flower. *See Linn.*

TARDIGRADUS. *Fig.* 6. *Measures five lines.*

The *antennæ* are very short; the *frontlet* of the female is black; the *fillets* which surround the head, as well as the larger eyes, are yellow. The *thorax* is black, having two large yellow spots on each side, not seen in the figure; on the upper part of the thorax are two neat lines, which cannot be seen without the help of a magnifier. The *scutulum*, with its thorns, are yellow. The *abdomen* is black and glossy, having five longish spots of bright yellow; two on each side, and one on the anus. The male, which is represented in the plate, has no yellow about the head, but appears in that part

HYDROLEON. *Fig.* 4. *Longueur environ de trois lignes.*

Les *antennes* sont courtes, les *bandeaux* verts, le *petit front* noir; la partie postérieure de la *tête* est environnée d'une bordure, ou ligne verde; le *thorax* & l'*abdomen* sont aussi verts; le premier ayant trois marques fort noires le long de la partie supérieures le dernier a aussi trois marques noires a travers, mais elles ne touchent pas les hautes côtés. Les *jambes*, les *antennes*, & les *tendons* des ailes, sont d'un brun clair; le male a une petite tache ronde derriere la tête. *Voyez Linné, Musca* 5.

MYCROLEON. *Fig.* 5. *Longueur de trois lignes.*

Les *antennes* sont courtes; le *petit front* & le *thorax* ont une apparence metallique ou de bronze usé sur les ouvrages Japonnois. L'*abdomen* noir & lustrè, bordé aux côtés de jaune, qui est plus large aux hanches. Les *jambes* de couleur brune claire; le male n'est point encore connu. Ce bel insecte fut pris en Juin, se reposant sur une fleur. *Voyez Linné.*

TARDIGRADUS. *Fig.* 6. *Longueur de cinq lignes.*

Les *antennes* sont très courtes; le *petit front* de la femelle est noir; les *bandeaux* qui environnent la tête, de même que les grands yeux, sont jaunes; le *thorax* est noir, ayant deux grandes taches jaunes à chaque côté qu'on ne voit pas dans la figure; sur la partie supérieure du thorax se trouvent deux jolies lignes, qui ne sont visibles qu' avec une loupe. Le *scutulum*, avec ses epines, sont jaunes. L'*abdomen* est noir et lustrè, avec cinq taches asses longues d'un jaune brillant; deux de chaque côté, & une sur l'anus. Le *male*, qui est represénté dans la planche, n'a point de jaune autour de la tête, mais il paroit très noir sur cette partie, excep-

part quite black, except a ſmall white ſpot ſituated juſt above the antennæ, nor has it the two yellow lines upon the thorax. They were taken in June on flowers.

excepté une petite tache blanche ſituée juſtement au deſſus les antennes, ni n'a pas les deux lignes jaunes ſur le thorax. Elles furent priſes en Juin ſur des fleurs.

S E C T. II.

Theſe have not the Spines on the Scutulum.

Celles ci n'ont point les Epines ſur le Scutulum.

INDICUS. *Fig.* 7. 7. *Meaſure each ſeven lines.*

THE *antennæ* are ſhort. The *frontlet* of the female is broad and gloſſy. The *thorax* is of a fine ſhining blue green, but of a purpliſh caſt toward the middle. The *wings* are of an amber colour. The *legs* are yellow. The *thighs* black. The male has a narrow frontlet which is green. The *thorax* is alſo green. The *abdomen* is of a fine purple. The *legs* are black, but the joints at the knees are brown. They are taken in July.

INDICUS. *Fig.* 7. 7. *Chacune a ſept lignes de longueur.*

LES *antennes* ſont courtes. Le *petit front* de la femelle eſt large et luſtre. Le *thorax* eſt d'une belle couleur bleu verte reluiſante, mais d'un teint de pourpre vers le milieu. Les *ailes* ſont de couleur d'ambre. Les *jambes* jaunes. Les *cuiſſes* noires. Le *male* a un petit front etroit qui eſt verte. Le *thorax* eſt auſſi verd. L'*abdomen* eſt d'une belle couleur de pourpre. Les *jambes* ſont noirs, mais les jointures aux genoux ſont brunes. Elles ſont priſes en Juillet.

CICUR. *Fig.* 8. 8. *Meaſure each four lines.*

The *antennæ* are ſhort. The *head* is black; the *female* having a frontlet, and fillets of a gloſſy black. The *thorax* in both ſexes is of a ſhining metallick green. The *abdomen* of the *female* is of a fine purple, tinctured with blue and green, according to the poſition in which it is viewed; but the *abdomen* of the *male* is of a greeniſh braſſy hue. The *legs* are black, except the knees, which are brown. The wings are of an amber colour.

VITREUS.

CICUR. *Fig.* 8. 8. *Longueur de chacune quatre lignes.*

Les *antennes* ſont courtes. La *tête* eſt noire. La *femelle* a un petit front, & des bandeaux noirs luſtres. Le *thorax* des deux ſexes eſt d'une belle couleur verde metallique reluiſante. L'*abdomen* de la *femelle* eſt d'un beau pourpre, teint de bleu & de verd, ſelon la ſituation de l'inſecte dans la quelle eſt obſervé. L'*abdomen* du *male* eſt d'un verd bronzè. Les *jambes* ſont noires, exceptè les genoux, qui ſont bruns. Les *ailes* de couleur d'ambre.

VITREUS.

VITREUS. *Fig.* 9 & 10. *Meaſure each three lines.*

The *antennæ* are ſhort. The *larger eyes* are reddiſh brown. The *female* having a broad frontlet, of a fine ſhining blue green colour; the *males* of this order have little or none. The *abdomen* of the female is green, but the middle part is of a ſtrong purple. The *thorax* in each ſex is green, that of the female being rather of a blackiſh caſt. The *legs* are brown. The *wings* are as clear as glaſs.

PARVULUS. *Fig.* 11. *Meaſures one line.*

The *antennæ* are ſhort. The *larger eyes* are brown. The *frontlet* is green and gloſſy. The *thorax* and *abdomen* are green, the latter of a braſſy appearance, and of a ſteady and equal poliſh. The *legs* are of a pale brown. The *wings* are clear, having a gloſs on them like mother of pearl. The abdomen has not that ſtrong purple in the middle, as thoſe of the other females have, belonging to this ſection. This deſcribed is a female. The male I have not yet ſeen, but I doubt not of its being perfectly ſimilar to the female, except the larger eyes being cloſe together as the other males are.

VITREUS. *Fig.* 9 & 10. *Longueur de chacune des trois lignes.*

Les *antennes* ſont courtes. Les *grands yeux* ſont d'un brun rougeatre. La *femelle* a le fronteau large, d'une belle couleur reluiſante bleu & verd; le *male* de cet ordre en a peu ou rien. L'*abdomen* de la femelle eſt verd, mais la partie du milieu eſt d'une pourpre foncée. Le *thorax* de chaque ſexe eſt verd, celui de la femelle etant plutôt d'un teint noiratre. Les *jambes* ſont brunes. Les *ailes* auſſi tranſparentes que le verre.

PARVULUS. *Fig.* 11. *Longueur d'une ligne.*

Les *antennes* ſont courtes. Les *grands yeux* ſont bruns. Le *fronteau* eſt verd & luſtrè. Le *thorax* & l'*abdomen* ſont verds, le dernier d'un' apparence bronzèe, et d'un poli uni & egal. Les *jambes* ſont d'un brun pale. Les *ailes* ſont claires, ayant un luſtre, de nacre. L'abdomen n'a point cette couleur pourpre foncée au milieu, que les autres femelles de cette ſection ont. Celle ci decrite eſt une femelle. Je n' ai pas encore vué le male, mais je ne doute point qu' il ſort très ſemblable à la femelle, exceptè que les grands yeux ſont plus ſerrès, enſemble comme les autres males.

Tab XII
LIBELLULÆ, Wings expanded

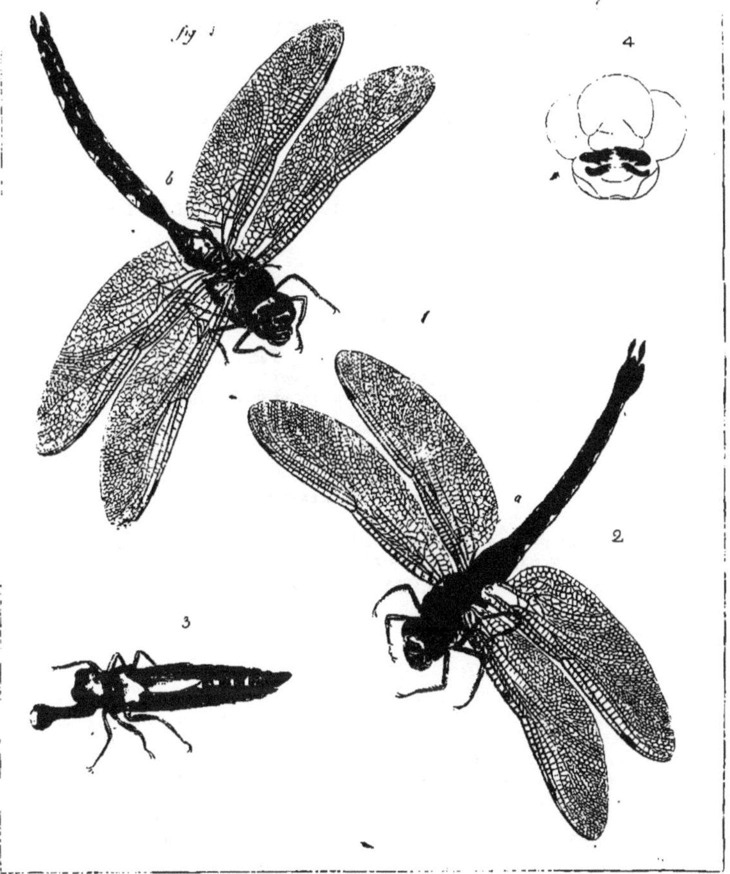

T A B. XII.

NEUROPTERA. LIBELLULA.

GENERICAL CHARACTERS.

The abdomen *consists of ten anuli, exclusive of the anus. They have four* wings, *which are long and reticulated. They have three* eyes, *which are placed variously, according to their different orders. The* tail, *or* abdomen, *hath the property of bending like a hook, and has a kind of forceps at the extremity.*

CARACTERES GENERAUX.

*L'*abdomen *est composé de dix anuli, exclucifs de l'anus. Elles sont quatre* ailes, *qui sont longues & reticulées; trois* yeux, *placés diversement selon leurs ordres differentes. La* queüe, *ou l'*abdomen *a la propriéte de courber comme un crochet, et a une sorte de* forceps *à l'extremité.*

ORDER I.

THE *abdomen* is spotted. The *eyes* are placed in a parallel line, just above the nose. The *male* hath two horney appendages, one on each side the *abdomen*, between the inferior wings; each of those are armed with four black hooked points, against which, when prompted by some certain motives, he strikes the abdominal edges of the inferior wings, which causeth a noise, not much unlike what is produced by the locust or grasshopper; for this service the edges

ORDRE PREMIER.

L'*Abdomen* est tacheté. Les *yeux* sont placés sur une ligne paralele, justement au dessus du nez. Le *male* a deux appendices à corne, un à chaque côté de l'*abdomen*, entre les ailes inferieures; chaque de ces appendices sont armés de quatre pointers noirs crochues, contre lesquels, quand elles sont incitées par quelque motif certain, il frappe les bords abdominaux des ailes inferieures, qui cause un bruit, presque semblable à celui fait par les sauterelles; pour cet effet les bords de cette parte

edge of that part of the wing is guarded by a ſtrong tendon, which, reaching down to the abdominal corner, forms with the lower edge, a ſharp handle or point. That part of the *abdomen* which lieth between thoſe points, appears as if contracted, that the inferior wings may have room to play freely. *See* 6, *fig.* 1. The *female* is differently formed, viz. the *abdomen* being thickeſt in this part, the abdominal corners of the wings are round, and the horny appendages are wanting. *See a Fig.* 1. & 2.

LARGE BROWN. *Fig.* 1 & 2.

The *noſe* is yellow. The *larger eyes* are brown, having a bluiſh gloſs. The *thorax* is brown, having two diagonal broad yellow ſtripes on each ſide, common to all of this order. The *abdomen* of both ſexes is brown, having a number of triangular ſpots on each ſide; thoſe are generally blue in the male, and yellow in the female. The *wings* and *legs* are alſo brown. A ſmall round ſtud or puſtule, is ſeen on the ligament of each wing, of a fine blue colour, and about the ſize of a rape-ſeed. They commonly frequent oſier grounds.

The organs of generation in all the males are placed on the under ſize of that part of the abdomen which lies between the inferior wings; but in the female, it is at the tip or end of the abdomen. The female, when pregnant, retires to the ſide of a ditch or pond, where by the aſſiſtance of a dead ſtick, reed, &c. ſhe creeps or lowers herſelf down backwards, until the tip of the tail is emerged about half an inch in the water, at which time, with a kind of trembling or ſhaking of the body, ſhe voids an egg; ſhe then draws her tail out, and preſently emergeth her tail again, at which time another egg is produced. Between the laying each egg one might moderately count ten; the tail is withdrawn from the water,

partie de l'aile eſt gardée par un tendon fort, qui s'etendant juſqu'au coin abdominal, il forme avec lebord inferieure un angle aigu, ou pointé. Cette partie de l'*abdomen* qui eſt entre ces pointes, paroit comme reſſerrée, afin que les ailes inferieures puiſſent avoir lieu de jouer librement. *Voyez* 6. *Fig.* 1. La *femélle* eſt formée differemment, a ſçavoir, l'*abdomen* etat plus glos dans cette partie, les coins abdominaux des ailes ſont ronds, & les appendices de nature de corne y-manquent. *Voyez a. Fig.* 1 & 2.

GRANDE DEMOISELLE BRUNE, *Fig.* 1 & 2.

Le *nez* eſt jaune. Les *grands yeux* ſont bruns, avec un luſtre bleuâtre. Le *thorax* brun, avec deux rayes larges, jaunes & diagonales, de chaque côté, commun à touts les inſectes de cet ordre. L'*abdomen* des deux ſexes eſt brun, avec un nombre de taches triangulaires ſur chaque côté; elles ſont generalement bleues dans le male & jaunes dans la femélle. Les *ailes* et les *pièds* ſont auſſi bruns. Un petit clou ou puſtule rond ſe voit ſur le ligament de chaqu' aile, d'une belle couleur bleu, et environ de la grandeur d'une graine de navette. Elles frequentent communement les lieux plantés des oſiers.

Les organes de la generation dans touts les males ſont placée au deſſous de cette partie de l'abdomen, qui eſt entre les ailes inferieures; mais dans la femélle, il eſt au bout ou extremité de l'abdomen. Les femelles, quand elles ſont groſſes, ſe retirent au côté de quelque foſſe ou étang, où par le ſecours d'un roſeau mort, &c. elle rampe, ou s'abbaiſſe en arriere, juſqu'à ce que le bout de ſa queüe ſoit enfoncé environ un demi pouce dans l'eau; au quel tems, avec une fort de tremiſſement ou ſecouſſe du corps, elle depoſe un œuf; alors elle retire ſa queüe hors de l'eau, & l'enfonce derechef, au quel tems elle depoſe un autre œuf. Entre la ponte de chaque œuf on pouvoit aiſement conter dix; la queüe eſt retirée de

water, by contracting its anuli, which then, by pressing on each other, the egg is forced from the ovary to the extremity of the tail, from whence it is washed by shaking in the water, at which time she makes a strange rattling noise with her wings. The *eggs* are white, long, and round, not much unlike those of the common blowing fly, or *vomitoria*. The *caterpillar*, when it comes from the egg, feeds on small insects, and when grown bigger and stronger, are very voracious, and will attack those of their own size and kind. They are of a form and colour which create disgust. Beneath the head is placed an instrument, excellently formed for seizing and holding their prey, being furnished with sharp forceps; this they can advance or draw back with a very quick motion. *See Fig.* 3.

The *Caterpillar* is near twelve months in growing to its full size; but there are no particular or set times for the general appearance of any particular species in the flying state, as the different species are continually emerging from the water, during the whole Summer, or from April to August; for as the times of copulation are promiscuous and frequent during all Summer, so the larvæ or caterpillars are found of different sizes, according to their different ages. The smaller kinds of Libellas generally make their appearance in the Spring before the largest, because, they breeding in ditches and shallow waters, under cover, are sooner warmed by the sun in Spring, than deep ponds, where the larger kind inhabit. In the winged state they are also insectivorous; the *Lepidoptera* being the principal food of the first order, or largest sort.

de l'eau par reserrant ses anuli, qui alors, se pressant l'une sur l'autre, l'œuf est forcé de l'ovaire à l'extremité de la queüe, d'où il est lavé par le secouement dans l'eau, auquel tems elle fait un bruit fondant & raclant avec ses ailes. Les *œufs* sont blancs, longs, & arrondis, pas fort dissemblable a ceux de la mouche commune carnaciére, ou *vomitoria*. La *chenille*, quand elle est enclorrée, se nourrit de petits insectes, et quand elle est devenue plus grande & forte, est très devorante, & sesist les insectes de sa grandéur & même de son espece. Elle est d'une forme & couleur degoutante. Au dessous de la tête est placé un instrument, extrêmement bien formé à saisir & retenir leur proies, étant fourni de forceps aigus; qu'elles peuvent avancer ou retirer par un mouvement vite. *Voyez Fig.* 3.

La *Chenille* est presque douze mois avant qu'elle atteigne sa juste grandeur; mais il n'a aucun tems fixé ou particulier pour l'apparence generale de quelqu'espece particuliere, pour cet espece d'aile, car les differentes especes sont continuelement en sortie de l'eau, durant tout l'été, ou d'Avril jusqu' à Août; car comme le tems de la generation est frequent durant tout l'été, du même les larvils ou chenilles se trouvent de differentes grandeurs, selon leur ages differentes. Les petites especes des Demoiselles generalement paroissent au printems avant les grandes, a cause que les premieres êtant engendrées dans les fosses et les eaux peu profonnes, sont plutôt echauffées par le soleil au printems, que dans des etangs profonds & où les grandes especes habitent. Dans l'êtat ailé elles aussi mangent les insectes: les *Lepidoptera* êtant la nouriture principale des grands, ou du premier ordre.

TAB.

T A B. XIII.

P H A L Æ N A.

Fig. 1, *Expands two inches and a half.*

Upper-side. THE *antennæ* are like threads, and about an inch in length; the *eyes* are brown; the *thorax* and *wings* are of a lovely pea-green: the ſuperior wings are divided into three parts, each by two darkiſh indented bars, which ſoftening towards each other, make the middle portion appear darker than the other two. On each of the fan membranes appeareth a ſmall round ſpot. The *inferior wings* are divided by an indented line of the ſame kind as the ſuperiors are, and on each of the fan membranes is alſo a white ſpot, ſix on each wing; the *fringes* are yellow, and the *abdomen* of a light yellowiſh green: the *underſide* is ſimilar to the upper, but much fainter in colour; it hath a ſpiral tongue, of a browniſh colour. The *caterpillar* feeds on broom and birch, is of the luper kind, and changes into *chryſalis* the middle of June. The *moth* appears the middle of July; it is commonly called the *large emerald*. See *Linn. Pha. Geometra*, 225. *Papilionaria.*

Fig. 2. *Expands two inches and a quarter.*

Upperſide. The *antennæ* are about three quarters of an inch long, ſwelling towards the ends, which are hooked; the *eyes* are of a dark brown; the *head*, *thorax*, and part of the *abdomen* and *wings*, are of a yellow olive; the *abdomen* is of a fine red brown, except the two laſt rings next the anus, which

Fig. 1. *Deploye ſes ailes deux pouces et demi.*

LE *deſſus*. Lés *antennes* ſont en filets, & environ un pouce en longuer; les *yeux* bruns; le *thorax* et les ailes d'une couleur verd de pois charmante; les ailes ſuperieures ſont diviſées en trois parties, chacune par deux barres dentelées qui s'adouciſſant l'une envers l'autre, ſont la diviſion mitoyenne paroit plus ſombre que les autres deux. Sur chaque membrane d'évantail il paroit une petite tache ronde. Les *ailes inferieures* ſont diviſées par une ligne dentelée, de la même maniére que les ſupérieures, & ſur chaque membrane d'évantail ſe trouve auſſi une tache blanche, ſix ſur chaque ailes; les *franges* ſont jaunes, & l'*abdomen* d'un jaunâtre verd claire; le *deſſous* eſt ſemblable ou deſſus, mais plus foible en couleur; elle a une langue ſpirale brunâtre. La *chenille* ſe nourrit du genét & du bouleau, elle eſt une geometre, et ſe change en *chryſalide* au milieu de Juin, et la *phalane* paroit au milieu de Juillet; elle ſe nomme communement, *the large emerald*, ou la *grande emeraude*. *Voyez Lin. Phal. Geometra*, 225. *Papilionaria.*

Fig. 2. *Deploye ſes ailes deux pouces & un quart.*

Le *deſſus*. Les *antennes* ſont environ trois quarts d'un pouce en longueur, & enflée vers les bouts, qui ſont crochues; les *yeux* brun foncés; la *tête*, le *thorax*, une partie de l'*abdomen* & les *ailes* ſont d'une couleur d'olive jaune; l'*abdomen* d'un beau rouge brun, excepté les deux derniers anneaux proche de l'anus, qui ſont

Lepidoptera Order 3.

Tab. XIII

Fuciformis
2

Papilionaria

Oak beauty
4

Peach blossom

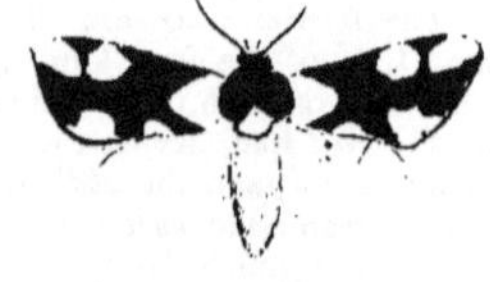

Large evening swift
5

Dark promenent

which are yellow and tufted on each fide; the *anus* is deep brown; the *wings* are tranf-parent, like thofe of a bee, having a pur-plifh glofs, except at the fan edges, which have a broadifh border, of a chocolate colour. The *caterpillar* feeds like that of the goat moth, on willow wood, changes to *chryfalis* in April, and the moth appears in May. We call it the *clear winged humming-bird*. *See Linn. Sphinx Fuciformis* 28.

Fig. 3. *Expands two inches.*

Upper fide. The *antennæ* are like hairs, and about half an inch in length; the *head* and *thorax* dark brown; the *fuperior wings* are alfo dark brown, having five fpots on each, of the fize of an ordinary fpangle; they are of a pale pink, or rofe colour, and appear very like fmall rofes painted on the wings; the *abdomen* and *inferior wings* are of a pleafant palifh brown. The *cater-pillar* feeds on rafberry leaves, changes into *chryfalis* in June, and the moth appears in July. The *underfide* is of an obfure dirty colour totally. It is called the *peach bloffom.*

Fig. 4. *Expands two inches and a half.*

Upperfide. The *antennæ* are like crooked threads, about half an inch in length, and fpotted with black and white; the *thorax* is black on the top, but white on the fides; the *abdomen* is of a dirty brown, and freck-led with black powder like fpots; the *wings* are of a cream colour, fprinkled all over with black fpecks, refembling coarfe pepper. The *fuperiors* have two broad bars of a dark brown colour croffing each; one near the thorax, the other on the fan membranes; a bar of a fimilar kind alfo crofleth each inferior wing; thefe bars are regularly edged with

jaunes & toufus de chaque côté; l'*anus* eft brun foncé; les *ailes* font tranfparentes com-me celles de l'abeille, avec un luftre pourpre, excepté aux bords d'évantail, qui ont une bordure large d'une couleur de chocolat. La *chenille* fe nourrit comme celle de la pha-lene chevre, dans les bois de faule, change en *chryfalide* en Avril, & la phalene paroit en Mai. Nous la nommons *the clear winged humming-bird*, ou le *colibri à ailes claires. Voyez Linn. Sphinx fuciformis* 28.

Fig. 3. *Deploye fes ailes deux pouces.*

Le *deffus.* Les *antennes* font comme des poils, & environ un demi pouce en lon-gueur; la *tête* & le *thorax* brun foncé; les *ailes fupérieures* font auffi brunes foncées, avec cinq taches fur chacune, de la gran-deur d'une paillette commune; celles ci font d'une couleur pale d'œillet, ou de rofe, et paroiffent comme des petites rofes peintés fur les ailes; l'*abdomen* & les *ailes inferieures* font d'une couleur brune pale agréable. La *chenille* fe nourrit des feuilles du framboi-fieur; change en *chryfalide* en Juin, & la pha-lene paroit en Juillet. Le *deffous* eft entire-ment d'une couleur fale foncée. Elle s'ap-pelle *the peach bloffom*, ou la *fleur de peche.*

Fig. 4. *Deploye fes ailes deux pouces et demi.*

Le *deffus.* Les *antennes* font comme des fils courbés, environ un demi pouce en longueur, & tachetées de noir & de blanc; le *thorax* eft noir en haut, mais blanc fur les côtés; l'*abdo-men* brun fale, & pointillé de taches noires menués comme de la poudre; les *ailes* cou-leur de crême, arrofées par tout de pointes noires, comme du poivre grofs. Les *fuperieures* ont deux barres larges d'une couleur brune foncées, qui les traverfent; une proche du thorax, l'autre fur les membranes d'évantail; une barre fem-blable traverfe auffi chaque aile infe-rieure;

with broken ſpots of black; the *fringes* are chequered black and cream colour. The *caterpillar* feeds on oak and elm; is of the *luper* kind; changes to the *chryſalis* the beginning of June, and the *moth* appears the beginning of March. It is named *oak beauty*.

rieure; ces barres ſont regulierement bordées de taches rompues, ou detachées noires; les *franges* ſont marquetées de noir & couleur de crême. Le *chenille* ſe nourrit de chene & d'orme; elle eſt *geometre*; ſe change en *chryſalide* au commencement de Juin, & la *phalene* paroit au commencement de Mars. Elle s'appelle *oak beauty*, ou *beauté du chene*.

Fig. 5. *Expands two inches.*

Upperſide. The *antennæ* are like threads; the *head*, *thorax*, and *abdomen* are of a dirty brown; the *ſuperior wings* are of a dirty brown, having ſome waved of a lightiſh hue croſſing them. On the *ſlip edge* are two ſmall prominences or angles. The *inferior wings* are almoſt white, and totally plain; the *abdominal corners* are as if ſcorched; it is called the *dark prominent*. It is taken in May in the duſk of the evening. I conſider it as a nondeſcript.

Fig. 5. *Deploye ſes ailes deux pouces.*

Le *deſſus*. Les *antennes* ſont en fils; la *tête*, le *thorax*, & l'*abdomen* ſont d'un brun ſale, les *ailes ſuperieures* de la même, avec des ondes plus pales, qui les traverſent. Sur le *bord gliſſant* ſe trouvent deux petits angles ou pointes elevées. Les *ailes inferieures* ſont preſque blanches, & tout-a-fait unies; les *coins abdomineaux* paroiſſent comme brulés; elle s'appelle *the dark prominent*, ou l'*elevée obſcure*. Elle eſt priſe en Mai, quand il commence à ſe faire nuit. Je la conſidere comme une non decrite.

Fig. 6. *Expands two inches and a quarter.*

Upperſide. The *antennæ* are very ſhort and pectinated; the *head* is ſmall; the *ſuperior wings* are of a pleaſant brown, having a large irregular dark cloud in the middle of each, edged with white, and another which covers the fan membranes, near a quarter of an inch in breadth; the *abdomen* and *inferior wings* are of a pleaſant reddiſh brown, and plain. It is called the *large evening ſwift*.

Fig. 6. *Deploye ſes ailes deux pouces & un quart.*

Le *deſſus*. Les *antennes* ſont très courtes & en peigne; la *tête* eſt petite; les *ailes ſuperieures* d'une, couleur brune agréable, avec un grand nuage obſcur & irregulier au milieu de chacune bordé de blanc, & unautre nuage qui couvre les membranes d'évantail, près d'un quart d'un pouce en largeur; l'*abdomen* & les *ailes inferieures* ſont d'une couleur rougeâtre brune, agréable & unie. Elle s'appelle *the large evening ſwift*, ou la *grande mirondelle de la ſoirée*.

T A B.

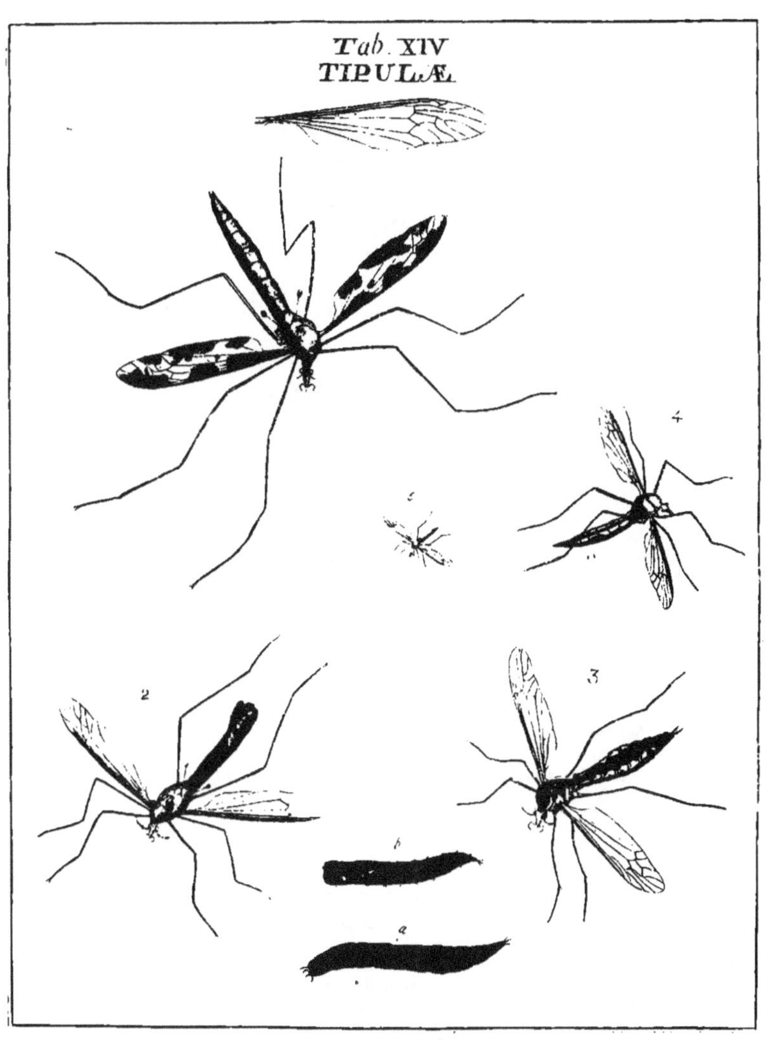

Tab. XIV
TIPULÆ

T A B. XIV.

D I P T E R A.

T I P U L Æ, Order I.

A Wing of this Order with its Tendons carefully delineated.

Generical Characters.

It hath a horny snout, at the end of which are two palpi, consisting of three joints each ; the wings *are marginated round ; the* antennæ *not so long as the thorax ; the* abdomen *consists of seven anuli, exclusive of the anus ; the* legs *very long ; the* anus *of the* male *is clubbed, but that of the* female *ends in a sharp horny point.*

Une Aile du cet Ordre, avec ses Tendons, soigneusement figuré.

Characteres Generaux.

Elle a un museau fait comme une corne, au bout du-quel se trouve deux palpis ou antennules chacune composée de trois jointures ; les ailes *sont bordées à l'entour; les* antennes *sont moins longues que le* thorax *; l'*abdomen *consiste de sept anneaux, exclusif de l'anus ; les* pièds *très longues ;* l'anus *du* male *est mossu, mais celui de la* femelle *aboutit en pointe aigue comme une corne.*

Nubilosus. *Fig.* 1. *Expands near three inches.*

THE *antennæ* are a little branched, with short but tender hair ; the *eyes* are black ; the *head, thorax,* and *abdomen,* are of an ash colour; the *wings* are clouded with six large brown spots, three of which are on the sector edge, the other three are on the lower edge of the wing, and are much paler

Nubilosus. *Fig.* 1. *Deploye ses ailes près de trois pouces.*

LES *antennes* sont un peu branchues, avec du poil court mais tendre ; les *yeux* noires ; la *tête,* le *thorax,* & l'*abdomen,* de la couleur de cendre ; les *ailes* sont obscurcies de six grandes taches brunes, trois de quelles sont sur le bord tranchant, les autres trois sur le bord inferieur de l'aile, & sont beaucoup

paler than the others; the *legs* are near three inches in length. They are generally taken near woods in June.

coup plus pales que les autres; les *pièds* près de trois pouces en longueur. Ces insectes sont communement pris en Juin près des bois.

TERRESTRIS. *Fig.* 2. *Expands two inches.*

The *antennæ* are finely pectinated; the *head*, *abdomen* and *thorax* are of a brownish ash colour; the *wings* are plain, and of a brown colour, especially the sector edge, which appears very strong and dark coloured; the *caterpillars* feed under ground, are about an inch and a half each in length, and of a sad dirty colour, as seen at (*a*). It changes on the surface in April, and the tipula, or fly, appears in May. The *chrysalis* seen at (*b*), something resembles those of the *phalæna*, but is longer in proportion. Each *ring* or *anulus* of the *abdomen* is armed with sharp points like teeth. *See Linn. Tip.* 11.

TERRESTRIS. *Fig.* 2. *Deploye ses ailes deux pouces.*

Les *antennes* sont mignonnement pectinées; la *tête*, l'*abdomen* & le *thorax* sont de couleur brune cendrée; les *ailes* unies, & d'une couleur brune, particulierement le bord tranchant, qui paroit très fort & foncé; les *chenilles* se nourrissent sous terre, elles sont environ un pouce & demi en longueur, & d'une couleur terrestre sale, comme on voit à (*a*). Se change sur la surface en Avril, & le tipula ou mouche paroit en Mai. La *chrysalide*, voyez (*b*), ressemble, en quelque sorte, celles des *phalenes*, mais elle est plus longus en proportion. Chaque *anneau* de l'*abdomen* est armé de pointes aigues comme des dents. *Voyez Linn. Tip.* 11.

SPLENDOR. *Fig.* 3. *Expands two inches.*

The *antennæ* of the *male* are pectinated like feathers, but those of the *female* are more like a necklace. The *head* and upper part of the *thorax* and *abdomen* are black, as are the feet, but the other parts are orange colour; the *wings* are brownish, having a black spot of the size of a rape-seed on the sector edge, within a quarter of an inch of the apices. They breed from the water, and are taken in June, flying in the grass.

SPLENDOR. *Fig.* 3. *Deploye ses ailes duex pouces.*

Les *antennes* du male sont pectinées comme des plumes, mais celles de la femélle sont plûtot comme des colliers. La *tête* & la partie superieure du *thorax* & de l'*abdomen* sont noires, comme aussi les pièds, mais les autres parties sont de la couleur d'orange; les *ailes* brunâtres, avec une tache noire de la grandeur d'une graine de navelle sur le bord tranchant, à un quart de pouce des bouts. Elles engendrent de l'eau, & sont prises en Juin, volant sur l'herbe.

PENDENS. *Fig.* 4. *Expands one inch and three quarters.*

The *head* and *thorax* are darkish brown; the *abdomen* is of a dull orange, having a black

PENDENS. *Fig.* 4. *Deploye ses ailes un pouce et trois quarts.*

La *tête* et le *thorax* sont d'un brun foncé; l'*abdomen* orange chargé, avec une ligne noire le long

Tab XV

MUSCÆ, Ord. III

Sec.ⁿ 2ᵈ

black line down the upper part; the *wings* have each a palish cloud near the apices.

long de la partie superieure; les *ailes* ont chacune un nuage pale près des bouts.

SALTATOR. *Fig.* 5. *Expands near three quarters of an inch.*

The *antennæ* are like fine hairs, and appear as if full of joints; the *head, thorax* and *abdomen* are of a dull brown; the *wings* are clear, and without spots, having a radient gloss like mother of pearl. They appear in the middle of winter in open weather, dancing up and down in the air, wantonly playing and dodging each other: this is one of those species which have in common been taken for gnats, and known by the name of *tell-tales;* but I shall notice, that gnats do seldom assemble together in that manner, it being a property common to the tipulæ, and some few of the muscæ. The *caterpillars* live in moist and damp places, and may be found under stones, tiles, &c. They appear like small white maggots.

SALTATOR. *Fig.* 5. *Deploye ses ailes près des trois quarts d'une pouce.*

Les *antennes* sont comme des poils fins, & paroissent comme si elles etoient pleines des jointures; la *tête*, le *thorax* & l'*abdomen* sont brun chargé; les *ailes* claires, & sans taches, avec un lustre reluisant comme la nacre. Elles paroissent au milieu de l'hiver en tems clair volageant & voltigeant ça & là, badinant & se chassant l'une l'autre: celle-ci est une des especes qui ont est été prises communement pour des cousins, & connues par le nom de *tell-tails*, ou *rapporteurs;* mais je remarquerai que les cousins très rarement s'assemblent de cette maniere ētant une proprieté commune aux tipule & quelques autres mouches. Les *chenilles* vivent dans les lieux humides, & se peuvent trouvées sous les pierres, briqués, &c. Elles ressemblent à des petits vers blancs.

T A B. XII.

MUSCA. ORDER III.

SECTION FIRST, CONTINUED.

PARALLELUS. *Fig.* 8. *Measures eight lines.*

THE *front* of the *head* is clothed with velvet-like hair, of a buff colour, having a dark line down the middle; the *thorax* is of a dark gold colour, having three strong

PARALLELUS. *Fig.* 8. *Huit lignes de longueur.*

LE *devant* de la *tête* est couvert de poil comme du velours, d'une couleur jaunâtre, ayant une ligne foncée le long du milieu; le *thorax* est couleur d'or foncée, avec trois

ſtrong black lines down the back. The *abdomen* is of a fine dull gold colour, having three ſtrong black hollow or double bars croſſing it from ſide to ſide, and another, which croſſeth them through the middle, from the *ſcutulum* (which it ſurrounds) to the *anus*, which is alſo black; the *wings* are clear, the *legs* are black, but the *knees* are yellow. Taken in June. The *female* hath a black line down the middle of the *frontlet*.

TRILENVA. *Fig.* 9. *Meaſures ſix lines.*

This *muſca* is very ſimilar to the foregoing, except in ſize; I have placed them in my cabinet as diſtinct ſpecies, not for that the one is ſo much larger than the other, but the marking and ſpots on the foregoing are larger and more conſpicuous than thoſe on this. There are *males* and *females* of each, neither can I find any of a middle ſize between them.

LINEOLÆ. *Fig.* 10. *Meaſures four lines.*

The *frontlet*, *thorax*, and *legs* are of a dirty buff colour; the *abdomen* is black and dull, each *anulus* being edged with a neat line of buff colour; the *wings* are clear. Taken in June.

ATER. *Fig.* 11. *Meaſures four lines.*

The *fillet*, and round the *mouth*, is of a pale dirty buff; the *thorax* is of a ſilver grey, having three ſtrong black lines down the upper part; the *ſcutulum* is black and ſhining: the *abdomen* is black, having a coppery gloſs; the *wings* are quite clear. It is caught in July.

Me-

trois lignes noires & fortes, le long du dos. L'*abdomen* d'une belle couleur d'or chargée, avec trois barres noires fortes & doubles, qui le traverſent de côté à côté, & un-autre qui les traverſe au milieu, du *ſcutulum* (qui l'environne) à l'*anus*, qui eſt auſſi noir; les *ailes* ſont claires, les *jambes* et les *pièds* noires, mais les *genoux* ſont jaunes. Elle eſt priſe en Juin. La *femelle* a une ligne noire le long du milieu du *petit front*.

TRELINEATA. *Fig.* 9. *Six lignes de longueur.*

Cette *mouche* reſſemble beaucoup à la precedente, excepté en grandeur; je les ai placées dans mon cabinet comme deux eſpeces diſtinctes, non pas à raiſon que l'une eſt d'autant plus grande que l'autre, mais parceque les marques & les taches de la premiere ſont plus grandes & viſibles que ſur celle-ci. Il-y-a des *males* & des *femelles* de chacune, ni puis j'en trouver aucunes d'une grandeur mitoyene entre elles.

LINEOLÆ. *Fig.* 10. *Quatre lignes de longueur.*

Le *petit front*, le *thorax* and les *pièds* ſont d'un jaunâtre ſale; l'*abdomen* noir & chargé, chacune *anneau* étant bordé par une ligne mignonne jaunâtre; les *ailes* claires. Elles ſont priſes en Juin.

ATER. *Fig.* 11. *Quatre lignes de longueur.*

Le *bandeau*, & l'autour de la *bouche*, eſt pale jaunâtre ſale; le *thorax* d'une couleur de cendre argentée, avec trois lignes fort noires le long de la partie ſuperieure; le *ſcutulum* noir et luſtré; l'*abdomen* auſſi noir, avec un luſtre cuivre; les *ailes* ſont tout-à-fait claires. Elle eſt priſe en Juillet.

Me-

Melanius. *Fig.* 12. *Meaſures four lines.*

The *antennæ* are ſhort; the *thorax*, *abdomen* and *legs* are black and gloſſy; the former being ſcantily covered with ſhort hair; the *wings* are clear. Taken in June and July.

Interpunctus. *Fig.* 13. *Meaſures near ſix lines.*

The front of the *head* is buff colour, and gloſſy, like ſatin; the *thorax* is of a pleaſant light brown, having three black bars or lines on the upper part; the *ſcutulum* is brown and ſhining; the *abdomen* is black, having ſix creſſent like ſpots thereon, of a cream colour; the *wings* are clear; the *legs* are gold colour; the *hinder thighs* are large and thick, and clouded with black; theſe, when the fly is at reſt, are extended in a right angle from the ſides, like the arms of a man, when ſet at kimbo. This deſcribed is a female. I have not yet ſeen the male.

Melanius. *Fig.* 12. *Quatre lignes de longueur.*

Les *antennes* ſont courtes; le *thorax*, l'*abdomen*, & les *pièds*, ſont noires & luſtrés; les premiers êtant légérement couverts de poil court; les *ailes* ſont claires. Elles ſont priſes en Juin & Juillet.

Interpunctus. *Fig.* 13. *Près de ſix lignes de longueur.*

Le devant de la *tête*, ou le front, eſt jaunâtre & luſtré comme du ſatin; le *thorax* eſt d'une couleur agréable brune claire, avec trois barres ou lignes noires ſur la partie ſuperieure; le *ſcutulum* brun & reluiſant; l'*abdomen* noir, avec ſix taches comme des croiſſants, couleur de crême; les *ailes* claires; les *pièds* couleur d'or; les *cuiſſes* en *arrieres* ſont grandes et groſſes, & nuagées de noir; celles ci, quand la mouche eſt en repos, ſont etendues en angle droit des côtés, comme les bras d'un homme, quand ils ſont courbés. Celle-ci eſt la femelle. Je n'ai pas encore vuë le male.

SECT. II.

A Wing of this Section, with its Tendons, carefully drawn.

Une Aile de cette Section, avec ſes Tendons, ſoigneuſement figuré.

Silentis. *Fig.* 14. *Meaſures ten lines.*

THE parts near the *mouth* are yellow, having a brown line down the middle; the *thorax* is black and gloſſy, covered thinly with yellow hair; the *abdomen* is of a golden

Silentis. *Fig.* 14. *Dix lignes de longueur.*

LES parties près de la *bouche* ſont jaunes, aiant une ligne brune le long du milieu; le *thorax* eſt noir et luſtré, couvert légérement des poils jaunes; l'*abdomen* cou-

den yellow, having four broad bars of black lying acrofs from fide to fide, and a neat black line which croffeth them from the *fcutulum* to the *anus*; the *wings* are clear, and its tendons brown. This was a male, taken in July, in every part of England in plenty.

CAUTUS. *Fig.* 15. *Meafures almoft nine lines.*

The *female* hath two yellow fpots on the *frontlet*, which is black. The *antennæ* are long, and ftand out from the head. The *thorax* is black, having two greenifh lines on the top, and two yellow fpots on each fide. The *fcutulum* is yellow, having a brown fpot on the middle. The *abdomen*, which is convex like a fhield, is of a golden yellow colour, ftriped with black like the former, and is marginated. The *wings* are clear and its *tendons* brown.

IMBELLIS. *Fig.* 16. *Meafures four lines.*

The *antennæ* are long, black, and clubbed, projecting from the *head*. The *frontlet* is black, having two fmall yellow fpots on the fide. The *fcutulum* is yellow, having a black fpot in the middle. The *abdomen* is black, and convex like a fhield, having eight yellow ftrokes thereon, two on each anulus. The *abdomen* is alfo marginated. The *wings*, which are tinged of the colour of amber, have a brown fpot near the middle of each. The legs are yellow brown.

ANTEAMBULO. *Fig.* 17. *Meafures four lines.*

The *antennæ* are fhort and yellow. The *frontlet* of the female hath a black mark down

couleur d'or, avec quatre barres larges et noires qui le traverfent de côté à côté, & une ligne noire mignonne qui les traverfe du *fcutulum* à l'*anus*; le *ailes* font claires, & fes tendons bruns. Celle-ci étoit un male, pris en Juillet; elles fe trouvent en abondance par toute l'Angleterre.

CAUTUS *Fig.* 15. *Prefque neuf lignes de longueur.*

La *femelle* a deux taches jaunes fur le *petit front*, qui eft noir. Les *antennes* font longues, & detachées de la tête. Le *thorax* eft noir, avec deux lignes grifes fur l'haut, & deux petites taches jaunes de chaque côté. Le *fcutulum* eft jaune, avec une tache brune au milieu. L'*abdomén*, qui eft convexe comme un bouclier, eft d'une couleur jaune d'or, rayé de noir, comme le precedent, & bordé. Les *ailes* font claires & fes *tendons* bruns.

IMBELLIS. *Fig.* 16. *Quatre lignes de longueur.*

Les *antennes* font longues, noires, & en maffue, faillantes de la *tête*. Le *petit front* noir, avec deux petites taches jaunes de chaque côté. Le *fcutulum* eft jaune; avec une tache noire au *milieu*. L'*abdomen* eft noir, & convexe comme un bouclier, avec huit rayes jaunes, deux fur chaque anneau. L'*abdomen* eft bordé. Les *ailes*, qui font teintes couleur d'ambre, ont une tache brune près du milieu de chacune. Les *pièds* font d'un brun jaune.

ANTEAMBULO. *Fig.* 17. *Quatre lignes de longueur.*

Les *antennes* font courtes & jaunes. Le *petit front* de la femelle, a une marque noire le

down the middle. The *thorax* is black, having a line of bright yellow on each ſide. The *ſcutulum* is brown, tipt with yellow. The *abdomen* is black, having four interrupted bars lying acroſs it, of a beautiful yellow. The *legs* are totally yellow. The *wings* are of an amber colour. At the root of each of the *balteres*, is a yellow ſpot. Taken in Auguſt.

le long du milieu. Le *thorax* eſt noir, avec une ligne jaune brillante de chaque côté. Le *ſcutulum* brun, ferré de jaune. L'*abdomen* eſt noir, avec quatre barres interrompues, d'une belle couleur jaune, qui le traverſent. Les *jambes* ſont tout-à-fait jaunes. Les *ailes* ſont couleur d'ambre. A la racine de chaque des *balteres*, ſe trouve une tache jaune. Elles ſont priſes en Août.

CALLOSUS. *Fig.* 18. *Meaſures ſix lines.*

The *antennæ* are long and clubbed, projecting from the head. The *thorax* is long, having a languid gloſs and two yellow marks on each ſide. The *ſcutulum* is edged with yellow. The *abdomen* is black, having two broad bars of yellow, one lying on the firſt anulus, next the thorax, the other on the third near the anus. Each *anulus* is alſo neatly edged with yellow, hardly viſible by the naked eye. The *thighs* are brown. *Legs* and *feet* yellow. The ſexes only differ about the head part.

CALLOSUS. *Fig.* 18. *Six lignes de longueur.*

Les *antennes* ſont longues et en maſſue, & ſaillantes de la tête. Le *thorax* eſt long, d'un luſtre chargé avec deux marques jaunes de chaque côté. Le *ſcutulum* eſt bordé de jaune. L'*abdomen* noir, avec deux larges barres jaunes, une ſur le premier anneau, près du thorax, l'autre ſur le troiſieme près de l'anus. Chaque *anneau* eſt auſſi mignonnement bordé de jaune, à peine viſible ſans un loupe. Les *cuiſſes* ſont brunes. Les *jambes* & les *pièds* jaunes. Les ſexes different ſeulement autour de la tête.

PEDISSEQUUS. *Fig.* 19. *Meaſures ſix lines.*

The *frontlet* and *face* are of a brown orange colour, having a black mark down the middle, as all the females of the foregoing have. The *thorax* is black, having a yellow line on each ſide. The *ſcutulum* is black, tipt with yellow. The *abdomen* is longiſh and black, having four interrupted lines of yellow, of which, thoſe next the thorax are triangular. The *legs* yellow brown, the hinder ones ſpotted. The *wings* are of the ſame colour, having a narrow dark cloud on each ſector edge. This deſcription is very like that of *fig.* 17. but they are, no doubt, different ſpecies;

PEDISSEQUUS. *Fig.* 19. *Six lignes de longueur.*

Le *petit front* & le *viſage* ſont d'orange brun, avec une marque noire le long du milieu, comme ont toutes les femélles des eſpeces precedentes. Le *thorax* eſt noir, avec une ligne jaune de chaque côté. Le *ſcutulum* noir ferré de jaune. L'*abdomen* eſt longueur et noir, avec quatre lignes jaunes interrompues, deſquelles, celles proche du *thorax* ſont triangulaires. Les *pièds* ſont d'un brun jaune, ceux de derrièr tachetés. Les *ailes* ſont de la même couleur, avec un nuage etroit & obſcur ſur chaque bord tranchant. Cette deſcription eſt fort pareille à celle

ſpecies; for among other things, this has not the yellow ſpots at the roots of the *halteres*, although both of one ſex. Taken in June.

à celle de la mouche à *fig.* 17. mais ſans doute, elles ſont des eſpeces differentes; car, entre autres particularités, celle-ci n'a point les taches jaunes aux racines des *halteres*, quoiqu'elles ſoient toutes les deux du même ſexe. Elles ſont priſes en Juin.

T A B. XVI.

L I B E L L U L Æ. GEN. I. *Continued*.

LARGE GREEN. *Fig.* 1. and 3. *Expand four inches.*

THE *female*. The *noſe* is yellow green; the *larger eyes* a yellow olive, with ſpots of a dark colour, which appear to move. The *thorax* dark brown, having two longiſh ſpots of green in the front, and two on each ſide, which lay in an oblique poſition. The *cauda*, or *tail*, is of a dark brown, having a black ring round each *annulus*, and all the ſpots thereon are of a beautiful green.

The *male*. The *larger eyes* are dark olive, edged with light yellow. The ſpots in them, which appear to move, are ſurrounded with light blue. The *cauda*, or tail, is black, having all the ſpots blue; in ſome males the ſpots are green, except a few toward the anus, which are blue. Minute or particular deſcriptions of the colours of the *larger kind*, are almoſt needleſs, for, out of twenty, although of the ſame ſex and ſpecies, hardly two would be alike in colour. I have at *fig.* 2. given ſome drawings of the eggs, which are white, and in form like what are called fly-blows, or the eggs of the muſca vomitoria. They fly in lanes, by hedges ſides, and may be found all ſummer.

GRANDE VERTE. *Fig.* 1. & 3. *Deploye ſes ailes quatre pouces.*

LA *femelle*. Le *nez* eſt d'un verd jaune; les *grands yeux* jaunes d'olive, avec des taches plus foncées, qui paroiſſent ſe mouvoir. Le *thorax* d'un brun obſcur, avec deux taches vertes, aſſes longues, au front, et deux de chaque côté, obliquement poſées. La *cauda*, ou *queüe*, d'un brun foncée, avec un anneau noir environnant chaque *anneau*, & toutes les taches qui s'-y-trouvent ſont d'une belle couleur verde.

Le *male*. Les *grands yeux* ſont d'olive foncée, bordés d'une jaune clair. Les taches qui ſont au dedans, et qui paroiſſent ſe mouvoir, ſont environnées d'un bleu clair. La *queüe*, ou *cauda*, eſt noire, aiant toutes les taches bleues; dans quelques males les taches ſont verdes, excepté un petit nombre vers l'*anus*, qui ſont bleues. Des deſcriptions detaillées & particulieres des couleurs des plus grandes eſpeces, ſont preſque ſuperflues; car, de vingt, quoique du même ſexe et eſpece, rarement deux s'accordent en couleur. A *fig.* 2. j'ai figuré leurs œufs, qui ſont blancs, & comme les œufs de la muſca vomitoria. Elles volent autour des vairies & des hais des chemins, & ſe trouvent durant toute l'été.

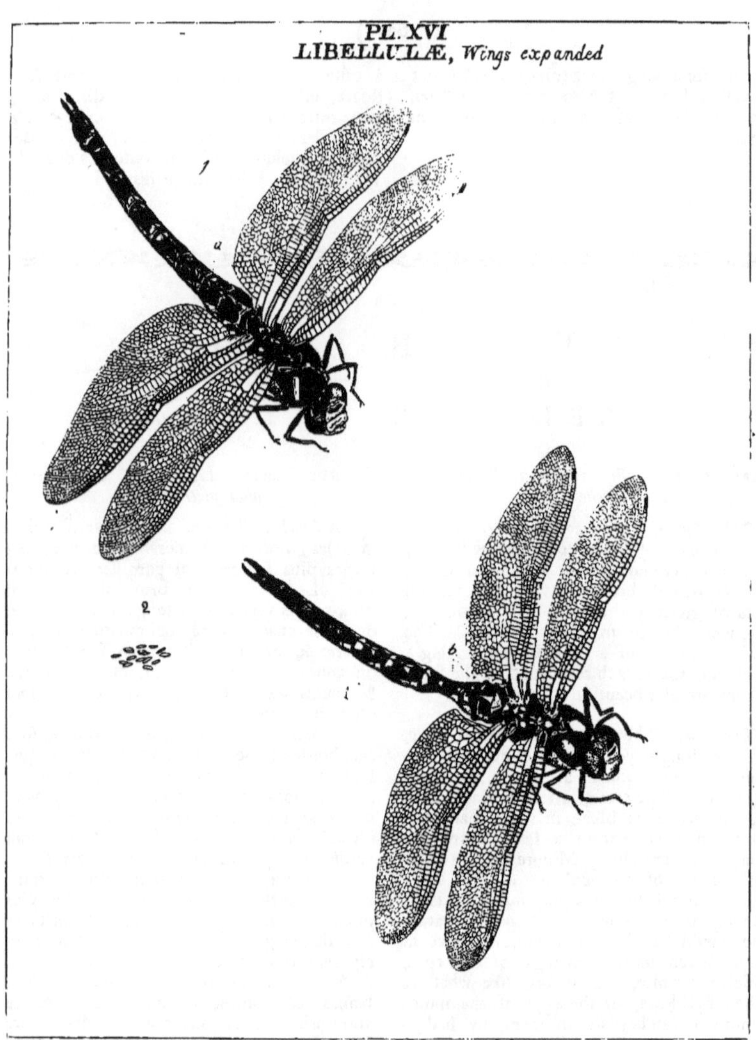
PL. XVI
LIBELLULÆ, Wings expanded
1
a
2
b
1

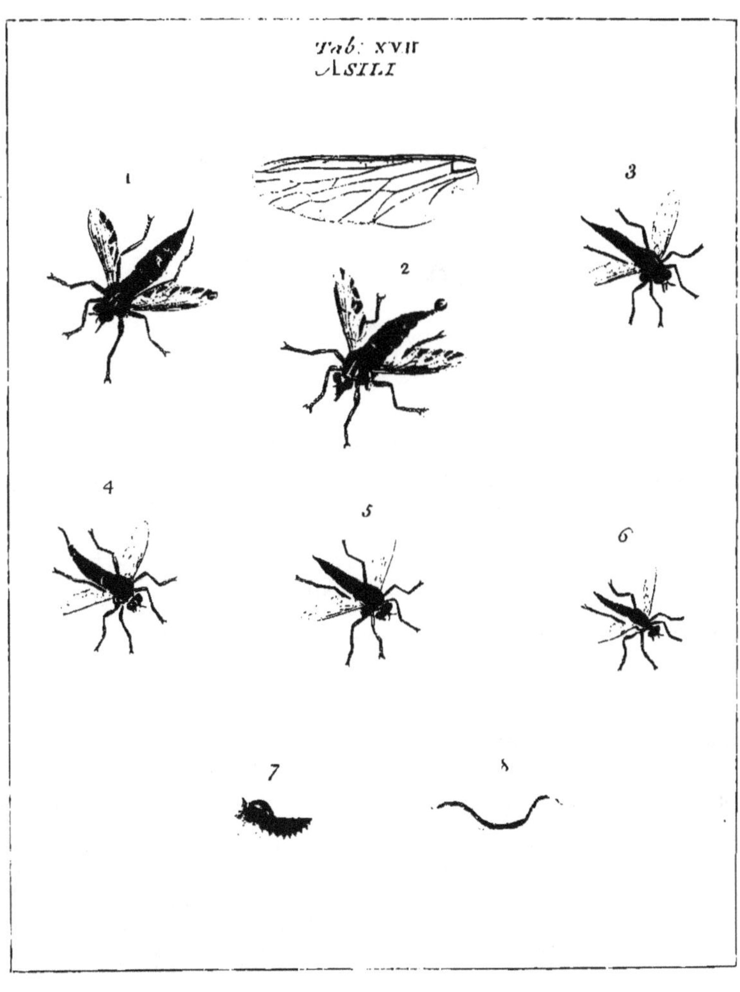
Tab: XVII
ASILI
1
2
3
4
5
6
7
8

T A B. XII.

D I P T E R A: Asili.

Generical Characters.

The abdomen *consists of seven anuli, exclusive of the anus. They have three little* eyes *on the top of the head. The* mouth *is furnished with a horny exerted proboscis. The* thorax *is hemispherical on the upper part. The* wings *are marginated. The* anus *of the* female *is pointed; but that of the* male *has a kind of forceps.*

Characteres Generaux.

*L'*abdomen *consiste de sept anneaux exclusifs de l'anus. Elles ont trois petits* yeux *sur le sommet de la tête. La* bouche *est fournie avec une trompe ou proboscis, faite à corne, & saillante. Le* thorax *est hemispherique sur la partie superieure. Les* ailes *sont bordées. L'*anus *de la* femelle *est pointu; mais celui du* male *a un espece de forceps.*

Crabroniformis. *Fig.* 1. and 2. *Measure twelve lines each.*

THE *face* and *frontlet* are of a fine yellow brown. The *thorax* is of a deep gold colour; on the back part of which are two stripes of deep brown, and a spot of the same on each shoulder. The *abdomen* is yellow on the four anuli toward the anus, and the other three are black. The *wings* are brown, and clouded round the fan edges. *See Linn. Asilus.* 4.

Tip-

Crabroniformis. *Fig.* 1. & 2. *Chacune de douze lignes de longueur.*

LES *visage* & le *petit front* sont d'une belle couleur de brun jaune. Le *thorax* couleur d'or foncée; sur la partie arriere duquel se trouvent deux rayes brunes foncées, et une tache de la même couleur sur chaque epaule. L'*abdomen* est jaune sur les quatre anneaux vers l'anus, & les autres trois sont noirs. Les *ailes* sont brunes, avec des nuages autour des bords d'évantail. *Vayez Linn. Asilus.* 4.

Tip-

TIPULOIDES. *Fig.* 3. *Measures seven lines.*

The *thorax* is of a brownish ash colour, having two black marks down the middle; on each side of which are two black spots. The *abdomen* is dark brown. The *edges* of the anuli light brown. The *wings* are clear and without spots. The *thighs* and *feet* are black, but the *legs* are of an orange colour. *See Linn. Asilus.* 14.

TIPULOIDES. *Fig.* 3. *Sept lignes de longueur.*

Le *thorax* est d'une couleur brunâtre de cendre, avec deux marques noires, le long du milieu; à chaque côté desquelles se trouvent deux taches noires. L'*abdomen* est d'un brun foncé. Les *bords* des anneaux sont d'un brun clair. Les *ailes* claires & sans taches. Les *cuisses* & les *pièds* noirs, mais les *jambes* sont d'une couleur d'orange. *Voyez Linn. Asilus* 14.

DELECTOR. *Fig.* 4 and 5. *Measure nine lines each.*

These are *male* and *female.* They are of a dusty pale brown all over. The marks on the *thorax* very faint; the *legs* and feet brown. Appear in July.

DELECTOR. *Fig.* 4 & 5. *Chacune neuf lignes de longueur.*

Ceux-ci sont le *male* & la *femelle.* Ils sont couvert d'une couleur pale brune comme de la poussiere. Les marques sur le *thorax* sont très foibles. Les *jambes* & les *pièds* bruns. Elles paroissent en Juillet.

MACULOSUS. *Fig.* 6. *Measures four lines.*

This is nearly of the same colour with the last, except the *legs,* which are spotted, or clouded like tortoise-shell. Found in June.

The *caterpillars* of this tribe are mostly of a cream colour, and feed in the ground. They consist of twelve rings, or anuli. They have no *legs* and appear as at *fig.* 8. The *chrysalis* is described at *fig.* 7. Those in the plate produce the *Asilus Tipuloides. See Linn. Tip.* 14.

MACULOSUS. *Fig.* 6. *Quatre lignes de longueur.*

Celui-ci est presque de la même couleur que le dernier, excepté les *jambes,* qui sont tachetées, ou nuagées comme l'ecaille de tortue. Elles se trouvent en Juin.

Les *chenilles* de ce genre sont pour la plûpart, de couleur de crême, et se nourrissent dans la terre. Elles sont composées de douze anneaux. Elles n'ont point des *jambes,* & paroissent comme à *fig.* 8. La *Chrysalide* est decrite à *fig.* 7. Celles dans la planche produisent les *Asilus Tipuloides. Voyez Linn. Tip.* 14.

TAB.

Tab XVIII
APHIDES *Ord*. I

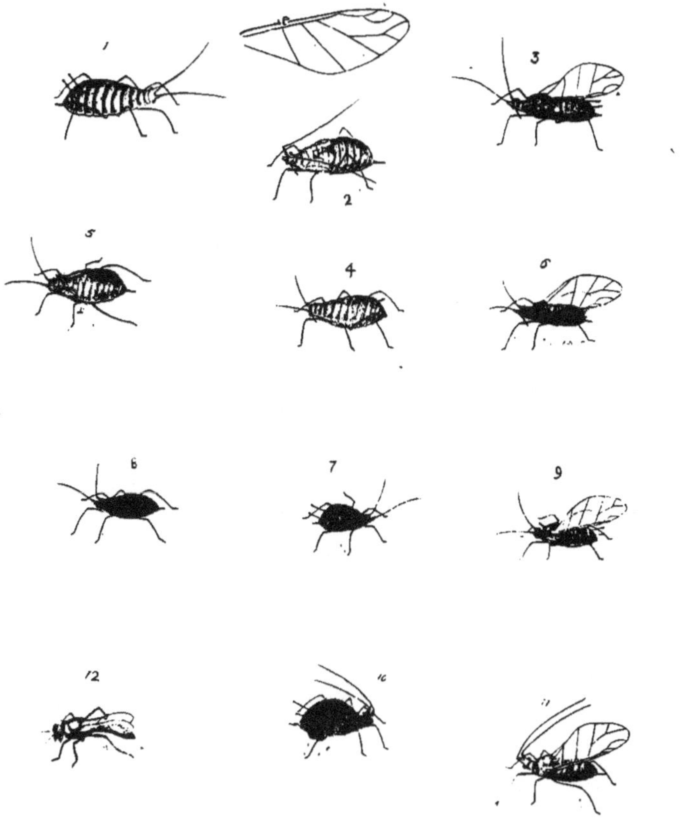

1 3

2

5 4 6

8 7 9

12 10 11

T A B. XVIII.

H E M E P T E R A. Aphides.

Generical Characters.

The aphis *has four* wings, *which are carried over the back with the* fan-edges *upward, and which are marginated. The* head *is fixed to the* thorax *and immovable ;* legs *long and very slender ;* feet *short, and walk very slowly. The* antennæ *consist of seven articulations besides the root, and are longer than the body. The* abdomen *hath two horny appendages, fixed one on each side the back near the* anus ; *these are knobled at their extremities and moveable.*

The female *hath no* wings, *and produceth her young seemingly in the same perfection as the parent, and which creep about on their* legs *immediately. This is but the* caterpillar, *which shifting of its skin as usual in this state, the* chrysalis *is produced, which also creeps for some small time, and then growing stiff and fixing itself to a leaf, remains till the* fly *is produced.—They feed in swarms on the undersides of the leaves of almost all vegetables, and generally to the destruction of the plant.*

Caracteres Generaux.

*L'*aphis *a quatre* ailes, *qui sont portées en haut au travers du dos avec les* bords d'évantails, *& elles sont bordées. La* tête *est fixée au* thorax *& immobile ; les* jambes *sont longues, & très delices ; les* pièds *courts, & marchent fort lentement. Les* antennes *consistent de sept articulations, outre le nœud, et elles ont plus longues que le corp. L'*abdomen *a deux appendices de la nature de la corne, fixes un de chaque côté du dos près de l'*anus ; *ceux ci sont en boutons à leur extremités & mobiles.*

La femelle *n'a point des* ailes, *& produit ses petits en apparence en même perfection que les parens, & qui treinent immediatement su leur* jambes. *Celle-ci n'est que la* chenille, *qui se despouille de sa peau comme a l'ordinaire dans cet état, le* chrysalide *est produite, la quelle rampe assi pour un peu de tems, & alors devient roide & se fixant à une feuille, reste ainsi jusques à ce que la* mouche *est produite. Elles se nourissent en essains en grande quantité sur les dessous des presque touts les vegetaux, & generalement à la destruction des ces plantes.*

Rosæ, *Fig.* 1, 2, 3. *Measure half a line.*

The *caterpillar* and *chrysalis* are green. The *head* and *antennæ* of the fly are of a very dark olive. The *abdomen* is green, having some black lines crossing it, with a round spot at the end of each. The *wings* are but a little stained with green about the tendons. The *legs* green. The *feet* and *knees* black. The *caterpillar* is seen at 1, the *chrysalis* at 2, and the *fly*, which is a female, at 3. See *Linn. Aphis* 9.

Brassicæ. *Fig.* 4 5, and 6. *Measure near one line.*

The *caterpillar* at 4 is of a slate colour, covered over with powder. The *chrysalis* is the same. The *head* and *thorax* of the fly is black. The *abdomen* is olive. The *tendons* of the *wings* are black. The *tails* behind the back are short. This species feed on the cabbage. *See Linn. Aphis*, 12.

Althæa, *Fig.* 7, 8, 9.

The *caterpillar* is red. The *chrysalis* is brown. The *fly* is black, except the upper part of the *abdomen*, which is light olive. The *wings* are clear.

Pisum. *Fig.* 10, 11, 12.

The *caterpillar* is totally green. The figure at 10, shews the wretched condition of these helpless animals, when stung by a *fly*, called the *ichneumon* (as all those insects are termed, which feed on the entrails of other insects) for when this happens to be the case,

Rosæ. *Fig.* 1, 2, 3. *Une demi ligne de longueur.*

La *chenille* & la *chrysalide* sont verdes. La *tête* & *antennes* de la mouche sont de couleur d'olive très foncée. L'*abdomen* est verd, avec quelques lignes noires, qui le traversent, & une tache ronde à l'extremité de chacune. Les *ailes* ne sont que legerement tachées de verd autour des tendons. Les *jambes* verdes. Les *pièds* & les *genoux* noirs. La *chenille* est decrite à 1, la *chrysalide* à 2, & la *mouche*, qui est une femelle, à 3. *Voyez Linn. Aphis* 9.

Brassicæ. *Fig.* 4, 5, 6. *Près d'une ligne de longueur.*

La *chenille* à 4 est de couleur d'ardoise pale, & poudrée. La *chrysalide* de même. La *tête* & le *thorax* de la *mouche* est noir. L'*abdomen* est de couleur d'olive. Les *tendons* des *ailes* sont noirs. Les *queües* sur le derriere du dos courtes. Cette espece se nourrit sur les choux. *Voyez Linn. Aphis* 12.

Althæa, *Fig.* 7, 8, 9.

La *chenille* est rouge. La *chrysalide* brune. La *mouche* est noire, excepté la partie superieure de l'*abdmen*, qui est d'olive clair. Les *ailes* sont claires.

Pisum. *Fig.* 10, 11, 12.

La *chenille* est entierement verde. La figure à 10, montre la condition miserable des ces animaux destitutes de secours, quand ils sont piqués par une mouche, appellée l'*ichneumon* (comme tous ces ces insectes ont été appelles, qui se nourrissent des entrailles,

caſe, the *caterpillar* ſwells, becomes callous, and changes his colour to a dark red. The artful deſtroyer within, when he finds the caterpillar dying, eateth a hole through the belly part, faſtening the dead caterpillar by that part to the leaf or place it is on. When the ichneumon within is ready for its emerſion, it eateth a round hole in the ſide, leaving the piece which was cut out ſticking to the ſide like a door on the hinges, and makes its appearance. The ichneumon is ſhewn at 12.

The *aphis* is the inſect which makes ſuch havock among the hop vines, which for four miles round are ſometimes deſtroyed by them; for by breeding in millions on the underſide the leaves, they pierce with their proboſcidis the nerves and tender fibres of the leaves; this by ſome means ſtops the ſap and juices, cauſing the leaves to contract and become hollow, and at length wither away. This is a convincing proof that the ſmalleſt animal in the creation is not to be deſpiſed, ſince theſe alone without the prevention of providence are capable of ruining whole kingdoms, and by deſtroying the vegetables bring a dearth upon the land. In ſome ſeaſons we may frequently ſee whole gardens of cabbages, &c. &c. utterly laid waſte.

trailles des autres inſectes) car quand cela arrive, la *chenille* s'enflé, devient endurcie, & change ſa couleur à en rouge foncé. Le deſtructeur ruſé par dedans, quand il trouve la chenille mourante, ronge untrou dans le ventre, par quelle partie il attache la chenille morte au lieu ou elle ſe trouve. Quand l'ichneumon au dedans eſt pret à ſortir, il ronge un trou rond dans le côté, laiſſant la piéce qu'il a rongé, affixée au côté comme une porte ſur les gonds, & fait ſon apparanen. L'ichneumoé eſt figuré à 12.

L'aphis eſt l'inſecte qui fait tant de ravage entre les plantes de l'houblon, qui quelque fois ſont detriuts par eux pour l'eſpace de quatre miles à l'entour, car en engendrant par millions au deſſous des feuilles, ils percent avec leurs trompes les nerfs & tendres fibres des feuilles, qui arrete les ſucs & la ſeve, cauſant les feuilles de retrecir & devenir creuſées, & enfin de ſe fletrir totalement. Ceci eſt uné preuve que le plus petit animal n'eſt pas a mepriſetre puiſque ceux-ci ſeuls, ſans l'empechement de la Providence Divine, ſont capables de ruiner des royaumes entires, & en detruiſant les vegetaux, à cauſer une diſette ſur la terre. En quelques ſaiſons nous trouvons frequemment des jardins des choux, & autres plantes, tatalement deſolées.

HYMENOPTERA. Chryside.

Order I.

Generical Characters.

The abdomen *hath three anuli, exclusive of the anus. The* antennæ *have twelve articulations, exclusive of the first joint, which is longer than the rest. The* body *shines like polished metal. A kind of collar is very distinct in this class. The* anus *is dentated, having more teeth.*

Caracteres Generaux.

*L'*abdomen *a trois anneaux, exclusifs de l'anus. Les* antennes *ont douze jointures, exclusifs de la première jointure, qui est plus longue que les autres. Le* corps *reluit comme du metal poli. Une sorte de collier est fort distincte dans cette classe. L'*anus *est dentelée, ayant un ou plus dents.*

Ignita. *Fig.* 1. *Measures six lines.*

THE *antennæ* are black, the *thorax* is of a fine mazarine blue, having in some positions a greenish cast. The *abdomen* is of a fine gold colour, with shades of crimson, and yellow green. The *anus* hath four teeth, or denticulations. *See Linn. Chrysides* 1.

Fulgida.

Ignita. *Fig.* 1. *Six ligues de longueur.*

LES *antennes* sont noires, le thorax est d'une belle couleur bleue mazarine, qui dans des certaines situations donne sur le verd. L'*abdomen* est d'une belle couleur d'or, avec des nuanges de cramoisi, & jaune verd. L'*anus* a quatre dents ou denticulations. *Voyez Linn. Chrysides* 1.

Fulgida,

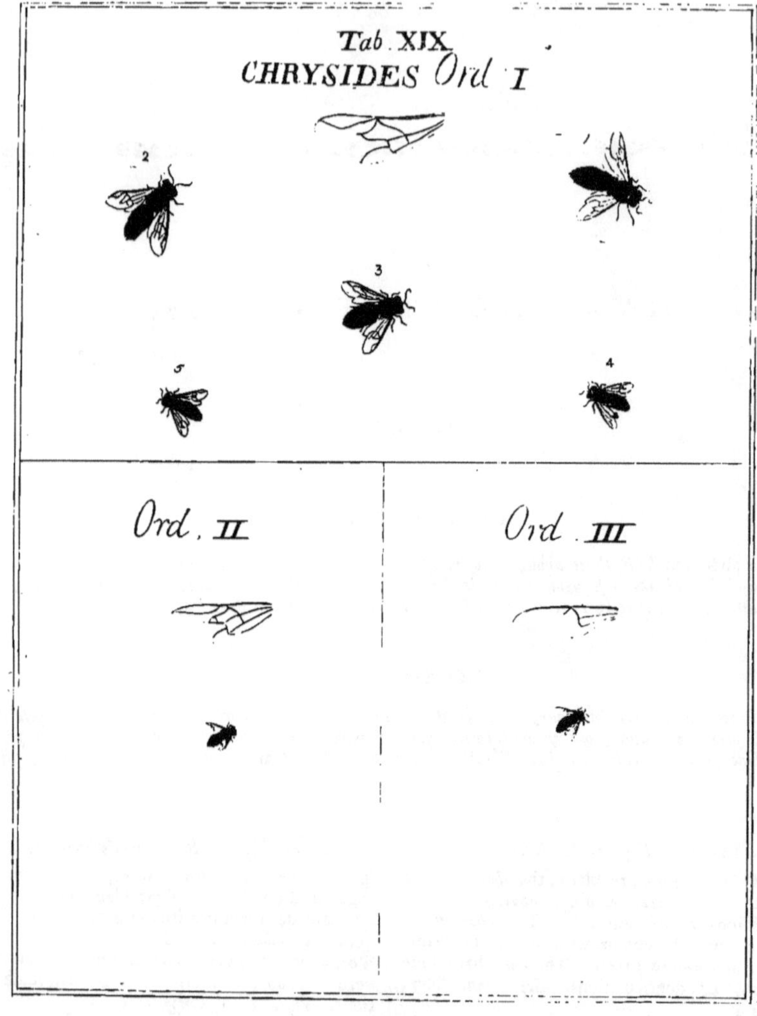
Tab. XIX
CHRYSIDES Ord. I
2
3
5
4
Ord. II
Ord. III

FULGIDA. *Fig.* 2. *Meaſures five lines.*

The *collar* is green. The *ſhoulder ligaments* are alſo green. The *thorax* is deep blue. The *abdomen* a deep crimſon or purple, when held againſt the light. The inſects in this table are all drawn as large again as the life, that their parts may be the better ſeen and deſcribed. *See Linn. Chryſ.* 7.

FULGIDA. *Fig.* 2. *Cinq lignes de longueur.*

Le *collier* eſt verd. Les *ligaments des epaules* ſont auſſi verds. Le *thorax* bleu foncè. L'*abdomen* cramoiſi foncè ou pourpre, quand il eſt opposé à la lumiere. Le inſectes dans cette planche ſont touts deſſignés une fois plus grands que leur grandeur naturelle, afin que leurs parties ſoient mieux vues & decrites. *Voyez Linn. Chryſ.* 7.

RADIANS. *Fig.* 3. *Meaſures five lines and a half.*

The *head* and *thorax* are of a deep blue green. The *abdomen* is of a fine deep gold colour on the middle anulus. The *anus* is quite even, having no denticulations. This appears to be a non-deſcript.

RADIANS. *Fig.* 3. *Cinq pouces & demi de longueur.*

La *tête* & le *thorax* ſont d'un bleu verd foncè. L'*abdomen* eſt d'une belle couleur d'or foncèe ſur l'anneaux du milieu. L'*anus* eſt tout à ſait uni ſans aucune dents. Cet' inſecte ne me paroit pas être decrit.

VERIDANS. *Fig.* 4. *Meaſures two lines.*

This inſect is of an intire blue green, except the *wings* and *antennæ*. The *anus* hath three denticulations.

VERIDANS. *Fig.* 4. *Deux lignes de longueur.*

Cet' inſecte eſt totalement d'une couleur bleue verde, exceptè les *ailes* & les *antennes*. L'*anus* a trois dents.

HEPHÆSTITES. *Fig.* 5. *Meaſures two lines.*

The *head* and *thorax* are deep green. The *abdomen* is of a deep crimſon. The *anus* hath four denticulations.

HEPHÆSTITES, *Fig.* 5. *Deux lignes de longueur.*

La *tête* & le *thorax* ſont verd foncè. L'*abdomen* cramoiſi foncè. L'*anus* a quatre dents ou dentelures.

ORDER II.

CURAX. *Meaſures two lines.*

The *head*, *thorax*, and *abdomen*, are of a blue green. The *anus* hath three denticulations.

CURAX. *Deux lignes de longueur.*

La *tête*, le *thorax*, & l'*abdomen*, ſont bleu verd. L'*anus* a trois dentelures.

Order III.

Politus. *Meaſures three lines.*

The *head* and *thorax* are of the colour of blued ſteel. The *abdomen* is of a fine equal poliſh, and of the ſame deep blue colour, but in ſome directions appears upon the purple. The *anus* is not denticulated, but hath a kind of flute or groove at its end or point. Taken in June.

Politus. *Trois lignes de longueur.*

La *tête* & le *thorax* ſont tout a fait de couleur bleuatre d'acier. L'*abdomen* eſt beau & egalement poli, & de la même couleur bleue foncè, mais dans quelques ſituations donne ſur le pourpre. L'*anus* n'eſt point dentelè, mais il a une ſorte de canelure ou jointure à la pointe ou extremité. Il eſt pris en Juin.

T A B. XX.

D I P T E R A: Conops.

Generical Characters.

The abdomen *hath ſix anuli. From the* mouth *proceeds an extended* proboſcis, *which hath a ſmall pair of* forceps *at its extremity. Hath not the* little eyes *on the top of the head. The* antennæ *are long, and ſwell in a kind of knob at their ends, which are pointed.*

Caracteres Generaux.

*L'*abdomen *a ſix anneaux. De la* bouche *ſort une* troupe *etendure, qui a un petite paire de* forceps *à l'extremite. Il n' a pas les* petits yeux *ſur le ſommet de la tête. Les* antennes *ſont longues, & s'enſlent dans une ſorte de bouton à leur bouts, qui ſont pointus.*

Vesicularis. *Fig.* 1. *Meaſures ſix lines.*

FRONTLET black. Behind the top of the *head* is a yellow ſpot. The *thorax* black, having a ſtud-like yellow ſpot on each ſhoulder. The *abdomen*, whoſe anuli appears

Vesicularis. *Fig.* 1. *Six lignes de longueur.*

LE *petit front* eſt noir, et derrière du ſommet de la *tête* ſe trouve une tache jaune. Le *thorax* eſt noir, avec une tache jaune comme un bouton ſur chaque epaule. L'*abdomen* dont

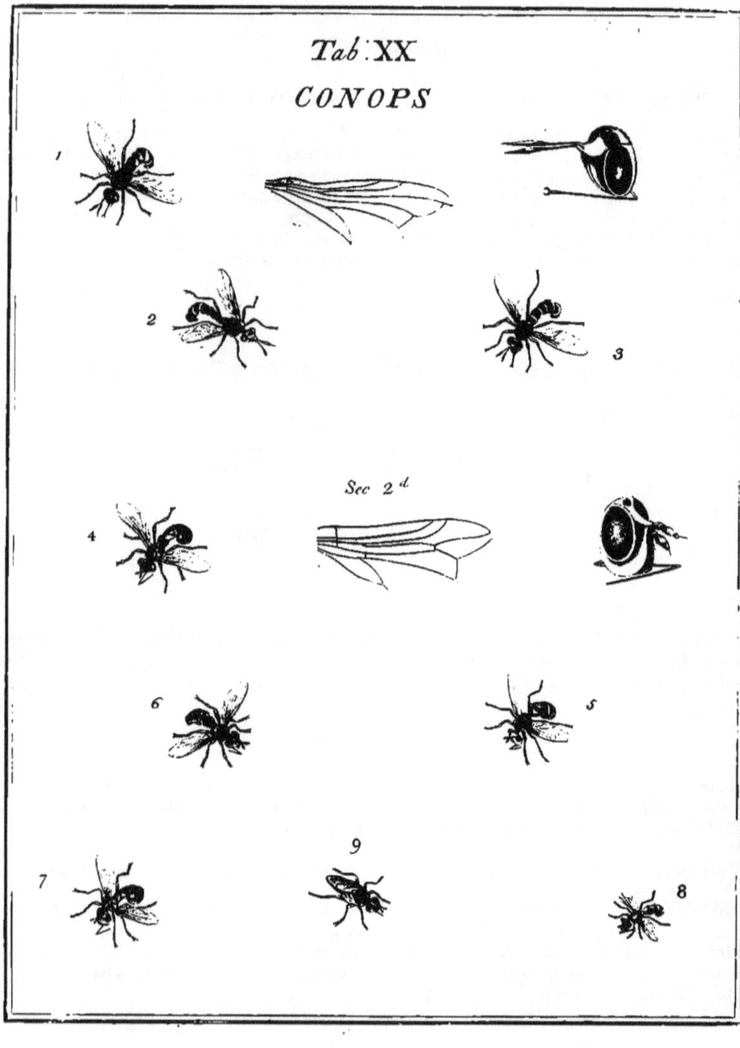
Tab: XX
CONOPS
1
2
3
Sec 2 d
4
6
5
9
7
8

pears to ſwell, is yellow, having a ring of black in every joint. The *legs* yellow, having a black ſpot on each thigh. *See Linn. Con.* 4.

Macrocephala. *Fig.* 2 *and* 3. *Meaſure ſix lines each.*

The *antennæ*, *head*, and *thorax*, as the foregoing. *Abdomen* black, each anulus being bordered with yellow. On the other ſide of the fifth anulus is a hard knob, or appendage, which denotes the male. The *female* hath ſomething of that kind at the extremity or anus. The *wings* are tinged with a dark colour on the ſector edge. The *male* is ſeen at *fig.* 2, and the *female* at *fig.* 3. *See Linn. Con.* 5.

dont les anneaux paroiſſent s'enfler, eſt jaune, avec un anneau noir dans chaque jointure. Les *jambes* ſont jaunes, avec une tache noire ſur chaque cuiſſe. *Voyez Linn. Conops.* 4.

Macrocephala. *Fig.* 2 & 3. *Six lignes de longueur chacune.*

Les *antennes*, la *tête*, & le *thorax*, comme le precedent. L'*abdomen* noir, chaque anneau étant bordè de jaune. Sur la partie inferieure du cinquieme anneau ſe trouve, un bouton ou appendice dur, qui caractériſe le male. La femelle a quelque choſe de ſe même ſorte à l'extremité de l'anus. Les *ailes* ſont teintes d'une couleur obſcur ſur le bord trachant. Le *male* ſe voit à *fig.* 2, & la *femelle* à *fig.* 3. *Voyez Linn. Conops.* 5.

Order II.

The *antennæ* are ſhort. They have the three little eyes on the top of the head. The *proboſcis*, which extends right from the mouth ſome diſtance, then bends, and returns back again beneath the head.

Cessans. *Fig.* 4. *Meaſures four lines.*

The *frontlet* and *mouth* are of a pale yellow. The *thorax* is brown. The *abdomen* is brown and ſhining, and which bends inwards, toward the underſide, like a hook. The *legs* and *feet* are brown. Taken in July, ſitting on flowers. This is a male.

Buccæ. *Fig.* 5. *Meaſures five lines.*

The *mouth* and *cheeks*, which appear ſwelled, are cream colour. The *head*, *thorax*,

Les *antennes* ſont courtes. Ils ont les trois petits yeux ſur le ſommet de la tête. La *trompe*, qui ſaillit droite de la bouche pour quelque eſpace, alors ſe courbe, & retourne derechef deſſous la tête.

Cessans. *Fig.* 4. *Quatre lignes de longueur.*

Le *petit front* & la *bouche* ſont d'un jaune pale. Le *thorax* brun. L'*abdomen* eſt brun & luiſant, & courbe endedans vers la partie inferieure, comme un crochet. Les *jambes* et les *pieds* ſont bruns. Ils ſont pris en Juillet, ſe repoſant ſur les fleurs. Celle-ci eſt un male.

Buccæ. *Fig.* 5. *Cinq lignes de longueur.*

La *bouche* et les *joues*, qui paroiſſent enflées, ſont de couleur de creme. Le *tête*, le *thorax*,

rax, and *legs*, are brown. The *abdomen* is brown and gloffy, and appears whitifh in the fegments, and turns underneath like a hook. The *wings* are tinged with brown toward the apices, and appear rude and crumpled. Taken in June. A female.

Fuscus. *Fig.* 6.

The *frontlet* is brown. The *thorax* and *abdomen* are of a light brown, or dun colour. The *legs* are orange brown. This is a female.

thorax, & les *jambes*, font bruns. L'*abdomen* eft brun & luftrè, et paroit blanchatre dans les fegments, et tourne en deffous comme un crochet. Les *ailes* font teintes de brun vers les bouts, & paroiffent rudes & cheffonnées. Ils font pris en Juin. Une femelle.

Fuscus. *Fig.* 6.

Le *petit front* eft brun. Le *thorax* & l'*abdomen* font d'un brun clair, ou couleur tanné. Les *jambes* font d'orange brun. C'eft une femelle.

TAB.

Tab. XXI
MUSCÆ, Ord. V
1
2
4
5
7
8
9
10
11

TAB. XXI.

MUSCÆ, ORDER V.

A Wing of the fifth Order, with its Tenders, carefully delineated.

GENERICAL CHARACTERS.

The heads *of the male and female are ſo alike, that the ſexes cannot be known by them. A drawing of a head of this order is ſeen at (a) in full front; and at (b), where the upper part or top is deſcribed. The* wings *of this firſt ſection generally lie on the back, one covering the other when at reſt, as at fig. 4. The ſexes are diſcovered only by the abdomen; that of the male is covered with hair, and blunt at the anus or end; that of the female is naked and gloſſy, and tapers to a point. They are generally of a yellow brown colour.*

Aile du cinquième Ordre, avec ſes Tendons ſoigneuſement figurés.

CARACTÈRES GÉNÉRAUX.

La tête du mâle & celle de la femelle ſont ſi ſemblables, qu'on ne peut pas en diſtinguer le ſexe; on voit en plein le deſſein de la tête de cet ordre à (a) & à (b), où le deſſus de la tête eſt démontré. Les ailes de cette première ſection ſe repoſent généralement ſur le dos, l'une couvrant l'autre, lorſqu'elles ne volent pas, comme à la figure 4. On n'en découvre le ſexe que par l'abdomen; celui du mâle eſt couvert de poil, & le bout de l'anus eſt émouſſé; celui de la femelle eſt nud, luiſant, & l'anus eſt pointu. Elles ſont généralement d'un jaune brun.

PUTRIS. *Fig. 1. and 2. Meaſures ſeven lines.*

THE *frontlet* is of a fine red. The *larger eyes*, deep brown-red. The *thorax* is of a dirty clay-colour, with ſome feint ſtripes of duſky brown. The *abdomen* is hairy, and of an orange-brown colour. *Legs* the ſame. They are found on the dung of oxen or cows in great plenty, and are commonly called the dung fly; they appear early in the ſpring. See Linnæus. Mus Putris. They are male and female.

PUTRIS. *Fig. 1. & 2. A ſept lignes, les ailes déployées.*

LE *fronteau* eſt d'un beau rouge. Les *yeux*, je veux dire les plus grands, ſont d'un rouge brun foncé. Le *corſelet* eſt couleur d'argile ſale, avec des raies brunes très-pâles. L'*abdomen* eſt velu, & de couleur d'orange brune: les *pattes* ſont de même. On les trouve en grande quantité ſur le fumier de vache. On les appelle communément mouches de fumier: elles paroiſſent au commencement du printems. Voyez Lin. Mus Putris. Elles ſont mâles & femelles.

LEUCOPHÆUS. *Fig.* 3. *Measures seven lines.*

The *frontlet* is very red. The *abdomen*, *thorax* and *legs* are of a dirty brown colour.

MELLINUS. *Fig.* 4. *Measures seven lines.*

The *frontlet* is red. The *thorax*, *abdomen* and *legs* are almost naked and glossy, of a yellow-orange or honey-like colour. The *wings* are neat, plain and clear, having not the least stain or colouring. This fly appears in May.

PERELEGAND. *Fig.* 5. *Measures three lines.*

The *frontlet* is red. The *thorax*, *abdomen* and *legs* are of a reddish brown. The *wings* are beautifully spotted with brown, the largest spot being at the tip or apex. The *wings* are large in proportion to the body. They are very fond of settling on the leaves of flowers, and are not seen except sought for with care.

PURMUNDUS. *Fig.* 6. *Measures three lines.*

The *frontlet*, *thorax* and *legs* are of a yellowish clay-colour. The *abdomen* is of a dirty clay-colour. The *wings* are prettily clouded, and striped with brown marks. This insect is very scarce: it was found on a leaf near Dartford in Kent.

MINUTUS. *Fig.* 7. *Measures three lines.*

The *head* and *frontlet* are of a very pale brown. The eyes are of a darkish red brown. The *thorax* and *abdomen* are of a yellowish ash-colour. The *wings* are of a cream colour, clouded with spots of pale black. They are taken on flowers in July. They are very scarce.

LEUCOPHÆUS. *Fig.* 3. *Sept lignes, les ailes déployées.*

Le *fronteau* est rouge; *l'abdomen*, le *corselet* & les *pattes* sont d'un brun sale.

MELLINUS. *Fig.* 4. *Sept lignes, les ailes déployées.*

Le *fronteau* est rouge: *le corselet*, *l'abdomen* & les *pattes* sont presque nuds; elles sont luisantes, d'un jaune orange, ou de couleur de miel. Les *ailes* sont jolies, unies & claires; elles n'ont pas la moindre tache ou couleur. Cette mouche paroît en Mai.

PERELEGAND. *Fig.* 5. *Trois lignes, les ailes déployées.*

Le *fronteau* est rouge; le *corselet*, *l'abdomen* & les *pattes* sont d'un rouge brun. Les *ailes* sont magnifiquement tachetées de brun; la plus grande tache est au bout. Les *ailes* sont grandes à proportion du corps. Elles aiment beaucoup à se reposer sur les fleurs, & on ne les voit qu'en les cherchant avec beaucoup de soin.

PURMUNDUS. *Fig.* 6. *Trois lignes, les ailes déployées.*

Le *fronteau*, le *corselet* & les *pattes* sont de couleur d'argile jaunâtre. L'*abdomen* est de couleur d'argile sale. Les *ailes* sont joliment ombrées, & rayées de brun. Cet insecte est très-rare. On l'a trouvé sur une feuille près de Dartford en Kent.

MINUTUS. *Fig.* 7. *Trois lignes, les ailes déployées.*

La *tête* & le *fronteau* sont d'un brun très-pâle. Les *yeux* sont d'un rouge brun foncé. Le *corselet* & l'*abdomen* sont de couleur de cendre jaunâtre. Les *ailes* sont de couleur de crême, & parsemées de taches d'un noir pâle. On les prend sur les fleurs en Juillet: elles sont très-rares.

CÆSIO. *Fig.* 8. *Measures three lines.*

The *frontlet*, *thorax*, *abdomen* and *legs* are of a reddish brown colour. The *wings* are beautifully striped with broad strokes of brown, lying in a zigzag form, to the great embellishment of the insect. They may be found on flowers. where they creep softly about the leaves, but are pretty scarce.

CÆSIO. *Fig.* 8. *Trois lignes, les ailes déployées.*

Le *fronteau*, le *corselet* & les *pattes* sont d'un brun rougeâtre. Les *ailes* ont de magnifiques raies brunes, larges & en zigzag, qui augmentent la grande beauté de cet insecte. On les trouve sur les fleurs, où elles se remûent très-lentement; elles sont très-rares.

MULIEBRIS. *Fig.* 9. *Measures two lines.*

The *head*, *thorax*, *abdomen* and *legs*, are of a pleasant pale brown. The *wings* are clear, having two broadish brown stripes from the apex to the shoulder, one of which lies along the sector edge, the other through the middle. This pretty fly is very scarce: it shakes its wings as it walks, like the Vibrans, and is not soon frightened away.

MULIEBRIS. *Fig.* 9. *Deux lignes, les ailes déployées.*

La *tête*, le *corselet*, l'*abdomen* & les *pattes* sont d'un joli brun pâle. Les *ailes* sont claires; elles ont deux raies brunes assez larges, de la pointe à l'épaule, l'une le long du bord tranchant, l'autre au travers du milieu. Cette jolie mouche est très-rare: elle secoue ses ailes en marchant, & n'est pas peureuse, comme le *Vibrans*.

NÆVOSUS. *Fig.* 10. *Measures four lines.*

The *head*, *thorax* and *abdomen* are of a dismal dirty brown. The wings are of a pale dirty colour, prettily striped, and freckled with round white specks. This is also very scarce. The male is like the female, but less and darker. The *abdomen* of both sexes are freckled with white, but scarcely perceivable by the naked eye.

NÆVOSUS. *Fig.* 10. *Quatre lignes, les ailes déployées.*

La *tête*, le *corselet* & l'*abdomen* sont d'un vilain brun sale. Les *ailes* sont d'un noir sale pâle, joliment rayées, rondes & blanches. Cette espèce est aussi très-rare. Le mâle est comme la femelle, mais plus petit, & plus foncé. Le *corselet* de l'un & de l'autre est tacheté de blanc, & presque imperceptible à l'œil.

CINEREUS. *Fig.* 11. *Measures two lines.*

The *head*, *thorax*, *abdomen* and *legs* are of a dun colour. The *wings* are freckled much like the above, but much paler, and are not striped, and the insect not half so big. Very scarce. It is taken in meadows near woods.

CINEREUS. *Fig.* 11. *Deux lignes, les ailes déployées.*

La *tête*, le *corselet*, l'*abdomen* & les *pattes* sont d'un brun foncé. Les *ailes* sont picotées à-peu-près comme celle ci-dessus, mais plus pâles, & elles ne sont pas rayées. L'insecte n'est pas la moitié si gros; il est très-rare. On le prend dans les prairies, auprès des bois.

N. B. *The insects in this plate are most of them done larger than life, that their beauties may be displayed: those which are enlarged have a black stroke near them, showing the real length of the insect itself.*

N. B. *La plupart des insectes de cette planche sont dessinés plus grands que nature, afin d'en démontrer la beauté; mais on a mis à côté un tiret noir, qui fait voir la grandeur réelle de l'insecte.*

TAB.

T A B. XXII.

D I P T E R A. P U L L A T A.

A wing of the Pullata, with its tendons, carefully delineated.

Generical Characters.

The head *of the male is very large; and the cheeks or larger eyes join close together, as shown at (a). That of the female is very small, and of a long form like that of an ass, and the larger eyes at distance from each other, as shown at (b). The abdomen is long, and hath seven annuli. The hinder legs are also long. They have two small antennæ, and two feelers. No mouth or jaws are perceptible by the naked eye. They have the three eyes on the top of the head. They are generally black.*

Une aile de Pullata, avec ses tendons soigneusement figurés.

Caractères Généraux.

La tête du mâle est très-grosse, & les joues ou les plus grands yeux se joignent comme on le voit en (a). Celle de la femelle est très-petite, de forme longue comme celle d'un âne; & les plus grands yeux sont éloignés l'un de l'autre, comme on le voit en (b). L'abdomen est très-long, & a sept anneaux; les pattes de derrière sont longues aussi. Ces mouches ont deux petits antennes, & deux touches; elles n'ont point de bouches ou de machoires visibles à l'œil; elles ont les trois yeux au-dessus de la tête; elles sont généralement noires.

Funerosus. *Fig.* 1. *and* 2. *Measures nine lines.*

THE *head, thorax, abdomen* and *legs* are deep black, and slightly covered with hair. The *wings* are large in proportion to the body, and a little dusky, especially towards the sector edges. Found on hedges, settling and playing about the leaves, during the month of May.

Funerosus. *Fig.* 1. & 2. *Cet insecte a neuf lignes, les ailes déployées.*

LA *tête*, le *corselet*, l'*abdomen* & les *pattes* sont d'un noir foncé, & légérement couverts de poil. Les *ailes* sont grandes à proportion du corps, & un peu obscures, particulièrement vers le bord tranchant. On le trouve sur les haies, tout le mois de Mai.

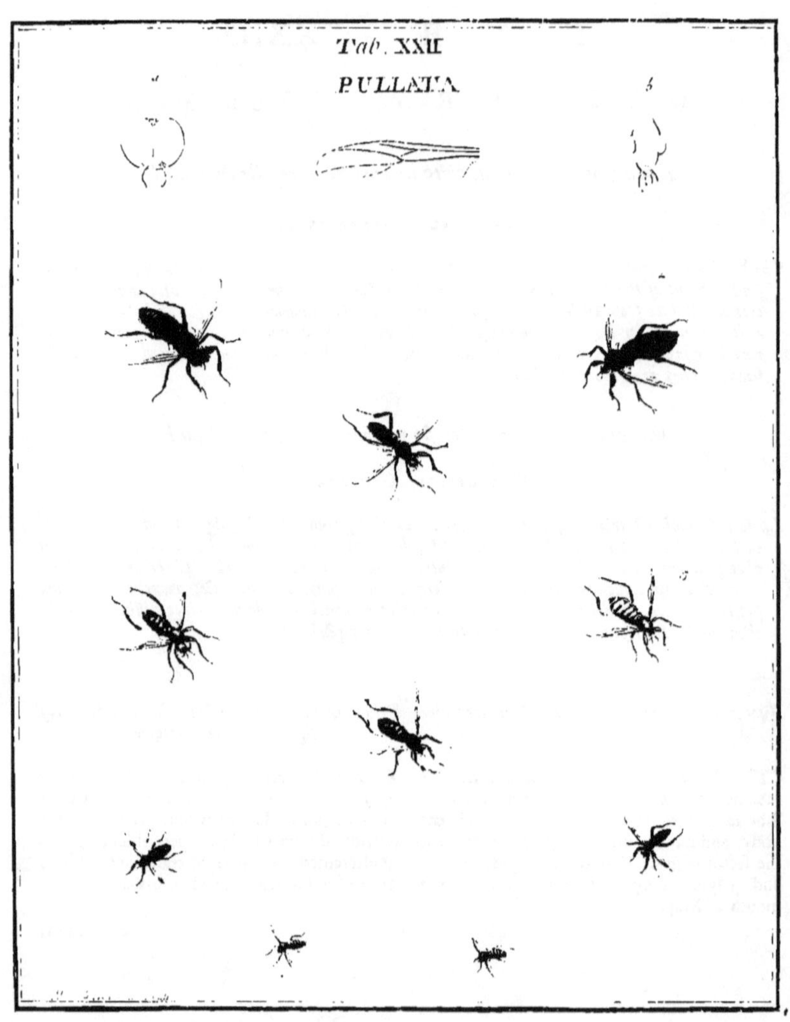
Tab. XXII
PULLATA

Funestus. *Fig.* 3. *and* 4. *Meaſures ſeven lines.*

The *head* and the reſt of the body is black. The *legs* are of a brown orange colour. The *wings* are white and clear, except the ſector edge, which is tinged with brown.

Citrius. *Fig.* 5. *and* 6. *Meaſures ſeven lines.*

The *head* and *legs* are black. The *abdomen* and *thorax* are a bright orange. The *wings* are a little tinged with brown. Theſe are not ſeen till June, and are then very ſcarce.

Parvus. *Fig.* 7. *and* 8. *Meaſures four lines.*

The *head*, *thorax*, *abdomen* and *legs* are black. The *wings* appear a little ſmoky, eſpecially a part near the middle of the ſector edge, where there is a little ſpot or cloud.

Minimus. *Fig.* 9. *Meaſures three lines.*

The *head*, *thorax*, *abdomen* and *legs* are black. The *wings* are clear, having a little ſpot, or rather ſpeck, about the middle of the ſector edge: the wings are gloſſy, and ſhow variety of colours, like mother-of-pearl.

Minusculus. *Fig.* 10. *Meaſures two lines.*

The *body* and *legs* are of a pale brown or dun colour. The *wings* are clear, and without ſpots. This is very ſcarce. All the ſpecies of this order are only to be found in May and June.

Funestus. *Fig.* 3. & 4. *Sept lignes, les ailes déployées.*

La *tête* & le reſte du corps eſt noir; les *pattes* ſont de couleur d'orange brun. Les *ailes* ſont blanches & claires, excepté le bord tranchant, qui eſt un peu brunâtre.

Citrius. *Fig.* 5. & 6. *Sept lignes, les ailes déployées.*

La *tête* & les *pattes* ſont noires; l'*abdomen* & le *corſelet* ſont de couleur d'orange vif; les *ailes* ſont un peu marquées de brun. On ne les voit pas beaucoup avant Juin, & elles ſont rares.

Parvus. *Fig.* 7. & 8. *Quatre lignes, les ailes déployées.*

La *tête*, le *corſelet*, l'*abdomen* & les *pattes* ſont noires: les *ailes* paroiſſent un peu en fumées, particulièrement une partie près du milieu du bord tranchant, où il y a une petite tache.

Minimus. *Fig.* 9. *Trois lignes, les ailes déployées.*

La *tête*, le *corſelet*, l'*abdomen* & les *pattes* ſont noires; les *ailes* ſont claires, & ont une petite tache au milieu du bord tranchant. Les *ailes* ſont luiſantes, & préſentent une variété de couleurs comme la nacre de perle.

Minusculus. *Fig.* 10. *Deux lignes, les ailes déployées.*

Le *corps* & les *jambes* ſont d'un brun pâle, ou couleur de brun foncé: les *ailes* ſont claires, & n'ont point de taches. Celle-ci eſt très-rare. Toutes les eſpèces de cet ordre ne ſe voient qu'en Mai & en Juin.

TAB. XXIII.

LIBELLULÆ. Wings Expanded.

Forcipata. *Fig.* 3. *Expands four inches and a half.*

THE *nose* is yellow, having a black line on the prominent part. The *thorax* is black, having two yellow broad ſtripes in front, and three on each ſide under the wings, which cannot be ſeen in the figure. There are two more on the back, one between the ligaments of each pair of wings. The *cauda* or tail is alſo black, having two creſcent-like ſpots, and two ſtreaks on each joint, which meet at the upper part or ridge of the tail or abdomen. The *wings* are almoſt white and clear, being but a little tinged with amber-colour. This is a female. See Lin. Lib. 11.

Anquis. *Fig.* 4. *Expands four inches and a half.*

The *noſe* is green. *Eyes* are of a dun-colour. The *thorax* is brown; the lateral and two front ſpots are green. The tail or *abdomen* is alſo brown, having the ſpots along the ſides and at anus of a fine blue, the larger triangular ſpots on the upper part green, and the ſmaller ones yellow. The *wings* are a ſmall matter tinged like the above. This is a male: it is very common, and is vulgarly called the dragon fly.

Forcipata. *Fig.* 3. *Quatre pouces & demi, les ailes déployées.*

LE *nez* eſt jaune, & il y a une ligne noire ſur la partie prominente. Le *corſelet* eſt noir, avec deux larges raies jaunes en devant, & trois de chaque côté ſous les ailes, qui ne ſe voient pas dans la figure. Il y en a deux autres, ſur le dos, une entre les ligamens de chaque paire d'ailes. La queue eſt noire auſſi, avec deux taches en croiſſant, & deux raies à chaque jointure, qui ſe rencontrent à la partie ſupérieure, ou au bord de deſſus. Les *ailes* ſont preſque blanches, claires, & un peu ambrées. Celle-ci eſt une femelle. Voyez Lin. Lib. 11.

Anquis. *Fig.* 4. *Quatre pouces & demi, les ailes déployées.*

Le *nez* eſt vert, les yeux ſont bruns, le *corſelet* eſt brun, les deux taches de devant & celle ſur le côté ſont vertes. La *queue* ou *abdomen* eſt brun auſſi : les taches des côtés de l'anus ſont d'un très-beau bleu. Les plus grandes taches triangulaires, ſur la partie ſupérieure, ſont vertes, & les petites ſont jaunes. Les *ailes* ſont un peu colorées comme dans l'inſecte ci-deſſus. Cette mouche eſt un mâle; elle eſt très-commune, & on l'appelle vulgairement *Mouche Dragon*.

TAB.

Tab. XXIII
LIBELLULÆ Wings
expanded
3
4
Mo: Harris dell: et sculp: Dec. 1770

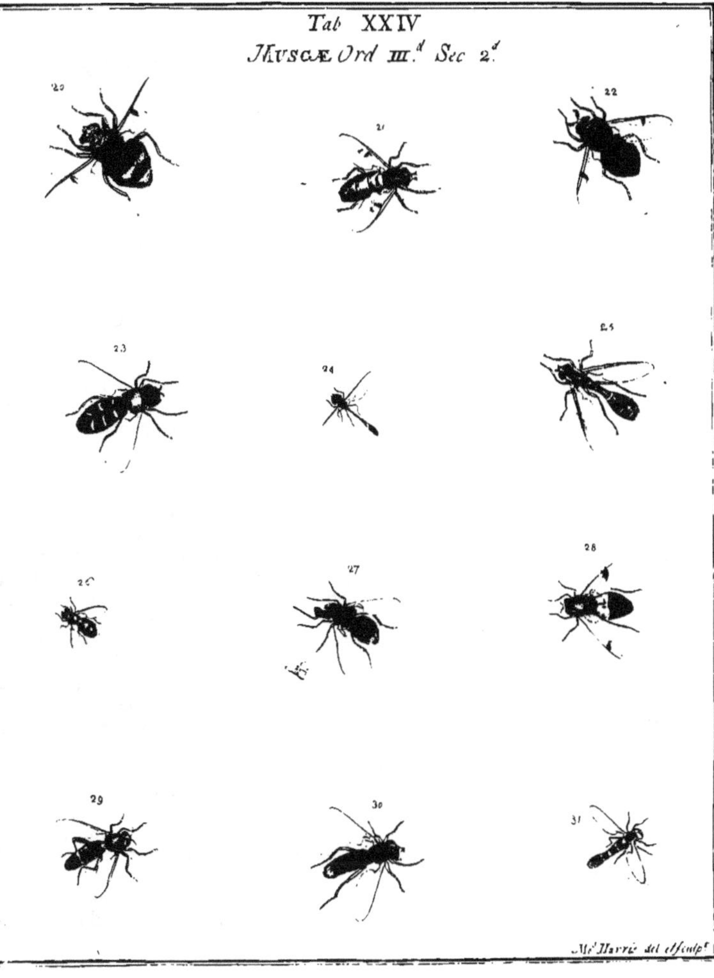
Tab XXIV
Muscæ Ord III.d Sec 2.d
20
21
22
23
24
25
26
27
28
29
30
31
Mr. Harris del et sculp.

TAB. XXIV.

MUSCA. ORDER III. SECT. II.

PERSONATUS. *Fig.* 20. *Meafures eleven lines.*

THE *head* is black, and formed much like that of a bee. The *thorax* is thinly covered with long hair: the part which is next the head is yellow, the reft is jet black and gloffy. The *abdomen* is alfo covered with longifh hair, but not fo thick, but the gloffinefs of the abdomen may be feen through it; a gold-coloured belt or girdle croffeth the middle part. The anus and parts near it are white. The *legs* are fomewhat long, and black. The *wings* are tinged on the fector edge with an amber colour; and there is a brown cloud on each wing proceeding from the fame edge, reaching irregularly half acrofs the wing, about the bignefs of a canary feed, in an irregular form. This curious infect was taken on the infide of a window, in an empty room at Stepney, having loft half of one of its wings. It is fo like a bee, that at firft fight any one would be deceived. When at reft, the wings lie on the back, neatly covering each other; another character peculiar to the bee: and perhaps it may be owing to its being fo like the bee, that it has not been difcovered before. It was found in the month of Auguft.

PERSONATUS. *Fig.* 20. *Onze lignes, les ailes déployées.*

LA *tête* eft noire, & à-peu-près comme celle d'une abeille. Le *corfelet* eft légérement couvert de long poils. La partie voifine de la tête eft jaune; le refte eft d'un noir de jais, & luifant. L'*abdomen* eft auffi couvert de long poil, mais pas fi épais, & fon luifant paroît à travers. Une ceinture d'or entoure le milieu; l'anus, & les parties voifines, font blanches. Les *pattes* font un peu longues, & noires. Les *ailes*, fur le bord tranchant, font de couleur d'ambre foible, & ont chacune une tache noire, qui part du milieu du même bord, s'étendant irrégulièrement à travers la moitié de l'aile environ la groffeur d'un grain de millet, d'une forme irrégulière. Cet infecte curieux fut pris à la fenêtre d'une chambre inhabitée à Stepney, après avoir perdu la moitié d'une de fes ailes. Il reffemble fi fort à une abeille, qu'un bon juge fe tromperoit à la première vue. Lorfqu'il eft en repos, fes ailes fe couchent fur fon dos, exactement l'une fur l'autre; ce qui eft un caractère particulier à l'abeille: ce qui peut faire qu'on ne l'ait pas découvert plustôt, c'eft qu'il eft très-femblable à l'abeille. Il fut pris au mois d'Août.

RUTILO. *Fig.* 21. *Meaſures ten lines.*

The *frontlet* which parts the larger eyes is of a dirty buff. The *thorax* is of a dirty black, having four aſh-coloured ſtripes along the upper part. The *abdomen* is thinly covered with hair of an orange colour, through which may be plainly ſeen the gloſſy reſulgency of the abdomen, which appears like burniſhed braſs. The *wings* are, on or near the ſector edges, tinged with an amber colour, having on each two brown ſpots, one on the middle, the other between that and the apex. The *legs* are orange colour. They may be ſeen on the barks of trees, on the borders of woods, on the ſunny ſide, in July.

RUTILO. *Fig.* 21. *Dix lignes, les ailes déployées.*

Le *fronteau* eſt de couleur de buffle ſale. Le *corſelet* eſt d'un noir ſale, avec quatre raies couleur de cendre, le long de la partie ſupérieure. L'*abdomen* eſt légérement couvert de poil couleur d'orange, au travers duquel on voit l'abdomen luiſant & reſſemblant à du cuivre bruni. Les *ailes* ſont d'une foible couleur jaune ſur le bord tranchant: il y a ſur chacune deux taches brunes, l'une au milieu, l'autre entre celle-ci & la pointe. Les *pattes* ſont couleur d'orange. On voit cet inſecte en Juillet, auprès des bois, ſur l'écorce des arbres, du côté que le ſoleil luit.

FULVUS. *Fig.* 22. *Meaſures ten lines.*

The *antennæ* are like ſmall feathers. The *larger eyes* are of a dark red brown. The *thorax* and *abdomen* are covered thickly with an orange tawny-coloured hair. The *legs* are black, very thick and ſtrong. The *wings* are a little tinged with a dirty amber-colour, having a darkiſh cloud-like ſpot in the middle. It was taken in July, near Eaſt Tilbury in Eſſex, and is very ſcarce, being the only one I have yet ſeen.

FULVUS. *Fig* 22. *Dix lignes, les ailes déployées.*

Les *antennes* ſont comme de petites plumes. Les plus *grands yeux* ſont d'un rouge brun foncé. Le *corſelet* & l'*abdomen* ſont couverts de poils couleur d'orange foncé & très-épais. Les *pattes* ſont noires, très-épaiſſes, & très-fortes. Les *ailes* ſont de couleur de cendre foible, & il y a dans le milieu une tache obſcure. Cet inſecte fut pris en Juillet, auprès de *Eaſt Tilbury*, en Eſſex: il eſt très-rare, & c'eſt le ſeul qu'on ait vu.

MELLINA. *Fig.* 23. *Meaſures ten lines.*

The *head* is as large as the thorax. The *larger eyes* are not ſpherical, as others, but ſeem to ſurround the head like a broad hoop. The *thorax* is of a bluiſh colour and gloſſy. The *ſcutulum*, of the colour of horn. The *abdomen* is of a fine velvet black, having ſix creſent-like ſpots on it, of a bright yellow colour, two on each annulus. The *legs* are remarkably thin and ſmall, and of a light orange colour. The *wings* are very clear, white

MELLINA. *Fig.* 23. *Dix lignes, les ailes déployées.*

La *tête* eſt auſſi large que le *corſelet*. Les plus *grands yeux* ne ſont pas ſphériques comme les autres, & ils paroiſſent environner la tête en forme d'un large cercle. Le *corſelet* eſt bleuâtre & luiſant, couleur de corne. L'*abdomen* eſt d'un beau noir velouté, & il y a ſix belles taches jaunes, en forme de croiſſant, deux ſur chaque anneau. Les *pattes* ſont ſingulièrement minces & petites, & d'une légère couleur d'orange. Les *ailes* ſont claires, & n'ont

white and immaculate. The caterpillar feeds on the aphides, which are on the hawk-weed. Found in July and Auguſt.

& n'ont point de taches. Le papillon ſe nourrit ſur l'aphides : on les trouve en Juillet & Août.

Perexilis. *Fig.* 24. *Meaſures ſix lines.*

The *larger eyes* of this delicate little creature are of a mahogany red. The *thorax* ſhines, and is of an olive-green. The *abdomen* (ſuch a one as it is, for I think it muſt have no entrails) is black, having two ſpots of yellow on it, one which can, and one which cannot, be ſeen without the help of a glaſs. The *legs* are black. The *wings* tinged of a browniſh colour, and ſhow various colours like mother-of-pearl. It was taken ſitting on a flower. Very ſcarce.

Perexilis. *Fig.* 24. *Meſure ſix lignes.*

Les *grands yeux* de cette petite délicate créature ſont de la couleur du mahogony. Le *corſelet* eſt luiſant, d'olive vert. L'*abdomen* eſt fort mince, & noir; il a deux taches jaunes ; l'une eſt viſible, & l'autre ne ſe voit qu'avec le microſcope. Les *jambes* ſont noires. Les *ailes* ſont d'un ſoible brun, & paroiſſent de pluſieurs couleurs comme la perle. Elle fut priſe ſur une fleur, & eſt très-rare.

Profuges. *Fig.* 25. *Meaſures ten lines.*

The *larger eyes* are of a deep brown red colour. The *frontlet* black, edged on the ſides with neat ſtrokes of yellow. The *thorax* is black, and quite naked, having a neat gold-coloured line on each ſide. The *ſcutulum* is brown. The *abdomen* is black, and naked, and is very narrow in the middle, having a neat border of yellow on the edge of each annulus. The *wings* are half brown, and half white and clear, the half toward the ſector edge being tinged with brown. The *legs* are orange, clouded with brown. This is alſo very ſcarce, as this is the only one the author has yet ſeen. It was taken in Eſſex, near Weſt Tilbury, in July.

Profuges. *Fig* 25. *Meſure dix lignes.*

Les *grands yeux* ſont d'un brun rouge foncé. Le *fronteau* eſt noir, les bords aux côtés ont de jolies marques jaunes. Le *corſelet* eſt noir, & entièrement nud ; a une jolie ligne d'or à chaque côté. Le *ſcutulum* eſt brun. Le *corſelet* noir & nud, & très-étroit au milieu, avec un joli bord jaune ſur le bord de chaque anneau. Les *ailes* ſont moitié brunes & claires. Les *jambes* ſont couleur d'orange nuagée de brun. Celle-ci eſt auſſi très-rare, & eſt la ſeule que l'auteur a vue. Priſe en Juillet, près de Tilbury.

Politus. *Fig.* 26. *Meaſures four lines.*

The *mouth* and *frontlet* are of a ſhining green. The *larger eyes* are of a lightiſh red brown. The *thorax*, *abdomen*, *ſcutulum*, and *legs*, are of a dark ſhining blue green. The *wings* are clear and immaculate. The ligaments or ſhoulder parts are of an orange colour. Taken in June.

Politus. *Fig.* 26. *Meſure quatre lignes.*

La *bouche* & le *fronteau* ſont d'un vert luiſant. Les *grands yeux* ſont d'un rouge brun clair. Le *corſelet*, l'*abdomen*, le *ſcutulum*, & les *jambes*, ſont d'un bleu vert luiſant foncé. Les *ailes* ſont claires. Les ligamens ou la partie des épaules, ſont couleur d'orange. Priſe en Juin.

MACROCEPHALA. *Fig.* 27. *Meaſures ſix lines.*

The *larger eyes* are of a fine red-brown. The *proboſcis* is orange colour. The *frontlet* is of a greyiſh brown. The *thorax* is of a greyiſh dirty brown, having four dark ſtripes along the back part, hardly perceptible. The *ſcutulum* is of an orange brown, and gloſſy. The *abdomen* is of an orange colour, having two dark lines acroſs and one down the middle, dividing it into ſix parts. The *wings* are browniſh and clear. This fly is very remarkable for the length of its proboſcis, which, when drawn or exerted, tapers in a bended form like a knee, as in the figure; but when the animal is at reſt, it is drawn up and ſheathed in the trunk at the noſe part, and appears as ſhown in the plate below the figure. This fly feeds on the honey of flowers, and the proboſcis is formed to do the office of the tongue of the bee. It is fleſhy, and hath maſcular motion like thoſe of the reſt of the muſcæ. They may be taken about banks and hedges, gently flying, and ſettling on the leaves and flowers, from June to September. See Linn. Con. 5.

MACROCEPHALA. *Fig.* 27. *Meſure ſix lignes.*

Les *grands yeux* ſont d'un beau rouge brun. La *trompe* eſt couleur d'orange. Le *fronteau* eſt d'un brun griſâtre. Le *corſelet* eſt griſâtre, d'un brun foncé ; il a quatre raies foncées, le long du derrière, preſque imperceptibles. Le *ſcutulum* eſt couleur d'orange brun, & luſtré. L'*abdomen* eſt couleur d'orange, avec deux lignes obſcures à travers, & une le long du milieu, le diviſant en ſix parties. Les *ailes* ſont brunâtres. Cette mouche eſt très-remarquable pour la longueur de ſa trompe, qui, lorſque exercée, paroît bandée en forme de genou, comme dans la figure. Elle ſe nourrit ſur le miel des fleurs, & le trompe eſt formé pour faire l'office de la langue de l'abeille. Elle eſt charnue, & ſe meut muſculairement, comme les autres mouches. On les trouve ſur les haies, de Juin à Septembre. Voyez Linn. Conops. 5.

PELLUCENS. *Fig.* 28. *Meaſures ten lines.*

The *frontlet* is of a dirty buff colour: the *male*, as uſual, hath none, the *larger eyes* meeting together. The *thorax* is of an orange brown, covered with a pile-like velvet. The *abdomen* hath one half which joins to the thorax, cream-colour, and pellucid or clear like the horn of a lantern, but that part toward the anus black and gloſſy. The wings are clear and tranſparent, having a brown cloud-like ſpot in the middle of each. *Legs* are black. This is a male. They are not very plentiful, generally found viſiting flowers by bank-ſides, which they approach by ſlow degrees. See Linn. Mus. 62.

PELLUCENS. *Fig* 28. *Meſure dix lignes.*

Le *fronteau* eſt d'un fond brun ſale. Les *yeux* du mâle ne ſe joignent pas comme de coutume. Le *corſelet* eſt couleur d'orange brun couvert de velour, en forme de pyramide. L'*abdomen* a la moitié qui eſt proche du corſelet, couleur de crême, ou clair comme la corne d'une lanterne ; mais la partie proche de l'anus eſt noire & luſtrée. Les *ailes* ſont claires, ont un nuage brun, comme une tache au milieu de chacune. Les *jambes* ſont noires. On les trouve généralement viſitant les fleurs le long des éminences, qu'elles approchent lentement. Voyez Lin. Mus. 62.

FUCATUS. *Fig.* 29. *Meaſures nine lines.*

The *thorax*, *ſcutulum*, and firſt joint of the *abdomen*, are of a gloſſy dark olive colour. The two next or middle annuli of the abdomen are of a fine orange brown. The *anus* or end is black. The *legs* clouded black and yellow. The *wings* are clear, white and tranſparent.

FUCATUS. *Fig.* 29. *Meſure neuf lignes.*

Le *corſelet*, le *ſcutulum*, & la première jointure de l'*abdomen*, ſont couleur d'olive obſcur luſtré. Les deux ſuivans, ou l'anneau du milieu de l'abdomen, ſont d'un bel orange brun. L'*anus* eſt noir. Les *jambes* jaunes, nuagées de noir. Les *ailes* ſont auſſi claires que le verre.

LONGISCO. *Fig.* 30. *Meaſures ten lines.*

The *frontlet* is black and gloſſy. The *larger eyes* are of a dark red brown. The *thorax* is a dirty olive-black, having a languid gloſs. The *abdomen* is black and gloſſy. The anus or laſt annulus is hairy, and of a bright yellow. The *wings* are clear, and without ſpots. The *legs* and feet are yellow, but the *thighs* black. They are found in meadows, on the flowers of the dandelion, in July.

LONGISCO. *Fig.* 30. *Meſure dix lignes.*

Le *fronteau* eſt noir & luſtré. Le *corſelet* eſt couleur d'olive noir ſale, foiblement luſtré. L'*abdomen* eſt noir & luſtré. L'*anus* ou le dernier anneau eſt poileux & d'un jaune vif. Les *ailes* ſont claires, & ſans tache. Les *jambes* & pieds ſont jaunes, & les cuiſſes noires. On les trouve dans les prairies ſur les fleurs de dent-de-lion, vulgairement appellée piſſenlit, en Juillet.

INVISITO. *Fig.* 31. *Meaſures ſeven lines.*

The *noſe* is of a greeniſh yellow. The *thorax* is black, having a neat yellow line on each ſide. The *ſcutulum* is yellow. The *abdomen* is black, having three broad yellow bands lying acroſs it; the two outer ones are divided by a ſmall black line. The *anus* is yellow, having a number of ſmall angular black ſpots thereon. It is very ſcarce. When they fly they ſeem to ſtand ſtill in the air, and, when they pleaſe, can turn their bodies with great nimbleneſs, and dart off in ſo ſwift a manner that they appear to vaniſh, as the eye cannot diſcern which way they went.

INVISITO. *Fig.* 31. *Meſure ſept lignes.*

Le *nez* eſt d'un jaune verdâtre. Le *corſelet* eſt noir, a une jolie ligne jaune à chaque côté. Le *ſcutulum* eſt jaune. L'*abdomen* eſt noir: il a trois bandes jaunes au travers; les deux du dehors ſont diviſées par une petite ligne noire. L'*anus* eſt jaune, a au-deſſus nombre de petites taches noires angulaires. Il eſt très-rare. Quand ils volent, ils paroiſſent être immobiles dans l'air, & quand il leur plaît tournent le corps avec beaucoup d'agilité, & s'en volent ſi ſubitement qu'ils paroiſſent avoir diſparu, mais reviennent auſſitôt à la même place.

T A B. XXV.

MUSCÆ, Order I. *Continued.*

Volets. *Fig.* 12. *Measures eight lines.*

THE *frontlet* is narrow and brown. The *fillets* are nearly white. The *thorax* is of a pale yellow-brown, or dun-colour. The *abdomen*, which is pretty long, is of the same colour, but more on the lead colour, having three black bars lying across it: each annulus is beset with long bristly hairs. The *wings* are brownish, and the *legs* orange-colour. They are found settling on the green leaves in hedges, in August.

Volets. *Fig.* 12. *Mesure huit lignes.*

LE *fronteau* est étroit & brun. Les *bandeaux* sont presque blancs. Le *corselet* est d'un jaune brun pâle, ou brun foncé. L'*abdomen* est long, & de la même couleur, ressemblant un peu plus à la couleur de plomb; a trois barres noires au travers. Chaque anneau est garni de longues soies. Les *ailes* sont brunâtres, & les *jambes* couleur d'orange. On les trouve sur les feuilles vertes des haies, en Août.

Pernix. *Fig.* 13. *Measures seven lines.*

The *mouth* and *fillets* are of an ash-colour. The *larger eyes* are red. The *thorax* of an ash-colour, having three black bands down the back part from the head toward the tail. The *abdomen* is black chequered with white. In some positions, the white parts change to black, and those which were black suddenly become white. The *legs* are black.

Pernix. *Fig.* 13. *Mesure sept lignes.*

La *mouche* & les *bandeaux* sont couleur de cendre. Les *grands yeux* sont rouge. Le *corselet* est couleur de cendre, a trois bandes noires le long du dos, de la tête à la queue. L'*abdomen* est noir bigarré de blanc. Dans quelques positions, le blanc est changé en noir, & ce qui étoit noir devient tout d'un coup blanc. Les *jambes* sont noires.

Carnaria. *Fig.* 14. *Measures nine lines.*

The *frontlet* is black. The *larger eyes* are red. The *thorax* of an ash colour, having three black bands down the back part. The *abdomen* is black and chequered with white, which

Carnaria. *Fig.* 14. *Mesure neuf lignes.*

Le *fronteau* est noir. Les *grands yeux* sont rouge. Le *corselet* est couleur de cendre; il a trois raies noires le long du dos. L'*abdomen* est noir bigarré de blanc, qui ont les mêmes

Tab. XXV

Muscæ Ord^r I^us

M.s Harris 1780

which have the ſame properties with the above. The *anus* is red. The *legs* are black. They ſettle on dung, or any putrified body. They are vulgarly called the *baker*. See Linn. Mus. 68.

SOLIVAGUS. *Fig.* 15. *Meaſures ten lines.*

The *frontlet* is black. The fillets, which entirely ſurround the *larger eyes*, are white. The *larger eyes* are red. The *thorax* and *ſcutulum* are of a dark dirty olive, almoſt black. The *abdomen* is of an orange clay colour, having a broad black liſt down the middle: near each ſegment on each ſide, the annuli appear whitiſh, and a white ſpot on each ſide the anus. The *legs* are black. It is ſeen in June.

AUSUS. *Fig.* 16. *Meaſures ſix lines.*

The fillets are white. The *larger eyes* are red. The *thorax* is an iron colour, having four ſtripes of black down it. The *abdomen* is of a dun colour, and gloſſy. It appears changeable, as in ſome poſitions each annulus appears half black, and ſeems poliſhed. The *wings* appear a little miſty. The *legs* are black.

RECURRO. *Fig.* 17. *Meaſures ſix lines.*

The *fillets* are white. The *larger eyes* are red. The *thorax* is of a dirty grey, ſtriped with black. The *abdomen* is black, but near each ſection of the annuli is ſprinkled with a greyiſh dun colour, ſo as to look like light-coloured bars lying acroſs it. The *legs* are black.

mêmes qualités que celui ci-deſſus. L'*anus* eſt rouge. Les *jambes* ſont noires. Elles ſe poſent ſur le fumier, ou corps corrompus. On les appelle vulgairement le *baker*, Boulanger. Voyez Linn. Mus. 68.

SOLIVAGUS. *Fig.* 15. *Meſure dix lignes.*

Le *fronteau* eſt noir. Les *bandeaux* qui environnent entièrement les grands yeux ſont blancs. Les *grands yeux* ſont rouge. Le *corſelet* & *ſcutulum* ſont d'un olive foncé ſale preſque noir. L'*abdomen* eſt couleur d'argile orange, a une large bande noire le long du milieu: proche de chaque ſegment, à chaque côté, l'anneau paroît blanchâtre, & une tache blanche paroît à chaque côté de l'anus. Les *jambes* ſont noires. On la voit en Juin.

AUSUS. *Fig.* 16. *Meſure ſix lignes.*

Les *bandeaux* ſont blancs; les *grands yeux* rouges. Le *corſelet* d'un gris de fer; a le long quatre raies noires. L'*abdomen* eſt d'un brun foncé & luſtré; il paroît changeable dans quelques poſitions: chaque anneau paroît moitié blanc & poli. Les *ailes* paroiſſent un peu nuagées. Les *jambes* ſont noires.

RECURRO. *Fig.* 17. *Meſure ſix lignes.*

Les *bandeaux* ſont blancs. Les *grands yeux* ſont rouges. Le *corſelet* eſt d'un gris ſale, rayé de noir. L'*abdomen* eſt noir, proche de chaque ſection de l'anneau eſt parſemé d'un brun griſâtre, qui paroît comme des barres de couleur claire au travers. Les *jambes* ſont noires.

VOMITORIA. *Fig.* 18. *Measures seven lines.*

The *frontlet* is brown. The *fillets* iron colour. The *mouth* light brown. The *thorax* is of an iron grey. The *abdomen* is of a beautiful blue, and is of a languid gloss. The rims of the annuli appear dark or black; and in some positions, some glares of white appear, which perhaps is owing to its being covered with a silky down. The *wings* are of the colour of thin or pale Indian ink, without spots. The *legs* are black. The female lays her eggs on any flesh, whether putrid or not, which produces the maggots seen in dead carcases, and are what the anglers term gentles. The flies are vulgarly called blue-bottles. See Linn. Mus. 67.

VOMITORIA. *Fig.* 18. *Mesure sept lignes.*

Le *fronteau* est brun; les *bandeaux* couleur de fer; la *bouche* d'un brun clair. Le *corselet* est gris de fer. L'*abdomen* est d'un magnifique bleu, & d'un lustre foible. Les bords des anneaux paroissent obscurs ou noirs; & à différentes positions, paroissent plusieurs lueurs d'un gris clair, qui peut-être proviennent de ce qu'il est couvert de soie comme du velour. Les *ailes* sont couleur d'encre à la Chine pâle, sans tache. Les *jambes* sont noires. La femelle pond ses œufs sur la viande corrompue ou fraiche; ce qui produit les petits vers qu'on voit dans les corps morts. C'est ce que les pêcheurs appellent *gentles*. Cette mouche est vulgairement appellée *blue-bottle*, bouteille bleue. Voyez Lin. Mus. 67.

AGILIS. *Fig.* 19. *Measures four lines.*

The *fillets* are light ash-colour. The *larger eyes* are red-brown; *thorax*, of a dirty black and glossy. The *abdomen* is black and glossy, but in some directions some belts of light grey appear near the edge of each annulus. It is somewhat long and tapering, inclining down or inward. The *wings* are without spots or marking. The *legs* are black.

AGILIS. *Fig.* 19. *Mesure quatre lignes.*

Les *bandeaux* sont couleur de cendre claire. Les *grands yeux* sont d'un rouge brun. Le *corselet* est d'un noir sale & lustré. L'*abdomen* est un peu long, diminuant, & inclinant intérieurement au bout; il paroît noir & lustré, avec une lueur de couleur grise claire, proche des bords de chaque anneau. Les *jambes* sont noires.

RUTILLUS. *Fig.* 20. *Measures six lines.*

The *fillets* are of a dark grey, and glossy. The *larger eyes* are brown. The *thorax* is of an iron grey, having two dark lines down the upper part. The *abdomen* is of a fine dark brownish red, and hath a fine polish, but is darkest down the middle of the upper part: on each side, close to each of the two middle sections, appears a small white mark, which goes entirely round the under part.

The *legs* are long, and of an orange-colour. The *wings* are a little tinged with brown.

RUTILLUS. *Fig.* 20. *Mesure six lignes.*

Les *bandeaux* sont d'un gris obscur, & lustré. Les *grands yeux* sont bruns. Le *corselet* est gris de fer, a deux lignes obscures le long de la partie supérieure. L'*abdomen* est d'un beau brun rouge obscur, bellement poli, & noir le long de la partie supérieure. Aux côtés, proche de chaque bord des sections du milieu, paroît une petite marque blanche qui passe entièrement la partie de dessous. Les *jambes* sont longues, couleur d'orange. Les *ailes* sont un peu teintes de brun.

This ſcarce and curious fly was found by the ſide of a wood in a low valley, where was a pond, nearly full of flags and ruſhes, on which they ſeem to be fond of ſettling.

Cette curieuſe mouche a été trouvée près d'un bois, dans une baſſe vallée où il y avoit un étang plein de jones, ſur leſquels il paroît qu'elles aiment à ſe repoſer.

CÆSAR. *Fig.* 21. *Meaſures near ſix lines.*

The *larger eyes* are of a red brown. The *thorax, ſcutulum*, and *abdomen*, are of a beautiful and bright blue-green, and appear as if highly poliſhed. The *legs* are black. The *wings* are of a lead colour. It is fond of ſettling on dung, or any putrid carcaſe, and is vulgarly called the Spaniſh fly. See Lin. Mus. 64.

CÆSAR. *Fig.* 21. *Meſure ſix lignes.*

Les *grands yeux* ſont d'un rouge brun. Le *corſelet, ſcutulum* & *abdomen*, ſont d'un magnifique bleu vert, & du plus beau luſtre. Les *jambes* ſont noires. Les *ailes* couleur de plomb. Elle aime à ſe repoſer ſur le fumier, ou autre matière putride. On l'appelle vulgairement *mouche d'Eſpagne*. Voyez Linn. Mus. 64.

VOMITORIA MINIMUS. *Fig.* 22. *Meaſures three lines.*

The *larger eyes* are brown. The *thorax* is of a dark iron grey. The *abdomen* is of a fine deep blue; *legs*, black. It is like the Vomitoria, except that the *abdomen* has not the white glares.

VOMITORIA MINIMUS. *Fig.* 22. *Meſure trois lignes.*

Les *grands yeux* ſont bruns. Le *corſelet* eſt gris de fer foncé. L'*abdomen* eſt d'un beau bleu foncé. Les *jambes* noires. Elle eſt ſemblable au Vomitoria, excepté que l'abdomen n'a pas ces nuances blanches.

FULGES. *Fig.* 23. *Meaſures near ſix lines.*

Fillets white. The *larger eyes* brown. The *thorax, ſcutulum*, and *abdomen*, are of an exceeding bright and refulgent graſs green, and of an high poliſh, very beautiful to behold. The *legs* are black. The *wings* a little duſky. This ſpecies ſeldom are ſeen but in fields, near woods.

FULGES. *Fig* 23. *Meſure preſque ſix lignes.*

Les *bandeaux* ſont blancs; les *grands yeux* brun. Le *corſelet, ſcutulum* & l'*abdomen* ſont d'un magnifique vert d'herbe, d'un grand luſtre, charmant à l'œil. Les *jambes* ſont noires. Les *ailes* un peu obſcures. On ne voit cette eſpèce que dans les champs, près des bois.

TAB.

TAB. XXVI.

HEMIPTERA. CIMEX.

VIRIDIS. *Fig.* 1. *Measures seven lines.*

THE *head*, *thorax* and *scutulum*, together with the testaceous part of the upper wing, are of a dull green. The *under side* is of a light yellow green. The *abdomen* beneath the wings is black, and bordered with green. Found in woods, on oak leaves.

VIRIDIS. *Fig.* 1. *Mesure sept lignes.*

LA *tête*, le *corselet* & *scutulum*, avec les parties dures des ailes supérieures, sont d'un vert obscur. Le *dessous* est d'un jaune vert, clair. L'*abdomen* dessous les ailes est noir, & bordé de vert. Elle se trouve dans les bois, sur les feuilles de chêne.

PABULINUS. *Fig.* 2. *Measures eight lines.*

The *antennæ*, *thorax*, *scutulum*, and testaceous part of the upper wings, are of a fine yellow green. The *shoulders* are prominent, each forming a bluntish point, which is tipt with brown. The *head* is yellowish, and there is a yellow streak a little above on the *thorax*. The *abdomen* is of a fine scarlet, each annulus having a triangular black mark on each side. The *under side* and *legs* are yellow-green. Fond of settling on the lime-trees in meadows.

PABULINUS. *Fig.* 2. *Mesure huit lignes.*

Les *antennes*, le *corselet*, *scutulum*, & les parties dures des ailes, sont d'un beau jaune vert. Les *épaules* sont prédominantes, formant une pointe émoussée touchée de brun. La *tête* est jaunâtre, & il y a une petite raie jaune un peu au-dessus du *corselet*. L'*abdomen* est d'un bel écarlate ; chaque anneau a une marque noire, triangulaire aux côtés. Le *dessous*, & les *jambes*, sont d'un jaune vert. Cette espèce aime à se reposer sur les tilleurs, dans les prairies.

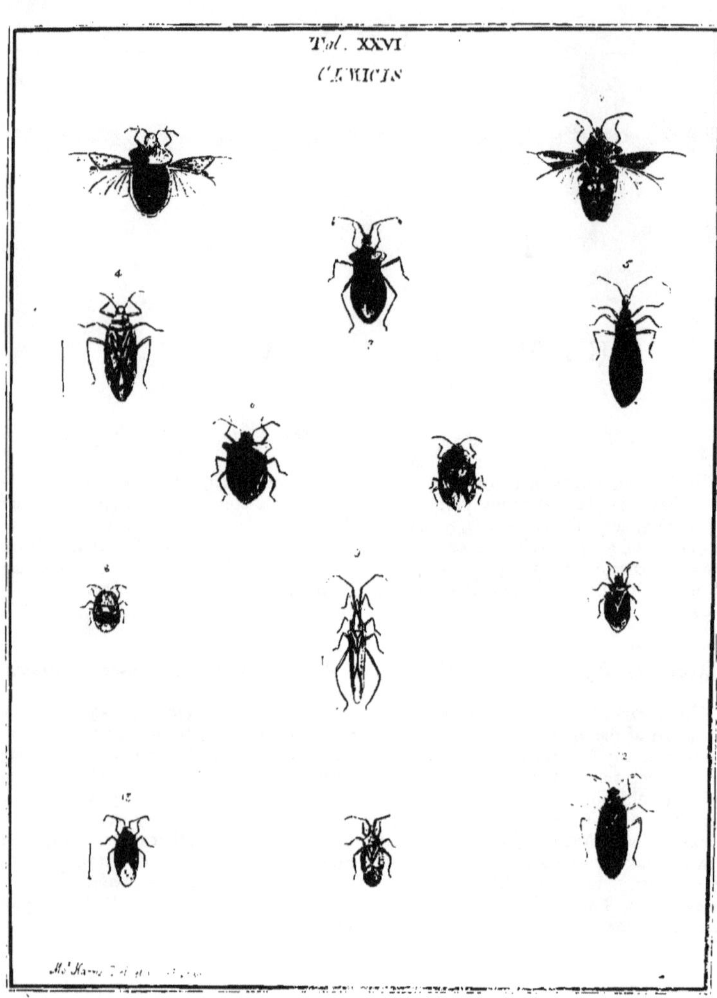
Tab. XXVI
CIMICIS

Tipularius. *Fig.* 3. *Meaſures eight lines.*

The *antennæ* are orange-coloured, except the knobs at the end, which are black. The reſt of the exterior parts are brown, like the colour of a dead leaf. The *abdomen* under the wings is of an orange colour, margined with brown. They are generally found in woods, on oaks.

Tipularius. *Fig.* 3. *Meſure huit lignes.*

Les *antennes* ſont couleur d'orange, excepté les boutons du bout, qui ſont noires; les autres parties extérieures ſont brunes, ou couleur d'une feuille morte. L'*abdomen* ſous les ailes eſt couleur d'orange, bordé de brun. On les trouve généralement ſur les chênes, dans les bois.

Pulligo. *Fig.* 4. *Meaſures five lines and an half.*

The *antennæ* are like briſtles. The *thorax* is triangular, and of a pale orange brown colour; the teſtaceous part of the upper wings are of the ſame colour, having ſeveral black ſtreaks which lie down the wing lengthways. The *ſcutulum* is of a fine yellow colour.

Pulligo. *Fig.* 4. *Meſure cinq lignes & demie.*

Les *antennes* reſſemblent à des ſoies. Le *corſelet* eſt triangulaire, & couleur d'orange brun pâle. La partie dure des *ailes ſupérieures* eſt de la même couleur, avec pluſieurs raires noires le long des ailes. Le *ſcutulum* eſt d'un beau jaune.

Anulala. *Fig.* 5. *Meaſures eight lines.*

The *head* is very ſmall. The *neck* long and narrow. The *antennæ* are ſmall, and diminiſh to a fine filament, ſcarcely ſo diſcernible as a hair. Adjoining to the neck is a part of the thorax, which is black and ſhining, having two prominent riſings about the ſize of a poppy ſeed. The reſt of the thorax is of a chocolate or very dark brown, as are all the reſt of its parts.

Anulala. *Fig.* 5. *Meſure huit lignes.*

La *tête* eſt fort petite. Le *cou*, long & étroit. Les *antennes* ſont petites, & diminuent de la fineſſe d'un cheveu. Une partie du *corſelet* joignant au cou eſt noire & luiſante, a deux boutons environ de la groſſeur d'un grain de pavot. Le reſte du corſelet eſt d'un brun ſoncé, ou couleur de chocolat, comme toutes ſes autres parties.

Rufipes. *Fig.* 6. *Meaſures ſix lines.*

The *antennæ* are ſpotted with black, and knobbed at the ends. The *head*, *thorax*, and hard or teſtaceous part of the wings, are of a dark brown olive, except the tip or point of the *ſcutulum*, which is red. The *belly* and *legs* are orange. The *abdomen* beneath the wings is black, the margin red, ſpotted with black. The ſhoulders are prominent, and ſquare at the end.

Rufipes. *Fig.* 6. *Meſure ſix lignes.*

Les *antennes* ſont tacheteés de noir, & retrouſſées aux bouts. La *tête*, le *corſelet* &. les parties dures des ailes, ſont d'un brun obſcur, excepté le bout du *ſcutulum*, qui eſt rouge. Le *ventre* & les *jambes* ſont orange. L'abdomen deſſous les ailes eſt noir. Le bord rouge tacheté de noir. Les épaules ſont fort prédominantes & quarrées aux bouts.

Subater,

SUBATER. *Fig.* 7. *Meaſures five lines.*

The *antennæ* are clubbed at the ends. The *head, thorax*, and the reſt of the upper parts, are of a pleaſant brown, except the tip or point of the ſcutulum, which is yellow. The *abdomen*, beneath the wings, is black, and the margin chequered with black and yellow. The under ſide of the teſtaceous part of each of the upper wings are of a beautiful crimſon red.

SUBATER. *Fig.* 7. *Meſure cinq lignes.*

Les antennes ſont retrouſſées aux bouts. La *tête*, le *corſelet* & les autres parties ſupérieures ſont d'un joli brun, excepté la pointe du *ſcutulum* qui eſt jaune. L'*abdomen* ſous les ailes eſt noir, & la bordure eſt tachetée de noir & de jaune. Les *côtés de deſſous* de la partie dure des ailes ſupérieures, ſont d'un magnifique cramoiſi rouge.

NUBILOSA. *Fig.* 8. *Meaſures four lines.*

The *antennæ* are thick at the ends and black. The *thorax* is black, having a yellow mark on each ſhoulder. The *ſcutulum* and wings black, prettily clouded with white. Commonly ſeen in May, on herbs which grow on banks.

NUBILOSA. *Fig.* 8. *Meſure quatre lignes.*

Les *antennes* ſont retrouſſées aux bouts, & noires. Le *corſelet* eſt noir, a une marque jaune ſur chaque épaule. Le *ſcutulum* & les ailes ſont noires, joliment nuagées de blanc. Vue communément dans le mois de Mai, ſur les herbes qui croiſſent le long des haies.

PALLIDUS. *Fig.* 9. *Meaſures four lines.*

The *antennæ* diminiſh at the ends to a thread as fine as a hair. It is wholely of a pale wainſcot colour. The *thighs* of the hind legs are remarkably long, and the inſect is long and narrow.

PALLIDUS. *Fig.* 9. *Meſure quatre ligues.*

Les *antennes* diminuent aux bouts de la fineſſe d'un cheveu, entièrement d'un couleur pâle de chêne. Les *cuiſſes* des jambes de derrière ſont remarquablement longues; & l'inſect eſt long & étroit.

RUBENS. *Fig.* 10. *Meaſures four lines.*

The *antennæ* are ſmall at the extremities, and of a black colour. The *head* is red, having a ſmall black ſpot thereon. The *thorax*, black; the *ſcutulum*, red. The hinder part of the upper wings are of a dark orange red, clouded with black, having an orange-coloured ſpot at the tip of each of the hard parts. The under ſide is black. The *wings* orange, clouded with black.

RUBENS. *Fig.* 10. *Meſure quatre lignes.*

Les *antennes* ſont petites aux extrémités, & noires. La *tête* eſt rouge, a une petite tache noire au-deſſus. Le *corſelet* eſt noir; le *ſcutulum* rouge. Le derrière des ailes ſupérieures eſt orange rouge foncé, nuagé de noir, avec une tache coleur d'orange au bout de chaque partie dure. Le *deſſous* eſt noir. Les *ailes* couleur d'orange, nuagée de noir.

MELINUS. *Fig.* 11. *Meaſurs four lines.*

The *antennæ* are ſhort; the joints at the extremities ſmall and ſhort. The *head, thorax*, and teſtaceous parts of the wings, are

MELINUS. *Fig.* 11. *Meſures quatre lignes.*

Les *antennes* ſont courtes; les jointures aux extrémités, petites & courtes. La *tête*, le *corſelet*, & les parties dures des *ailes*, ſont d'orange

Tab XXVII
LIBELLULÆ
1
2
Mo[s] Harris del. et sculp[t]

of a light orange colour; but the tips or points of the latter seem broken or separated from the rest of the wing, and are of a bright red colour; beneath which, on the membranaceous part, are two yellow spots, separated by a black mark. Under side of the *abdomen*, black. The *legs* are orange, clouded with black.

d'orange clair; mais le bout ou la pointe de ces dernières paroît rompu ou séparé du reste des ailes, & sont de couleur rouge vive, au-dessous desquelles, sur les membranes, il y a deux taches jaunes séparées par une marque noire. Le dessous de l'*abdomen* est noir. Les *jambes* sont orange, nuagées de noir.

APTERUS. *Fig.* 12. *Measures five lines.*

The *antennæ* are black; the joint at the extremity is short and clubbed. The *head* is red. The *larger eyes*, and the real ones behind them, are black as the collar. The *thorax* is red, having an irregular double black spot on each shoulder. The *scutulum* is black, having a spot of red at the point in the form of a diamond or trapezium. The hard part of the upper wings is of a scarlet red colour, having a pretty large cloud of black on each, and a clouded border of black which surrounds the scutulum. The *under side* is red, regularly spotted with black. The legs are black.

APTERUS. *Fig.* 12. *Mesure cinq lignes.*

Les *antennes* sont noires; la jointure est retroussée, & courte à l'extrémité. La *tête* est rouge. Les *grands yeux*, & les réels derrière ceux-ci, sont noirs, de même que le collet. Le *corselet* est rouge, a une tache irrégulière ou double sur chaque épaule. Le *scutulum* est noir, a une tache rouge au bout en forme de diamand. La partie dure des *ailes supérieures* est couleur d'écarlate rouge, chacune ayant un nuage noir, & un bord nuagé de noir qui environne le scutulum. Le *dessous* est rouge, régulièrement tacheté de noir. Les *jambes* sont noires.

VIROR. *Fig.* 13. *Measures two lines.*

The *antennæ* are clubbed at the extremities, and the other parts are entirely of a light olive colour, or like the colour of bird-lime.

N. B. The cimices have all of them two stemmata or eyes placed immediately behind the two larger eyes; in some very small in appearance.

VIROR. *Fig.* 13. *Mesure deux lignes.*

Les *antennes* sont retroussées aux extrémités, & les autres parties sont couleur d'olive clair, ou couleur de glu.

TAB. XXVII.

LIBELLULÆ. WINGS EXPANDED.

COLUBERCULUS. *Fig.* 1. *Measures three inches and three quarters.*

THE *nose* yellow, having a line of black on the extremity. The *eyes* are of a brown olive. The *thorax* is of an olive brown.

COLUBERCULUS. *Fig.* 1. *Mesure trois pouces & trois quarts.*

LE *nez* est jaune, à l'extrémité duquel il y a une ligne noire. Les *yeux* sont d'un brun olive. Le *corselet* est olive brun.

brown. The *lateral ſtripes* are of a yellow green, and two very ſmall ſpots appear in the front part, of the ſame colour. The *beads* which lie between the ligatures of the wings on the back are yellow. The *abdomen* is of a fine mahogany brown, clouded with black; all the larger ſpots on it blue; the ſmall triangular ſpots are yellow. The *female* is like the male, except that all the ſpots on the *abdomen* are of a light yellow green. They were taken in copulation, and the *abdomen* was found full of eggs. They fly on commons, by hedge ſides, in June.

ÆNEA. *Fig.* 2. *Meaſures three inches.*

The *noſe* is green. The *larger eyes* are light brown. The *thorax* and *abdomen* are entirely of a beautiful green, very gloſſy and brilliant. The *wings* are of a faint amber colour, but of an orange colour near the ligaments. The *legs* are black. See Lin. Libellula Ænea. Ræſ. inſ. 2. t. 5. f. 2.

ASPIS. *Fig.* 3. *Meaſures near three inches.*

The *noſe* is green, browniſh in the front. The *larger eyes* are a pale blue ſlate-colour. The *thorax* is of a beautiful and deep blood-red; the lateral ſpots are light green. The *wings* are of a light amber colour, but ſtrongeſt in colour on the ſector edges. The *abdomen* is black, and the ſpots thereon are yellow: thoſe on the upper part are very ſmall; thoſe on the ſides are very large, and very ſquare near the thorax, but diminiſh in ſize as they approach toward the tail. This is a female, and taken in May, near a wood.

brun. Les *raies latérales* ſont d'un jaune vert, & deux petites taches de même couleur paroiſſent ſur le front du corſelet. Les *grains* ſur le dos entre les ligamens des ailes ſont jaunes. L'*abdomen* eſt d'un beau brun de mahogony, nuagé de noir; toutes les *plus grandes* taches de deſſus ſont bleu, & les petites triangulaires ſont jaunes. Elles volent dans les ruelles, le long des haies, en Juin. La *femelle* eſt comme le mâle, excepté les taches ſur l'abdomen, qui ſont d'un vert clair. Elles furent priſes enſemble, & l'abdomen étoit plein d'œufs.

ÆNEA. *Fig.* 2. *Meſure trois pouces.*

Le *nez* eſt vert. Les *grands yeux* ſont d'un brun clair. Le *corſelet* & l'*abdomen* ſont d'un magnifique vert, très-luſtré & brillant. Les *ailes* ſont d'une foible couleur d'ambre, mais couleur d'orange proche des ligamens. Les jambes ſont noires. Voyez Linn. Lib. Ænea. Ræſ. inſ. 2. t. 5. f. t.

ASPIS. *Fig.* 3. *Meſure près de trois pouces.*

Le *nez* eſt vert, brunâtre au front. Les *grands yeux* ſont d'un pâle bleuâtre, ou couleur d'ardoiſe. Le *corſelet* eſt d'un très-beau rouge de ſang foncé. Les taches aux côtés ſont d'un vert clair; les *ailes* couleur d'ambre clair, très-fortes proche du bord tranchant. L'*abdomen* eſt noir, & toutes les taches ſont jaunes. Celles des parties ſupérieures ſont très-petites. Celles des côtés ſont larges & preſque quarrées proche du *corſelet*; elles diminuent proche de l'anus. Celle-ci eſt femelle, & priſe en Mai, près d'un bois.

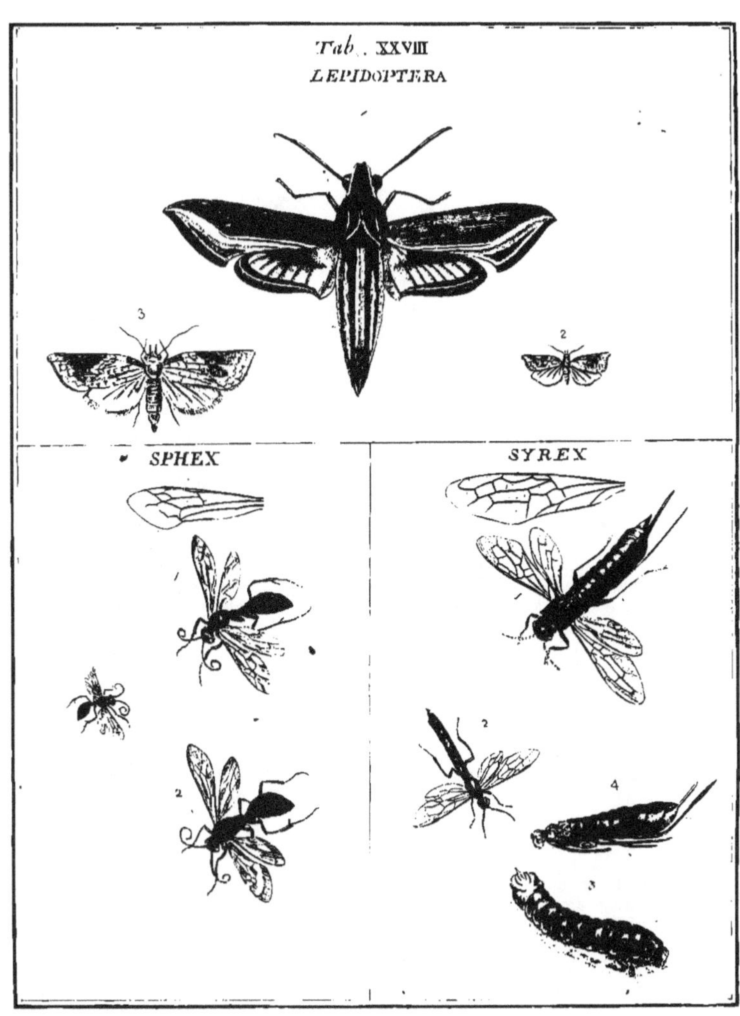
Tab. XXVIII
LEPIDOPTERA
3
2
SPHEX
1
2
SYREX
1
2
4
3

TAB. XXVIII.

LEPIDOPTERA. PHALÆNA.

INQUILINUS. *Fig.* 1. *Expands near three inches.*

THE *eyes* are of a dark olive brown, over each of which is a line of a browniſh white colour. The *head* and *thorax* are of an olive brown, daſhed with ſtreaks of dark or dirty brown. The *antennæ* are thick towards the extremity like a club, but ſharp and hooked at the end, and of a pale brown colour. The *ſuperior wings* are of an olive brown colour, and with irregular ſtreaks of black nearly parallel. The *fan edges* have a broadiſh border of a duſky brown colour. A broad ſtripe or band of a cream colour ariſeth on the *ſlip edge* near the thorax, and proceeding from thence in a parallel, till over the lower corner of the wing, then turning a little upward, ends at the apex or tip. Between this line and the lower corner is, by this means, formed a triangle, which is of a lightiſh brown, and which contains a leſſer triangle of a darkiſh brown. The *inferior wings* are of a paliſh roſy hue, having a darkiſh cloud in the middle, and a double broad border of brown on the fan-edge. The *abdomen* is of a pale brown, darkiſh towards the upper part; down the middle is a broad light-coloured liſt from the thorax to the anus, which is ſharp or pecked: this ſtripe or liſt hath an occult dotted

INQUILINUS. *Fig.* 1. *Déploie ſes ailes près de trois pouces.*

LES *yeux* ſont d'olive brun foncé, au-deſſus deſquels il y a une ligne couleur de brun blanc. La *tête* & le *corſelet* ſont olive brun, avec de foibles raies d'un brun obſcur ou ſale. Les *antennes* proche des extrémités ſont retrouſſées comme les autres de cette eſpèce, & couleur d'un pâle brun. Les *ailes ſupérieures* ſont couleur d'olive brun, avec des raies noires irrégulières, preſque parallèles. Les *bords d'évantails* ont un large bord brun obſcur. Une large raie, ou bande, couleur de crême, ſur le bord gliſſant proche du corſelet, & procédant parallèlement au bord tranchant, paſſe le coin de deſſous de l'aile, alors tournant un peu en deſſus finit au bout de l'aile. Entre cette ligne, & le coin du bas, ſe forme un triangle d'un brun clair, & contient un plus petit triangle d'un brun obſcur. Les *ailes inférieures* ſont d'un teint de roſe pâle, avec un nuage obſcur au milieu, & un large double bord brun, aux bords d'évantails. L'*abdomen* eſt d'un brun pâle, un peu obſcur vers la partie ſupérieure. En bas le milieu, il y a une large bande claire du *corſelet* à l'*anus*, qui a une ligne noire occulte, picotée le long du milieu. L'*abdomen* finit en pointe aiguë à l'anus. Cette raie a une ligne occulte

dotted line down the middle. Was taken in Bunhill Fields, the latter end of July 1779 by a gentleman, who gave it to a Mr. Ellis, of George-ſtreet, Foſter-lane, Cheapſide, who ſet it, and afterwards gave it to Mr. Francillon, about the middle of Auguſt, out of whoſe curious and valuable collection I had it to draw.

Fig. 2. and 3. Expands eight lines.

The *antennæ* are like ſmall threads. The *head, thorax,* and *abdomen,* are of a cream colour, without any markings. The *ſuperior* wings are alſo of a cream colour, prettily reticulated with dark brown, ſomething like net-work. An irregular brown cloud covers a good part of the wing near the middle, in which, on the ſector edge, is a ſmall cream-coloured ſpot, having a black ſpeck in the middle. It is repreſented at fig. 2. of its natural ſize, and as ſeen through a magnifier at 3. that its parts and markings may be ſeen more diſtinctly.

occulte le long du milieu. Fut pris dans *Bunhill Fields*, ſur la fin de Juillet en 1779, par un gentilhomme qui le donna à Monſ. Ellis, de *George-ſtreet, Foſter-lane, Cheapſide*, qui le deſſina, & enſuite le donna à Monſ. Francillon au milieu d'Août ſuivant. C'eſt de cette curieuſe & eſtimable collection que l'auteur l'a deſſiné.

Fig. 2. & 3. Déploie ſes ailes huit lignes.

Les *antennes* ſont comme de petits filets. La *tête*, le *corſelet* & l'*abdomen* ſont couleur de crême ſans tache. Les *ailes* ſupérieures ſont auſſi couleur de crême, joliment réticulée, d'un brun obſcur reſſemblant à un ouvrage de filet. Un nuage brun irrégulier couvre près du milieu une bonne partie de l'aile, dans laquelle, près du bord tranchant, il y a une petite tache couleur de crême qui a un point noir dans le milieu. Il eſt repréſenté à la fig. 2. de ſa grandeur naturelle, & comme vue au microſcope à 3. afin de voir plus diſtinctement ſes parties & ſes marques.

HYMENOPTERA. SPHEX.

A wing of the Sphex carefully delineated.

Une aile du Sphex ſoigneuſement deſſinée.

PERTURBATUR. *Fig.* 1. *Meaſures eleven lines.*

THE *head* is black. The *larger eyes* are black and gloſſy. The *thorax* and *legs* are black, having a languid gloſs. The *abdomen* is of an orange colour, except the anus, or end, which is black. The *wings* are of a duſky brown.

PERTURBATUR. *Fig.* 1. *Meſure onze lignes.*

LA *tête* eſt noire. Les *grands yeux* ſont noirs & luſtrés. Le *corſelet* & les *jambes* ſont noires d'un foible luſtre. L'*abdomen* eſt couleur d'orange, excepté l'anus, ou le bout, qui eſt noir. Les *ailes* ſont d'un brun obſcur.

VAGUS. *Fig.* 2. *Meaſures eleven lines.*

The *head* is black. The *larger eyes* are of horn colour. The *thorax* and *legs* black. *Abdomen* red. The *wings* of a ſmoky or duſky colour, having a dark border on the fan edge, about a line broad. It is generally found digging a hole in ſand-banks, where they hide or conceal the prey for their young.

VAGUS. *Fig.* 2. *Meſure onze lignes.*

La *tête* eſt noire. Les *grands yeux* couleur de corne. Le *corſelet* & les *jambes* ſont noires. L'*abdomen* eſt rouge. Les *ailes* obſcures ont un bord d'un brun obſcur au bord d'évantail, environ la largeur d'une ligne. On les trouve généralement creuſant dans des bancs de ſable, où elles cachent leurs proies pour leurs petits.

REVO. *Fig.* 3. *Meaſures five lines.*

The *head* and all the other parts are black, except the *abdomen*, which is of an orange-red. The *anus*, or tip of the tail, black. The *wings* are brown, having a white ſpot near the tip or apex of each.

REVO. *Fig.* 3. *Meſure cinq lignes.*

La *tête* & toutes les autres parties ſont noires, excepté l'*abdomen*, qui eſt couleur d'orange. L'*anus* ou la pointe de la queue eſt noir. Les *ailes* ſont brunes, & ont chacune une tache blanche près du bout.

HYMENOPTERA. SIREX.

A Wing of the Sirex, with its Tendons, carefully delineated.

Hath the Stemmata, or little eyes.

Aile du Sirex, avec ses Tendons, soigneusement dessinée.

Elles ont des Stemmata, ou petits yeux.

TORVUS. *Fig.* 1. *Measures one inch and a quarter.*

THE *antennæ* are brown. The *head, thorax*, and *abdomen*, are of the colour of polished steel, when blue'd over the fire. The *thorax* hath two sharp points, one at each shoulder. The *abdomen* forms a sharp point at the anus, beneath which is a bivalve tube, which seems as a sheath to an instrument proceeding from the middle of the belly, which extends to the end of the above tube, and is about eight lines in length. The *legs* are of a light orange. The *wings* are of a pale amber colour, and the tendons very conspicuous. The *caterpillar*, fig. 3. feeds on rotten wood, and, when full fed, changes to the larva, seen at 4. and the insect above described comes forth in June. The author had some doubts of this being the *Juveneus* in Linn. Sirex 4.

TORVUS. *Fig.* 1. *Mesure un pouce & un quart.*

LES *antennes* sont brunes. La *tête*, le *corselet* & l'*abdomen* sont couleur d'acier poli bleui au feu. Le *corselet* a deux pointes aiguës, une à chaque épaule. L'*abdomen* forme une pointe aiguë à l'anus, au-dessous duquel il y a une tube bivalve qui ressemble à une gaine d'instrument, procédant du milieu du ventre, & s'étend au bout de la tube ci-dessus, & est de la longueur d'environ huit lignes. Les *jambes* sont couleur d'orange clair. Les *ailes* sont couleur d'ambre pâle, & les *tendons* très-conspicueux. La *chenille*, fig. 3. se nourrit sur le bois pourri, & lorsque bien nourrie se change en larva. Vue à 4; & l'insecte ci dessus décrit paroît en Juin. L'auteur doute que c'est le *Juveneus* de Linn. Sirex 4.

NIGER. *Fig.* 2. *Measures about eight lines.*

The *antennæ, thorax* and *abdomen* are black, having a languid gloss. The *legs* are of a light orange brown. The *wings* are of a pale amber. The *abdomen* hath three white spots on each side, one on the second, one on the fourth, and another on the fifth *annulus*.

NIGER. *Fig.* 2. *Mesure environ huit lignes.*

Les *antennes*, le *corselet* & l'*abdomen* sont noirs, & d'un foible lustre. Les *jambes* sont d'orange brun clair. Les *ailes* sont couleur d'ambre pâle. L'*abdomen* a trois taches blanches à chaque côté, une sur le second, une sur le quatrième, & une autre sur le cinquième *anneau*.

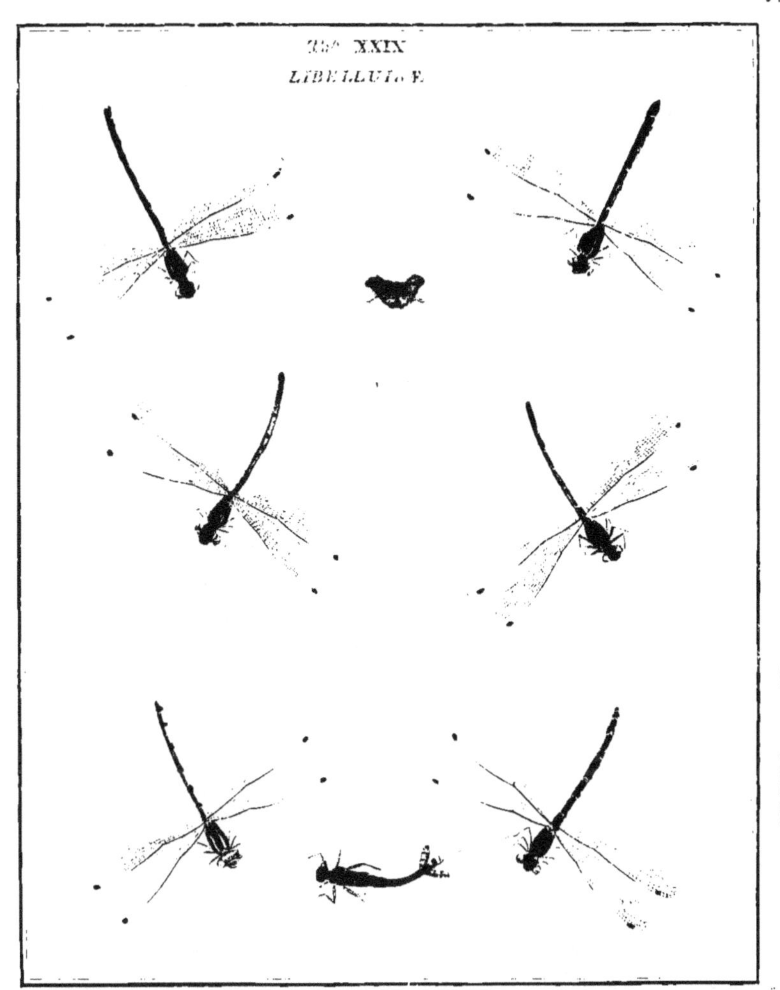
XXIX
LIBELLULÆ

TAB. XXIX.

LIBELLULÆ. *Wings closed when at rest.*

GENERICAL CHARACTERS.

They have the three eyes placed in a triangular form, on the crown of the head. See fig. a.

CARACTÈRES GÉNÉRAUX.

Elles ont les trois yeux en forme triangulaire au-dessus de la tête. Voyez fig. a.

MINIUS. *Fig. 1. and 2. Measures one inch and an half.*

THE *nose* is of pale greenish brown, having two black streaks parallel to each other, and the chaps beneath, which are also black. The upper part of the *larger eyes* are of a fine golden or copper colour. The *crown of the head* is of a dark olive. The *thorax* is of very deep green, having two stripes of yellow on each side. The *wings* are a little tinged with a pale greenish brown: the several portions of the abdomen are red as blood, and are divided or separated with a ring of black, and another of yellow, and hath a fine small black line down the upper part from the thorax to the anus.

The male, shewn at fig. 2. is like the female in the *head, thorax,* and *wings*; but the *abdomen* is red. At the joint of each annulus is a fine black ring, as if separated with the stroke of a pen. Toward the end or anus

MINIUS. *Fig. 1. & 2. Mesure un pouce & demi.*

LE *nez* est d'un pâle brun verdâtre, avec deux raies noires parallèles l'une à l'autre. Les *mâchoires* de dessous sont aussi noires. La partie supérieure des *grands yeux* est d'une belle couleur dorée, ou de cuivre. Le dessus de la tête est d'olive obscur. Le *corselet* est d'un vert très-foncé, & a deux raies jaunes à chaque côté. Les *ailes* sont un peu teintes d'un brun verdâtre. Les différentes parties de l'abdomen sont aussi rouge que du sang, & sont divisées par un anneau noir, & un autre jaune. Elle a une jolie ligne noire fine le long de la partie supérieure du corselet à l'anus.

Le mâle démontré à la fig. 2. ressemble à la femelle par la *tête*, le *corselet* & les *ailes*; mais l'*abdomen* est rouge. A chaque jointe il y a un bel anneau noir, qui paroît séparé comme par un tiret de plume. Proche du bout

anus it has three black ſpots, a large one and two ſmall ones: the ſtripes on the thorax are red. Theſe were taken, April 26, in copulation.

bout ou de l'anus il a trois taches noires, une grande, & deux petites: les raies ſur le corſelet ſont rouges. Elles furent priſes le 26 Avril.

AEREUS. *Fig.* 3. *and* 4. *Meaſures one inch and a quarter.*

The *thorax* is of a pearl colour, marked with black, or very dark green. The *abdomen* on the upper part dark green, ſeparated at the joints with marks or rings of light blue. The *male*, at fig. 4. is a little leſs than the former. The *thorax* is of a tan colour, or light brown, ſtriated with dark green, nearly black. The *abdomen* is of a beautiful blue, jointed or marked at the end of each annulus with black. The *wings* quite clear, but do not ſhine; and when held againſt a dark place, they are of a deep ſullen indigo colour. They were found in copulation, May 6.

AEREUS. *Fig.* 3. *&* 4. *Meſure un pouce & un quart.*

Le *corſelet* eſt couleur de perle marqué de noir ou de vert très-foncé. La partie ſupérieure de l'*abdomen* eſt d'un vert foncé, ſéparé aux jointures d'un anneau d'un bleu clair. Le mâle à la fig. 4. eſt un peu plus petit que le premier. Le *corſelet* eſt de couleur brune claire, rayé d'un vert obſcur, preſque noir. L'*abdomen* eſt d'un magnifique bleu, a un cercle noir à chaque jointe. Les *ailes* entièrement claires, & ne ſont pas luiſantes; & lorſque vues dans une place obſcure, elles ſont de couleur d'indigo très-foncé. On les trouva enſemble en Mai 6.

LUCIFUGUS. *Fig.* 5. *and* 6. *Meaſures one inch and a quarter.*

The *head* and *thorax* are of a beautiful blue, marked with black. The *abdomen* is of a fine blue alſo, ſeparated at the joints with black. The male, ſee fig. 5. The *head* and *thorax* of a beautiful light green, marked with black. *Abdomen* very dark green, ſeparated at the joints with light blue green ſtrokes, or rings. Theſe were taken in the ſame ſituation with the two laſt, May 20.

Theſe breed in ſhallow ditches. A figure of the caterpillar is ſeen at (*b*). They are fond of playing about banks.

LUCIFUGUS. *Fig.* 5. *&* 6. *Meſure un pouce & un quart.*

La *tête* & le *corſelet* ſont d'un magnifique bleu, marqué de noir. L'*abdomen* eſt auſſi d'un beau bleu, ſéparé de noir aux jointes. La *tête* & le *corſelet* du mâle, à la fig. 5. eſt d'un magnifique vert clair marqué de noir. L'*abdomen* d'un vert foncé, ſéparé aux jointes par des cercles d'un bleu vert clair. Celles-ci furent auſſi priſes enſemble, Mai 20.

Elles multiplient dans de petits foſſés. On en voit la figure de la chenille à (*b*). Elles ſe divertiſſent le long des bancs.

TAB.

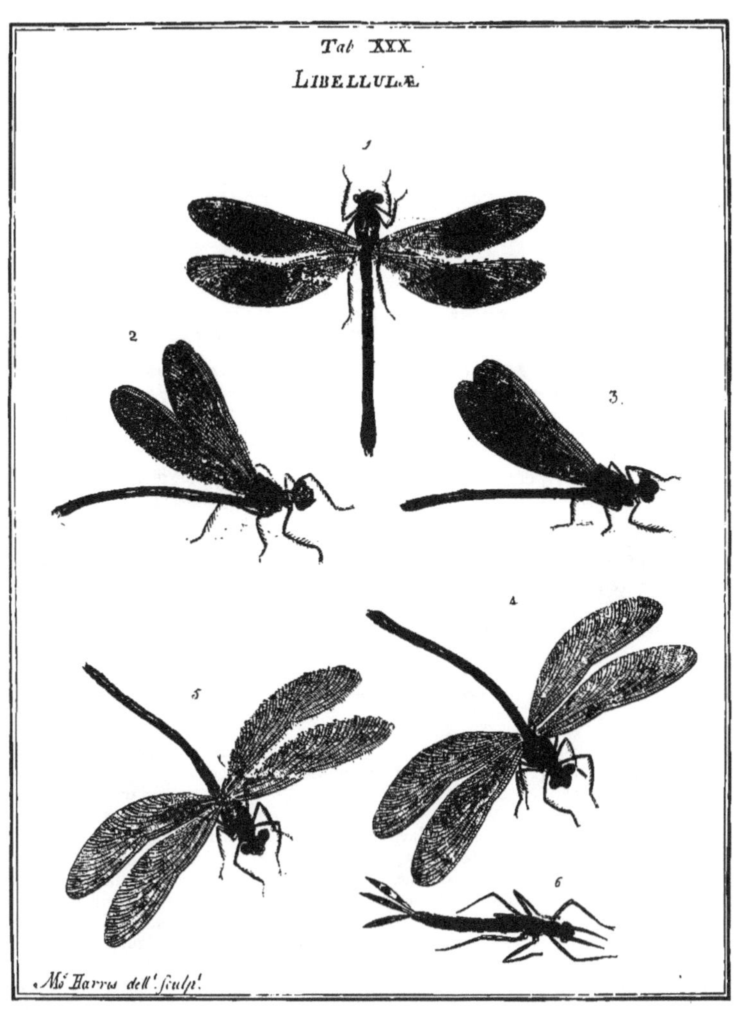
Tab XXX
LIBELLULÆ
1
2
3.
4
5
6
Mo Harris dell. sculp.

T A B. XXX.

LIBELLULÆ. *Wings closed when at rest.*

SPLENDENS. *Fig.* 1. *Measures near two inches.*

THE *head, thorax,* and *abdomen,* are of a most beautiful green. The *legs* are black. The *wings* are finely reticulated, and have in each a large dark brown cloud, about the size of a finger-nail, which in some directions appear of a lovely deep blue. The *libella,* at fig. 2. is only to shew a variation or sport of Nature (which, in the libellas, is common with her), as they are both of one species, and of the same sex. These are females. The *male* is seen at fig. 3: it is entirely of a fine green, except the *legs,* which are black. The *wings* look like green gauze.

SPLENDEO. *Fig.* 4. *Measures near two inches.*

The *head, thorax,* and *abdomen,* are of a fine deep blue green. The *wings* are of a tawny brown. The *male,* at 5, is of a beautiful yellow green, having a white speck near the end of each wing. A caterpillar belonging to this class is figured at 6. They, like the rest, breed in the water, where the eggs are deposited; they feed on other insects, and are very voracious. These and the former, on account of their brilliancy and richness of colours, are vulgarly called King-fishers. They frequent little rivulets, or ditches of running water, that are overshaded with bushes, by bank sides.

SPLENDENS. *Fig.* 1. *Mesure près de deux pouces.*

LA *tête,* le *corselet,* & l'*abdomen,* sont d'un très-beau vert. Les *jambes* sont noires. Les *ailes* sont bellement réticulées, & ont chacune un large nuage brun obscur, environ la largeur de l'ongle d'un doigt, qui dans quelques positions paroît d'un charmant bleu foncé. Le *libella,* à la fig. 2. ne sert qu'à montrer la variété de la Nature (qui lui est commune dans le *libella*). Elles sont toutes deux de la même espèce & du même sexe. Celles-ci sont femelles. On voit le mâle à la fig. 3. Il est entièrement d'un beau vert, excepté les *jambes* qui sont noires. Les *ailes* paroissent comme de la gaze verte.

SPLENDEO. *Fig.* 4. *Mesure près de deux pouces.*

La *tête,* le *corselet,* l'*abdomen,* sont d'un beau bleu vert foncé; les *ailes,* d'un brun obscur. Le mâle, à 5, est d'un magnifique jaune vert, a une tache blanche près du bout de chaque aile. La *chenille* de cette classe est dessinée à 6. Elles sont comme le reste de *libellas,* qui engendrent dans l'eau, où elles déposent leurs œufs. Elles se nourrissent d'autres insectes, & sont très-voraces. Celles-ci, & les premières, par rapport à leur brillant & la richesse de leurs couleurs, sont communément appellées *King-fishers.* Elles fréquentent les petits ruisseaux, ou fossés, d'eau courante, qui sont ombragés de buisson, le bord des hauteurs,

D E C A D. IV.

T A B. XXXI.

D I P T E R Æ. S Y L V I C O L Æ.

A Wing of the Sylvicolæ, with its Tendons, carefully delineated.

Une Aile de Sylvicolæ, avec ſes Tendons, ſoigneuſement deſſinée.

Generical Characters.

The abdomen hath ſeven annuli, excluſive of the anus. The head is flat, in form like a button; and the Male is diſtinguiſhed by the larger eyes being cloſed together, and in the Female's parted by a broad frontlet. The abdomen, wings, and legs, are long in proportion. The antennæ are ſcarcely viſible. Seem fond of ſolitary places and alone.

Caractères Généraux.

L'abdomen a ſept anneaux, excluſifs de l'anus. La tête eſt plate, en forme d'un bouton; & le Mâle eſt diſtingué par les grands yeux qui ſont proches l'un de l'autre, & ceux de la Femelle ſont ſéparés par un large fronteau. L'abdomen, les ailes, & les jambes, ſont longues à proportion. Les antennes ſont à peine viſibles. Elles aiment à être ſeules, & les places ſolitaires.

Solitarius. *Fig. 1. and 2. Meaſures ſix lines.*

THE *head* and *thorax* are of an aſh colour, the latter having three dark ſtripes down the upper part. The *abdomen* is of an orange colour, having a black round ſpot on each annulus. The *wings* are browniſh, having ſome ſmall dark clouds thereon, and one, in particular, nearly black, on the ſector edge. The *legs* are brown. The female is coloured, and marked like the male. They differ only in the head and *abdomen*, the lat-

ter

Solitarius. *Fig. 1. & 2. Meſure ſix lignes.*

LA *tête* & le *corſelet* ſont couleur de cendre; le dernier a trois raies noires le long de la partie ſupérieure. L'*abdomen* eſt couleur d'orange, a une ronde tache noire ſur chaque anneau. Les *ailes* ſont brunâtres, ont au-deſſus quelque petits nuages obſcurs, & un en particulier preſque noir au bord tranchant. Les *jambes* ſont brunes. La femelle eſt marquée, & de la même couleur que le mâle. Ils ne diffèrent que dans la

tête

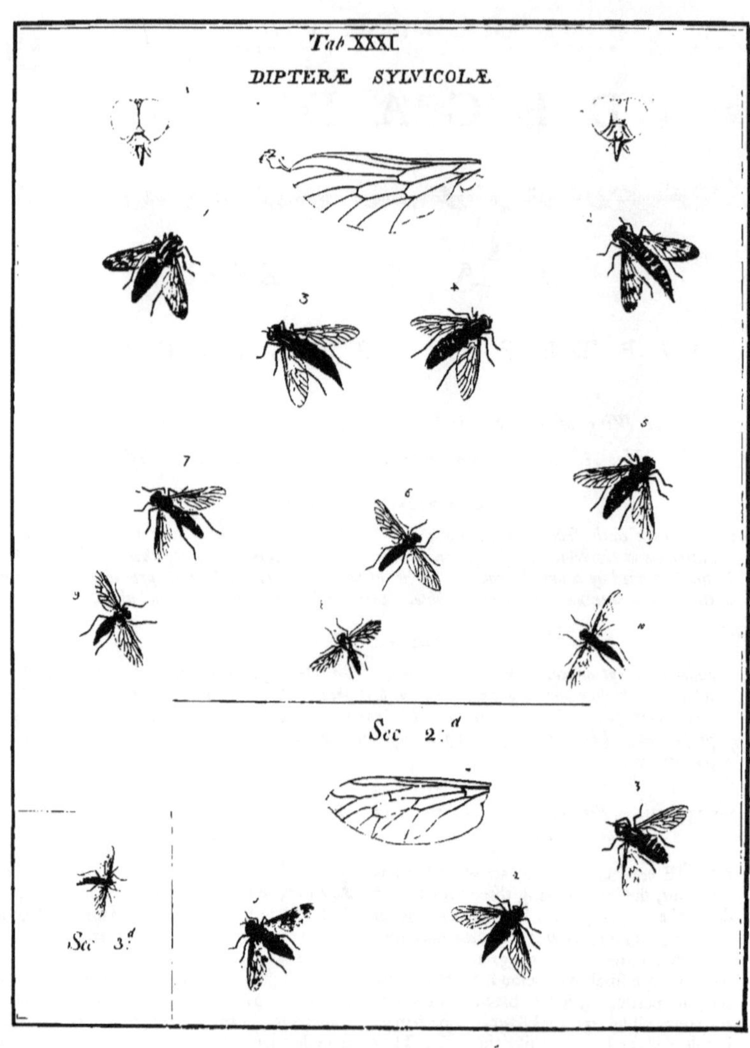
Tab XXXI
DIPTERÆ SYLVICOLÆ
Sec 2:d
Sec 3:d

ter of which, in the male, is blunt at the anus, and in the female diminiſhes to a ſharp-pointed trunk. They frequent ſhady places, againſt the bodies of trees, particularly lime-trees.

RECONDITUS. *Fig.* 3. *Meaſures ſix lines.*

The *head, thorax,* and *abdomen,* are of an orange colour, and plain. The *wings* are of an amber colour, and plain alſo.

SOLIVÀOUS. *Fig.* 4. *Meaſures ſix lines.*

The *head* and *thorax* are of a dirty orange, having two lightiſh ſtripes down the middle of the latter. The *abdomen* is of an orange colour, having a black ſpot on each annulus as the former. The *wings* are plain, without markings, but tinged with brown.

MONOTROPUS. *Fig.* 5. *Meaſures ſix lines.*

The *head* and *thorax* are of a dark aſh-colour, having two lightiſh lines down the upper part of the latter. The *abdomen* is of an orange colour, having a black ſpot on each annulus. The *wings* are clear, and without ſpots, except one on the ſector edge near the middle.

SECRETUS. *Fig.* 6. *Meaſures four lines.*

The *head* and *thorax* is of an aſhen brown. The *abdomen* is of a dark brown, nearly black. The *wings* are clear as glaſs, and without ſpots, except a faint one near the middle of the ſector edge.

tête & l'abdomen. Ce dernier dans le mâle eſt rebouché à l'anus, & dans la femelle il diminue en pointe. Elles fréquentent les places ombragées contre le corps des arbres, particuliérement les tilleuls.

RECONDITUS. *Fig.* 3. *Meſure ſix lignes.*

La *tête*, le *corſelet* & l'*abdomen* ſont couleur d'orange, & unis. Les *ailes* ſont auſſi unies, & couleur d'ambre.

SOLIVAGUS. *Fig.* 4. *Meſure ſix lignes.*

La *tête* & le *corſelet* ſont couleur d'orange ſale. Ce dernier a deux légères raies le long du milieu. L'*abdomen* eſt couleur d'orange; a, comme le premier, une tache noire ſur chaque anneau. Les *ailes* ſont unies ſans marques, teintes de brun.

MONOTROPUS. *Fig.* 5. *Meſure ſix lignes.*

La *tête* & le *corſelet* ſont couleur de cendre obſcure; ce dernier a deux lignes claires le long de la partie ſupérieure. L'*abdomen* eſt couleur d'orange, avec une tache noire ſur chaque anneau. Les *ailes* ſont claires, & n'ont qu'une tache près du milieu du bord tranchant.

SECRETUS. *Fig.* 6. *Meſure quatre lignes.*

La *tête* & le *corſelet* ſont d'un brun cendâtre. L'*abdomen* eſt d'un brun foncé, preſque noir. Les *ailes* ſont claires comme du verre, & ſans tache, excepté près du milieu du bord tranchant, où il y en a une très-foible.

DERELICTUS. *Fig.* 7. *Measures five lines.*

The *head* and *thorax* are brown. The *scutulum* is of an orange colour. The *abdomen* is alſo of an orange colour; having a black ſpot on each annulus. The *wings* are quite clear and free from ſpots.

DERELICTUS. *Fig.* 7. *Meſure cinq lignes.*

La *tête* & le *corſelet* ſont brun. Le *scutulum* eſt couleur d'orange. L'*abdomen* eſt auſſi couleur d'orange, avec une tache noire ſur chaque anneau. Les *ailes* ſont entièrement claires, & exemptes de taches.

CÆLEBS. *Fig.* 8. *Measures three lines.*

The *head* and *thorax* are of an orange colour, the latter having three black ſtripes upon it. The *abdomen* is alſo of an orange colour, having ſix black bars acroſs the upper part. The *wings* are clear, and prettily ſpotted.

CÆLEBS. *Fig.* 8. *Meſure trois lignes.*

La *tête* & le *corſelet* ſont couleur d'orange: ce dernier a ſur le deſſus trois raies noires. L'*abdomen* eſt auſſi couleur d'orange, avec ſix barres noires au travers de la partie ſupérieure. Les *ailes* ſont claires, & joliment tachetées.

MONACHUS. *Fig.* 9. *Measures three lines.*

The *head* and *wings* are black. The *scutulum* is orange, as is the *abdomen*, the latter having a black ſpot on each annulus. The *wings* are clear, and without ſpots.

MONACHUS. *Fig.* 9. *Meſure trois lignes.*

La *tête* & les *ailes* ſont noires. Le *scutulum* eſt orange, de même que l'*abdomen*, qui a une tache noire ſur chaque anneau. Les *ailes* ſont claires, & ſans tache.

SOLITANEUS. *Fig* 10. *Measures four lines.*

The *head* is dark brown. The *thorax* is alſo of a dark brown, ſtriped down the middle with black. The *abdomen* is of a dark brown, thinly covered with lightiſh hair. The *wings* are clear, having a duſky ſpot on the ſector edge.

SOLITANEUS. *Fig.* 10. *Meſure quatre lignes.*

La *tête* eſt d'un brun foncé. Le *corſelet* eſt auſſi d'un brun foncé, rayé de noir le long du milieu. L'*abdomen* eſt d'un brun obſcur, légèrement couvert de poil clair. Les *ailes* ſont claires, & ont une tache obſcure, au bord tranchant.

SECTION

SECTION II.

A Wing of this Section, with its Tendons, carefully delineated.

Une Aile de cette Section, avec ses Tendons, soigneusement dessinée.

MELANCHOLIA. *Fig.* 1. *Measures five lines.*

The *head*, *thorax*, *scutulum*, and the first annulus of the *abdomen*, are of a dirty ash-colour. The remaining part of the *abdomen* is of an orange colour, having some black spots down the middle. The *wings* are prettily dappled with brown spots.

MELANCHOLIA. *Fig.* 1. *Mesure cinq lignes.*

La *tête*, le *corselet*, le *scutulum*, & le premier anneau de l'*abdomen*, sont couleur de cendre sale. Le reste de l'*abdomen* est couleur d'orange, avec quelques taches noires le long du milieu. Les *ailes* sont joliment pommelées de brun.

UNICUS. *Fig.* 2. *Measures five lines.*

The *frontlet* and *mouth* are covered with yellowish hair over the *frontlet*: just below the three little eyes are two black shining studs. The *thorax* is of a dun olive colour and dull, having two pale or lightish lines down the middle. The *abdomen* is black and glossy at the part where the annuli sheathe one in another, but the outer verges are of a light olive. The *wings* are clear and without spots.

UNICUS. *Fig.* 2. *Mesure cinq lignes.*

Le *petit front* & la *bouche* sont couverts de poil jaunâtre au-dessus du fronteau: justement au-dessous des trois petits yeux il y a deux boutons noirs luisans. Le *corselet* est couleur d'olive tannée, a deux lignes pâles le long du milieu. L'*abdomen* est noir & lustré, aux parties que les anneaux se doublent, mais les verges du dehors sont d'un olive clair. Les *ailes* sont claires, & sans taches.

MONOS. *Fig.* 3. *Measures five lines.*

The *larger eyes* are of a copper colour. The *thorax* is of a dun olive colour, and meanly covered with hair. The *abdomen* is black and glossy, the outer verge of each annulus of a pale dirty buff: the *abdomen* is also shagged with hair on the sides. The *wings* are clear. The *legs* brown.

MONOS. *Fig.* 3. *Mesure cinq lignes.*

Les *grands yeux* sont couleur de cuivre. Le *corselet* est couleur d'olive tannée, & légèrement couvert de poils. L'*abdomen* est noir & lustré; l'extérieur de la verge de chaque anneau est d'un pâle brun foncé sale. L'*abdomen* est aussi velu aux côtés. Les *ailes* sont claires. Les *jambes* brunes.

SECTION III.

The Wings of this Section are entirely without that Tendon (pointed to by the Index), in the Wing of the first Section.

Les Ailes de cette Section n'ont point ce Tendon (marqué à l'Index), à l'Aile de la première Section.

Brevis. *Measures two lines.*

The *antennæ* are about the length of the head. The *thorax* is of a dirty olive. The *abdomen* and *legs* are of a pale brown. The *wings* are spotted about the middle with pale brownish spots.

Brevis. *Mesure deux lignes.*

Les *antennes* sont à peu-près de la longueur de la tête. Le *corselet* est d'un olive sale. L'*abdomen* & les *jambes* sont d'un brun pâle. Les *ailes* ont dans le milieu des taches brunâtres pâles.

TAB. XXXII.

MUSCÆ, Order III. Sect. II.

Illustratus. *Fig.* 32. *Measures six lines.*

The *larger eyes* are of a dark brown. The *thorax* is black and glossy, but the half toward the head is covered with short yellowish hair; the other half toward the scutulum is covered with black hair, and forms a black bar from the back ligament of one wing across to the other. The *scutulum* is covered with yellowish hair. The *abdomen* seems divided into three parts. The first toward the scutulum is bluish or lead-colour; the second division is black; and the tail part is of a bright orange. Each part is covered

Illustratus. *Fig.* 32. *Mesure six lignes.*

Les *grands yeux* sont d'un brun obscur. Le *corselet* est noir & lustré; mais la moitié proche de la tête est couverte de poils courts jaunâtres; l'autre moitié, proche du scutulum, est couverte de poils noirs, & forme une barre noire du ligament noir d'une aile au travers de l'autre. Le *scutulum* est couvert de poils jaunâtres. L'*abdomen* paroît divisé en trois parties. La première, près du scutulum, est bleuâtre, ou couleur de plomb; la seconde division est noire; & la queue est d'un orange vif. Chaque partie est couverte de

Tab. XXXII
Muscæ. Ord III. Sec. 2d.

covered with hair of their reſpective colours. The *wings* are clear, except a cloud in the middle of each. *Legs* black, cover'd with light hair. They viſit flowery banks and ditches in July.

de poils de leurs couleurs reſpectives. Les *ailes* ſont claires, excepté un nuage au milieu de chacune. Les *jambes* ſont noires, couvertes d'un poil léger. Elles viſitent les bords fleuris & les foſſés en Juillet.

Scitulus. *Fig.* 33. *Meaſures five lines.*

The *larger eyes* are of a dark red brown. The *thorax* is of a ſhining green olive, ſcantily covered with hair. The *ſcutulum* is of an orange colour. The *abdomen* is of a beautiful orange colour, having three double bars of black lying acroſs it; each double bar being compoſed of a broad one and narrow one, ſeparated by a yellow line. The *wings* are clear and ſhining. The caterpillar feeds on the cabbage, devouring the aphides on the under ſide of the leaves.

Scitulus. *Fig.* 33. *Meſure cinq lignes.*

Les *grands yeux* ſont d'un rouge brun foncé. Le *corſelet* eſt d'un gris d'olive luiſant, très-peu couvert de poil. Le *ſcutulum* eſt couleur d'orange. L'*abdomen* eſt d'une magnifique couleur d'orange, avec trois doubles barres noires au travers chaque double barre, étant compoſée d'une large & petite, ſéparée par une ligne jaune. Les *ailes* ſont claires & luiſantes. La *chenille* ſe nourrit ſur les choux, dévorant l'aphides ſous le deſſous des feuilles.

Eligans. *Fig.* 34. *Meaſures five lines.*

The *head* is brown. The *thorax* of a greeniſh orange and gloſſy, and meanly covered with orange-coloured hair. The *ſcutulum* is of an orange colour. The *abdomen* is black and very gloſſy, having a triangular ſtripe on the hip, of an orange colour, and a ſtripe of the ſame which croſſeth the middle of the abdomen. The wings are clear.

Eligans. *Fig.* 34. *Meſure cinq lignes.*

La *tête* eſt brune. Le *corſelet* d'orange verdâtre & luſtré, & chetivement couvert de poil couleur d'orange. L'*abdomen* eſt noir & fort luſtré, avec une tache triangulaire couleur d'orange ſur chaque hanche, & une raie de même, qui traverſe le milieu de l'abdomen. Les *ailes* ſont claires.

Nasatus. *Fig.* 35. *Meaſures four lines.*

This muſca is coloured like the Macrocephala in every reſpect, and might be taken for the ſame ſpecies; but the difference in their ſize, and in the times of their appearance, prove the contrary. This may be ſeen in April, and the other not till June.

Nasatus. *Fig.* 35. *Meſure quatre lignes.*

Cette mouche eſt colorée de même que le Macrocephala, & on pourroit la prendre pour la même eſpèce; mais la différence de leur grandeur, & le temps de leur apparence, en prouve le contraire. Celle-ci ſe voit en Avril, & l'autre pas avant Juin.

CORYDON. *Fig.* 36. *Measures seven lines.*

The *frontlet* and the rest of the face is black and glossy. The *larger eyes* are of a chocolate brown. The *thorax* and *abdomen* are black and glossy, the former covered with short brown hair, and the latter with red hair, but so scantily set as the glossiness is to be seen very plainly.

CORYDON. *Fig.* 36. *Mesure sept lignes.*

Le *frontal* & le reste de la face est noir & lustré. Les *grands yeux* sont d'un brun de chocolat. Le *corselet* & l'*abdomen* sont noirs & lustrés, le premier couvert de poil brun court, & le dernier de poil rouge, mais si rares qu'on en voit très-bien le lustre.

FUNEBRES. *Fig.* 37. *Measures six lines.*

The *larger eyes* are of a red chocolate colour. The *thorax* and *abdomen* are jet black, having a dead and languid gloss. The *wings* are of a dull heavy colour. The *legs* are also black.

FUNEBRES. *Fig.* 37. *Mesure six lignes.*

Les *grands yeux* sont couleur rouge de chocolat. Le *corselet* & l'*abdomen* sont d'un noir de jais, & d'un lustre foible. Les *ailes* sont obscures. Les *jambes* noires.

BLANDUS. *Fig.* 38. *Measures five lines.*

The *thorax* is of a dark blue olive colour, and appears finely polished. The *scutulum* is yellow. The *abdomen* is of a fine orange, having four black bars lying across it at equal distances. The first, which lies under the scutulum, and the next, are joined together by a little one in the middle. The *wings* are quite clear.

BLANDUS. *Fig.* 38. *Mesure cinq lignes.*

Le *corselet* est d'un bleu olive obscur, & paroît bellement poli. Le *scutulum* est jaune. L'*abdomen* est d'un bel orange, avec quatre barres noires au travers, de distance égale. La première, qui est sous le scutulum, & les suivantes, se joignent ensemble par une petite au milieu. Les *ailes* sont entièrement claires.

BARDUS. *Fig.* 39. *Measures five lines.*

The *head*, *thorax* and *abdomen* are of a dull languid gloss. The *wings* and *legs* are brown.

BARDUS. *Fig.* 39. *Mesure cinq lignes.*

La *tête*, le *corselet*, & l'*abdomen*, sont d'un foible lustre. Les *ailes* & les *jambes* sont brunes.

TARDITAS. *Fig.* 40. *Measures four lines.*

The *thorax* is of a dark brown and a little glossy, having four little lightish marks, hardly visible. The *scutulum* light brown. The *abdomen* is of a dark green, and hath

TARDITAS. *Fig.* 40. *Mesure quatre lignes.*

Le *corselet* est d'un brun obscur, & un peu lustré, avec quatre petites marques claires presque invisibles: le *scutulum* d'un brun clair. L'*abdomen* d'un vert obscur, & d'un

a languid glofs. The *wings* are clear, except a few fmall faint clouds about the middle of each.

SCITUS. *Fig.* 41. *Meafures four lines.*

The *mouth* is white. The *larger eyes* are of a chocolate. The *thorax* is black; as is the fcutulum. The *abdomen* is of an orange colour, except the firft and laft annulus, which are black. A black line alfo lies down the middle, from the firft to the laft annulus. The *wings* are very clear and without fpots. The *thighs* of the hinder legs are very thick.

TRISTOR. *Fig.* 42. *Meafures three lines.*

The *head*, *thorax*, *abdomen* and *legs*, are all of a heavy dull and languid black. On the firft annulus of the *abdomen*, next the fcutulum, are two fpots of an orange colour, one on each hip. The *wings* appear a little mifty in the middle.

FORMOSUS. *Fig.* 43. *Meafures fix lines.*

The *larger eyes* are of a copper-brown. The *thorax* is of a fine warm and dark olive; having three dark lines down the middle. The *fcutulum* is of a light orange-brown. The *abdomen* is of a fine orange, having four black bars lying acrofs it, and the two which are next the fcutulum are united in the middle by a fmall black line. The *wings* are quite clear and fpotlefs.

TIMEO. *Fig.* 44. *Meafures above four lines.*

The *thorax* is of a dark olive, and hath a dull golden glofs. The *fcutulum* is like burnifhed brafs. The *abdomen* is of an orange colour,

foible luftre. Les *ailes* font claires, excepté quelques petits nuages foibles dans le milieu de chacune.

SCITUS. *Fig.* 41. *Mefure quatre lignes.*

La *bouche* eft blanche. Les *grands yeux* couleur de chocolat. Le *corfelet* & le *fcutulum* font noirs. L'*abdomen* eft couleur d'orange, excepté le premier & le dernier anneau, qui font noirs: il y a auffi une ligne noire le long du milieu, du premier au dernier anneau. Les *ailes* font fort claires, & fans tache. Les *jambes* font noires. Les *cuiffes* des jambes de derrière font fort épaiffes.

TRISTOR. *Fig.* 42. *Mefure trois lignes.*

La *tête*, le *corfelet* & les *jambes* font d'un noir foible: fur le premier anneau de l'*abdomen*, près du fcutulum, il y a fur chaque hanche deux taches couleur d'orange. Les *ailes* paroiffent un peu nuagées au milieu.

FORMOSUS. *Fig.* 43. *Mefure fix lignes.*

Les *grands yeux* font brun de cuivre. Le *corfelet* eft d'un bel olive obfcur, avec trois lignes obfcures le long du milieu. Le *fcutulum* eft orange brun clair. L'*abdomen* eft d'un bel orange, avec quatre barres noires au travers; & les deux qui font proches du fcutulum font jointes au milieu par une petite ligne noire. Les *ailes* font entièrement claires, & fans tache.

TIMEO. *Fig.* 44. *Mefure quatre lignes.*

Le *corfelet* eft couleur d'olive obfcur, avec un luftre d'or pefant. Le *fcutulum* de cuivre bruni. L'*abdomen* eft couleur d'orange,

colour, having three bars of black acroſs the middle, and another croſſing theſe from the ſcutulum to the anus, dividing it into ſix ſquare orange-coloured ſpots. The *wings* are clear. Plays among flowers on bank-ſides or in meadows.

AGILITAS. *Fig.* 45. *Meaſures four lines.*

The *larger eyes* are of a copper brown. The *thorax* and *ſcutulum* are of a dark olive colour, having a fine poliſh. The *abdomen* is black, having ſix ſquare ſpots on it of an ivory colour, placed in pairs from end to end. The *legs* are ſhort. The *wings* quite clear.

DEXTER. *Fig.* 46. *Meaſures four lines.*

The *mouth* and *frontlet* is of a ſhining lead colour. The *larger eyes* a fine red brown. The *thorax* black and gloſſy. The *abdomen* is of a blue colour and gloſſy, though not ſo dark as blued ſteel; it hath three black bars lying acroſs it. The *legs* are brown. The *wings* quite clear. It plays about flowers, darting to and fro with a dexterity not to be deſcribed, as all thoſe of this order do, though not with equal abilities.

COMTUS. *Fig.* 47. *Meaſures ſix lines.*

The *head* is wider than the *thorax*. The *larger eyes* are of a copper-brown colour. The *thorax* is black, having a braſſy gloſs. The *ſcutulum* is the ſame. The *abdomen* for the two firſt annuli is black, having a round ſpot of orange-colour on each ſide; the other two are of an orange colour, verged with black. The *wings* appear tinged with brown.

range, avec trois barres noires qui traverſent le milieu, & une autre qui traverſe celles-ci du ſcutulum à l'anus, le diviſant en ſix taches quarrées couleur d'orange. Les *ailes* ſont claires. Se joue ſur les bancs fleuris, ou dans les prairies.

AGILITAS. *Fig.* 45. *Meſure quatre lignes.*

Les *grands yeux* ſont couleur de cuivre brun. Le *corſelet* & le *ſcutulum* ſont couleur d'olive foncé, & ont un beau poli. L'*abdomen* eſt noir, & a ſur le deſſus ſix taches quarrées couleur d'ivoire, placées par pair d'un bout à l'autre. Les *jambes* ſont courtes. Les *ailes* entièrement claires.

DEXTER. *Fig.* 46. *Meſure quatre lignes.*

La *bouche* & le *fronteau* ſont couleur de plomb luiſant. Les *grands yeux* d'un beau rouge brun. Le *corſelet* noir & luſtré. L'*abdomen* eſt bleu & luſtré, mais pas ſi obſcur que l'acier bleui: il a trois barres noires qui le traverſe. Les *jambes* ſont brunes. Les *ailes* entièrement claires. Elle ſe joue ſur les fleurs, & ſe lance avec une dex érité qui ne peut ſe décrire, comme toutes celles de cet ordre, quoique pas avec une agilité ſi égale.

COMTUS. *Fig.* 47. *Meſure ſix lignes.*

La *tête* eſt plus large que le *corſelet*. Les *grands yeux* ſont couleur de cuivre brun. Le *corſelet* eſt noir, a un luſtre cuivré; le *ſcutulum* de même. Les deux premiers anneaux de l'*abdomen* ſont noirs, avec une tache ronde couleur d'orange à chaque côté. Les deux autres ſont couleur d'orange, avec des lueurs noires. Les *ailes* paroiſſent teintes de brun.

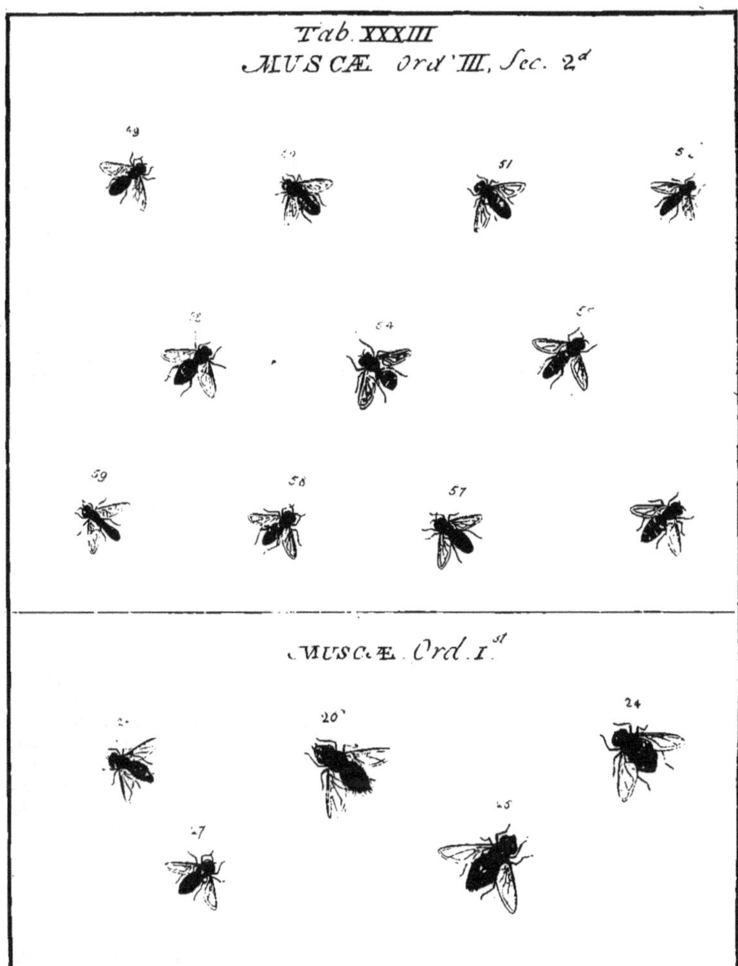
Tab. XXXIII
MUSCÆ Ord. III. Sec. 2d
49
51
57
58
59
MUSCÆ Ord. Ist
20
24

PIPIENS. *Fig.* 48. *Measures six lines.*

The *mouth* is a silver white. *Larger eyes* of a chocolate colour. The *thorax* on the upper side is of a dull black, but white on the sides. The *abdomen* is of a deep velvet black, having thereon six spots of a dullish white colour. The *wings* are clear. The *legs* are brown, and clouded with black like tortoise-shell. The hinder thighs are remarkably large. Frequents the flowers of mint and other flowers. See Linn. M. 56.

PIPIENS. *Fig.* 48. *Mesure six lignes.*

La *bouche* est d'un blanc d'argent. Les *grands yeux* couleur de chocolat. Le dessus du *corselet*, est d'un noir obscur, & blanc aux côtés. L'*abdomen* est d'un velour noir foncé, & a sur le dessous six taches d'un blanc obscur. Les *ailes* sont claires. Les *jambes* sont brunes, & nuagées de noir comme l'écaille. Les *cuisses* de derrière sont remarquablement larges. Elles fréquentent les fleurs de menthe, & autres. Voyez Linn. M. 56.

TAB. XXXIII.

MUSCA. ORDER III.

SECTION II. CONTINUED.

FACULTAS. *Fig.* 49. *Measures six lines.*

THE *face* and *frontlet* are of a glossy lead-colour. The *larger eyes* are of a red brown. The *thorax* and *scutulum* are black and glossy. The *abdomen* is black, having six triangular spots of an orange-colour on it. The *wings* are clear. The *legs* are very small and delicate, and of a light orange colour. It sports among flowers like the rest of this order.

FACULTAS. *Fig.* 49. *Mesure six lignes.*

LA *face* & le *fronteau* sont couleur de plomb lustré. Les *grands yeux* sont d'un rouge brun. Le *corselet* & le *scutulum* sont noirs & lustrés. L'*abdomen* est noir, & sur le dessus il y a six taches triangulaires couleur d'orange. Les *ailes* sont claires. Les *jambes* sont fort petites & délicates, & couleur d'orange claire. Elle se joue sur les fleurs comme les autres de cet ordre.

NAVUS. *Fig.* 50. *Measures six lines.*

The *face* and *frontlet* are of a shining lead colour. The *larger eyes* are brown. The *thorax* and *scutulum* are of a colour like burnished copper. The *abdomen* is of an orange colour,

NAVUS. *Fig.* 50. *Mesure six lignes.*

La *face* & le *fronteau* sont couleur de plomb luisant. Les *grands yeux* sont bruns. Le *corselet* & le *scutulum* sont couleur de cuivre bruni. L'*abdomen* est couleur d'orange,

colour, having a black lift down the middle, pretty broad, and two narrow bars croffing this, dividing the abdomen in three parts. The *wings* are clear. The *legs* are fmall.

Confusus. *Fig*. 51. *Meafures fix lines.*

The *face* and *frontlet* are of a dark blue, and gloffy like blue'd fteel. The *thorax* is of a darkifh olive colour, having a coppery glofs. The *fcutulum* black and gloffy. The *abdomen* is of a fine red orange, the fecond annulus from the anus having a broad edging of black, the third a very narrow line of black along the verge, and a fmall triangular fpot on each fide, on the edge or fide of the abdomen. The *legs* are of an orange colour. The *wings* tinged with brown in the middle parts.

Molitus. *Fig*. 52. *Meafures fix lines.*

The *face* is of the colour of brimftone: on the *frontlet* is a black fhining fquare fpot. The *thorax* is of a dirty olive, and having a languid glofs; on each fide is a line of a brimftone colour. The *fcutulum* is of a fine yellow, but dull. The *abdomen* is of a fine orange: the firft annulus is black; the other three have a broad edging of the fame colour; but the edging on the laft, which is next the anus, is fomething like a crown. The *legs* are fmall and yellow. The *wings* clear.

Potens. *Fig*. 53. *Meafures five lines.*

The *mouth* is white. The *larger eyes* brown. The *thorax* and *fcutulum* black, and a little gloffy. The *abdomen* is of an orange colour. A black lift comes down from the *fcutulum* almoft to the bottom or verge of the fecond annulus, where it fuddenly ftops: it

range, a le long du milieu une lifière noire affez large, & deux barres étroites qui traverfent celle-ci, divifant l'abdomen en trois parties. Les *ailes* font claires. Les *jambes* petites.

Confusus. *Fig*. 51. *Mefure fix lignes.*

La *face* & le *fronteau* font d'un bleu foncé & luftré, comme l'acier bleuï. Le *corfelet* eft olive foncé, & d'un luftre de cuivre. Le *fcutulum* eft noir & luftré. L'*abdomen* eft d'un beau rouge orange. Le fecond anneau à l'anus a un large bord noir, le troifième une ligne noire très-étroite le long de la verge, & une petite tache triangulaire à chaque côté fur le bord de l'abdomen. Les *jambes* font couleur d'orange. Les *ailes* teintes de brun dans le milieu.

Molitus. *Fig*. 52. *Mefure fix lignes.*

La *face* eft couleur de foufre: fur le *fronteau* il y a une tache noire quarrée & luifante. Le *corfelet* eft couleur d'olive fale, & d'un foible luftre; à chaque côté il y a une ligne couleur de foufre. Le *fcutulum* eft d'un beau jaune obfcur. L'*abdomen* eft d'un bel orange: le premier anneau eft noire; les trois autres ont une large bordure de la même couleur; mais la bordure du dernier, qui eft proche de l'anus, reffemble un peu à une couronne. Les *jambes* font petites & jaunes. Les *ailes* claires.

Potens. *Fig*. 53. *Mefure cinq lignes.*

La *bouche* eft blanche. Les *grands yeux* bruns. Le *corfelet* & le *fcutulum* noirs, & un peu luftrés. L'*abdomen* eft couleur d'orange; une lifière noire defcend du *fcutulum* prefque au bas du fecond anneau, où elle finit: elle reparoît à l'interfection, & s'élargiffant

it takes its riſe again at the interſection, and widening as it goes, covers the fourth annulus or tail part. The *legs* are black, and the *thighs* thick. The two hinder feet are brown. The *wings* are a little cloudy in the middle.

giſſant couvre le quatrième anneau ou la partie de la queue. Les *jambes* ſont noires, & les *cuiſſes* épaiſſes. Les deux pieds de derrière ſont bruns. Les *ailes* ſont un peu nuagées au milieu.

MOLIO. *Fig.* 54. *Meaſures three lines.*

The *frontlet* is black, but hath a golden gloſs, as if bronzed. The *thorax*, *ſcutulum* and *abdomen* are black, having a languid gloſs: the latter is ſmall near the ſcutulum, but ſwells towards the anus like a bottle: about the middle part it hath a kind of yellow girdle, below which are two yellow ſpots. The *wings* are clear, having two dark lines near the tips of each. The *legs* are very ſmall, and of a ſtraw colour; but the hinder thighs are thick, clubbed, and half-way black.

MOLIO. *Fig.* 54. *Meſure trois lignes.*

Le *fronteau* eſt noir, d'un luſtre d'or ou bronzé. Le *corſelet*, le *ſcutulum*, & l'*abdomen*, ſont noires, d'un luſtre ſoible: ce dernier eſt petit près du ſcutulum, & groſſi près de l'anus comme une bouteille; vers le milieu il a une eſpèce de ceinture jaune, au-deſſous de laquelle ſont deux taches jaunes. Les *ailes* ſont claires, & ont deux lignes obſcures au bout de chacune. Les *jambes* ſont fort petites, & couleur de paille. Les *cuiſſes* de derrière ſont épaiſſes, retrouſſées, & moitié noires.

SCITULE. *Fig.* 55. *Meaſures four lines.*

The *noſe* part is of a buff colour. The *frontlet* darkiſh and gloſſy. The *larger eyes* of a deep copper brown. The *thorax* is of an aſh colour, and of a fine poliſh, having four dark lines thereon. The *ſcutulum* is yellow. The *abdomen* is yellow, having eight bars of black croſſing it, every other one being thin or narrow. The *legs* very ſmall and delicate, and of a yellow colour. The *wings* are very clear. They may be taken, viſiting the flowers of the dandelion in meadows, and many others of this ſection. This muſca is very ſimilar to muſca Scitulus. Tab. 32. M. 33.

SCITULE. *Fig.* 55. *Meſure quatre lignes.*

Le *nez* eſt jaune foncé; le *fronteau* noirâtre & luſtré. Les *grands yeux* d'un brun de cuivre foncé. Le *corſelet* couleur de cendre, & d'un beau poli, avec quatre lignes obſcures ſur le deſſus. Le *ſcutulum* eſt jaune. L'*abdomen* eſt jaune, & a huit barres noires qui le traverſent; de deux à autres ſont étroites. Les *jambes* ſont jaunes, petites & délicates. Les *ailes* ſont fort claires. On peut les prendre ſur les fleurs de dent-de-lion, dans les prairies, avec pluſieurs autres de cette ſection. Cette mouche eſt ſemblable à la mouche Scitulus. Tab. 32. M. 33.

CONSISTO.

CONSISTO. *Fig.* 56. *Measures four lines and a half.*

The *face* and *frontlet* are light brown and gloſſy. The *thorax* is of a dark olive, and gloſſy. The *ſcutulum* is yellow. The *abdomen* is black, having ſix long yellow or orange-coloured ſpots thereon, two on each annulus, except that near the anus. The *legs* are yellow.

CONSISTO. *Fig.* 56. *Meſure quatre lignes & demie.*

La *face* & le *fronteau* ſont d'un brun clair, & luſtré. Le *corſelet* eſt olive obſcur & luſtré. Le *ſcutulum* eſt jaune. L'*abdomen* eſt noir, a ſur le deſſus ſix longues taches jaunes, ou couleur d'orange, deux ſur chaque anneau, excepté celui qui eſt proche de l'anus. Les *jambes* ſont jaunes.

DIRÆ. *Fig.* 57. *Measures four lines.*

Frontlet black and gloſſy. The *larger eyes* are brown. The *thorax*, *abdomen* and *legs* are black, having a languid gloſs. The *wings* appear a little ſmokey in the middle part.

DIRÆ. *Fig.* 57. *Meſure quatre lignes.*

Le *fronteau* eſt noir & luſtré. Les *grands yeux* ſont bruns. Le *corſelet*, l'*abdomen* & les *jambes* ſont noires, d'un foible luſtre. Les *ailes* paroiſſent un peu fumées dans le milieu.

SEMULATER. *Fig.* 58. *Measures four lines.*

The *face* and *frontlet* are greyiſh, and ſhine like black-lead. The *thorax* and *ſcutulum* are of a dark olive and gloſſy. The *abdomen* is of a ſad and dull black, having four ſquare and dark olive ſpots thereon, which appear a little gloſſy. The *wings* are clear. The *legs* are of a dark brown.

SEMULATER. *Fig.* 58. *Meſure cinq lignes.*

La *face* & le *fronteau* ſont griſâtres, & reluiſans comme le plomb noir. Le *corſelet* & le *ſcutulum* ſont olive obſcur, & luſtré. L'*abdomen* eſt d'un mauvais noir obſcur, ſur le deſſus duquel il y a quatre taches quarrées, couleur d'olive obſcur, qui paroiſſent un peu luſtrées. Les *ailes* ſont claires. Les *jambes* ſont d'un brun obſcur.

TENUR. *Fig.* 59. *Measures three lines.*

The *frontlet* green and gloſſy. The *larger eyes* are red brown. The *thorax*, *ſcutulum*, and *hinder thighs*, which are club-like, are of a black olive, and ſhining like gold. The *abdomen* is black, having two belts of an orange colour about the middle. The laſt *annulus* is of an olive colour, and of a fine poliſh. The *legs* are yellow.

TENUR. *Fig.* 59. *Meſure trois lignes.*

Le *fronteau* eſt vert & luſtré. Les *grands yeux* ſont d'un rouge brun. Le *corſelet*, le *ſcutulum*, & les *cuiſſes* de derrière qui paroiſſent retrouſſées, ſont olive noir, & luiſantes comme l'or. L'*abdomen* eſt noir, a vers le milieu deux ceintures couleur d'orange. Le dernier *anneau* eſt couleur d'olive, & d'un beau poli. Les *jambes* ſont jaunes.

MUSCÆ.

MUSCÆ. ORDER I. *Continued.*

COMPUNCTUS. *Fig.* 24. *Meaſures five lines.*

THE *frontlet* is black. The *larger eyes* are of a red chocolate. The *thorax* is grey, having four black lines thereon. The *ſcutulum* is brown, very dark. The *abdomen* is of a pleaſant orange brown, but down the middle part grey, beautifully ſpotted with round, and other formed black ſpots. The *wings* are a little duſky. The *legs* black. They are found in June, and are fond of ſitting on the leaves of buſhes in lanes.

VALENS. *Fig.* 25. *Meaſures ſix lines.*

The *fillets* are of a buff colour, but ſhining like ſilver. The *frontlet* is black. The *larger eyes* are red. The *thorax* is of a dun or browniſh aſh-colour, having three diſtinct black lines down the ſame. The *abdomen* is alſo of a dun-colour, beautifully teſſellated or checquered with black. The *legs* are black. The *wings* without ſpots. Theſe frequent woods, and ſettle on leaves.

TORVUS. *Fig.* 26. *Meaſures ſix lines.*

The *mouth* is white. The *frontlet* dark brown. The *larger eyes* are brown. The *thorax* is of a dark iron colour, and ſtuck with ſpines or ſharp briſtles. The *ſcutulum* is of a dark brown. The *abdomen* is of a dark iron grey colour, having glares on the ſides,

COMPUNCTUS. *Fig.* 24. *Meſure cinq lignes.*

LE *fronteau* eſt noir. Les *grands yeux* d'un rouge de chocolat. Le *corſelet* eſt gris, & a ſur le deſſus quatre lignes noires. Le *ſcutulum* d'un brun très-obſcur. L'*abdomen* d'un joli orange brun; le long du milieu eſt gris, magnifiquement tacheté de noir, en formes rondes, & autres. Les *ailes* ſont un peu obſcures; les *jambes* noires. On les trouve en Juin. Elles aiment à ſe repoſer ſur les feuilles de buiſſons dans les ruelles.

VALENS. *Fig.* 25. *Meſure ſix lignes.*

Les *bandeaux* ſont jaunâtres, & luiſans comme l'argent. Le *fronteau* eſt noir. Les *grands yeux* ſont rouges. Le *corſelet* eſt couleur de cendre brunâtre, & a le long trois diſtinctes lignes noires. L'*abdomen* eſt auſſi d'un brun obſcur, bellement diverſifié de noir. Les *jambes* ſont noires. Les *ailes* ſans taches. Celles-ci fréquentent les bois, & ſe repoſent ſur les feuilles.

TORVUS. *Fig.* 26. *Meſure ſix lignes.*

La *bouche* eſt blanche. Le *fronteau* d'un brun obſcur. Les *grands yeux* bruns. Le *corſelet* couleur de fer foncé, & garni de ſoies pointues. Le *ſcutulum* eſt brun obſcur. L'*abdomen* eſt gris de fer foncé, avec des lueurs aux côtés, d'un gris bleuâtre. L'*ab-*

domen

fides, of a blueifh grey colour. The *abdomen* and *anus* are fet with briftles. The *legs* are black. This is found in woods and fields, in July.

domen & l'*anus* font couverts de foies. Les *jambes* font noires. On les trouve dans les bois & les champs, en Juillet.

METUS. *Fig.* 3. *Meafures five lines.*

The *mouth* and *frontlet* are of a dirty buff colour. The *larger eyes* are red. The *thorax* is of a dark iron colour, but grey on the fhoulders. The *fcutulum* and *abdomen* are of an olive black and gloffy, the latter having fome glares on each fide. The *legs* are black. The *abdomen*, *thorax* and *legs* are fet with ftrong briftles. Found in fields by the hedge fides in July.

METUS. *Fig.* 27. *Mefure cinq lignes.*

La *bouche* & le *fronteau* font d'un fale jaunâtre. Les *grands yeux* font rouges. Le *corfelet* couleur de fer obfcur, gris fur les épaules. Le *fcutulum* & l'*abdomen* font olive noir, & luftrés. Ce dernier a quelques lueurs à chaque côté. Les *jambes* noires. L'*abdomen*, le *corfelet* & les *jambes* font garnis de fortes foies. On les trouve dans les champs le long des haies en Juillet.

CANUS. *Fig.* 28. *Meafures five lines.*

The *antennæ* are like threads, and are longer than any of the others belonging to this order. The *thorax* is of an afh colour, or pale iron grey, having four black lines thereon. The *abdomen* is alfo of an iron grey, but the edges or margin of the annuli are bordered with black. *Legs* are black. *Wings* clear and without fpots.

CANUS. *Fig.* 28. *Mefure cinq lignes.*

Les *antennes* font comme des filets, & font plus longues qu'aucunes autres de cet ordre. Le *corfelet* eft couleur de cendre, ou d'un gris de fer pâle, avec quatre lignes noires au-deffus. L'*abdomen* eft auffi gris de fer, mais les bords des anneaux font bordés de noir. Les *jambes* noires. Les *ailes* claires, fans tache.

T A B. XXXIV.

M U S C Æ. ORDER V. *Continued.*

VARICUS. *Fig.* 12. *Meafures four lines.*

THE *frontlet* is of an orange colour. The *larger eyes* are dark brown. The *thorax* is of a light orange brown, having feveral tender

VARICUS. *Fig.* 12. *Mefure quatre lignes.*

LE *fronteau* eft couleur d'orange. Les *grands yeux* brun obfcur. Le *corfelet* orange brun clair, avec plufieurs raies légères

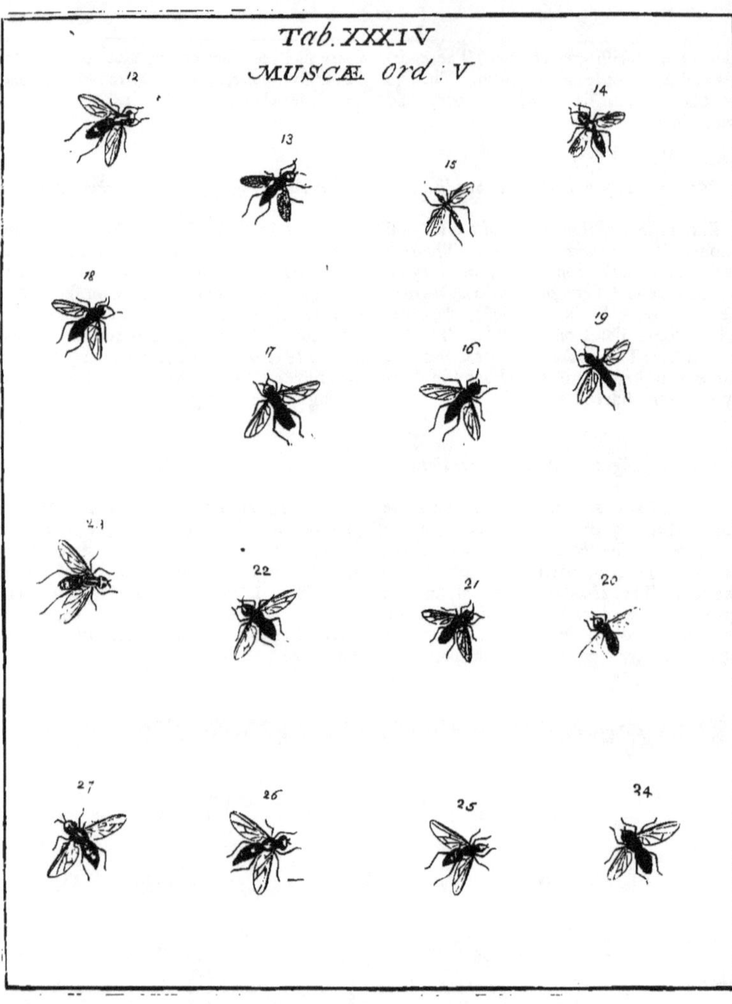
Tab. XXXIV
MUSCÆ Ord: V
12
13
14
15
18
17
16
19
22
21
20
27
26
25
24

tender ſtreaks of a darkiſh brown. The *abdomen* is of a lightiſh orange brown, having two or three tender dark touches down the upper part. The *wings* along the ſector edge, and the croſs tendon near the outer edge, are alſo miſty, appearing like ſhort ſtreaks. The *legs* are alſo of a yellow brown, and ſomewhat long.

TRISTIS. *Fig.* 13. *Meaſures four lines.*

The *antennæ* are long, and protrude ſtrait out before. There are two black ſpots, one on each ſide the *frontlet*, which is red. The *thorax* is of a pale brown. The *abdomen* is of a dirty black. The *wings* are of a dark brown, finely beſprinkled with ſmall round ſpecks of white, above an hundred in each wing. The *legs* are brown. It was caught in July, and is very ſcarce.

VARICUS. *Fig.* 14. *Meaſures near four lines.*

The *fillets* are white, ſcarcely to be ſeen. The *frontlet* is of an orange brown. The *thorax* and *abdomen* are of a reddiſh brown. The *legs* are yellow. The *wings* are prettily ſtreaked, and veined towards the ſector edge with pale lines. This is very ſcarce. It was taken in Kent.

PEDO. *Fig.* 15. *Meaſures four lines.*

The *head* is formed ſomething like that of a fiſh. The *thorax* and *abdomen* very long and ſlender, the hinder part of the latter bending downward as if broken. The *legs* very long and ſlender. The *wings* neat, ſmall, tender and ſpotleſs. I have another, the *abdomen*, *head* and *thorax* of which is black, and the hinder legs not ſo long as the above; but as I have already engraved the plate, it cannot be inſerted there. They are very ſcarce.

gères d'un brun obſcur. L'*abdomen* eſt orange brun clair, avec deux ou trois tendres traits le long de la partie ſupérieure. Les *ailes* le long du bord tranchant, & les tendons croiſés près des bords du dehors, ſont auſſi nuagés en forme de petites raies. Les *jambes* ſont d'un brun jaunâtre, & un peu longues.

TRISTIS. *Fig.* 13. *Meſure quatre lignes.*

Les *antennes* ſont longues, & pouſſent en avant; il y deux taches noires, une à chaque côté du *fronteau*, qui eſt rouge. Le *corſelet* eſt d'un brun pâle. L'*abdomen* eſt d'un noir ſale. Les *ailes* ſont d'un brun obſcur, avec de rondes petites taches blanches bellement répandues au-delà de cent à chaque aile. Les *jambes* ſont brunes. Elle fut priſe en Juillet, & eſt très-rare.

VARICUS. *Fig.* 14. *Meſure près de quatre lignes.*

Les *bandeaux* ſont blancs, à peine viſibles. Le *fronteau* couleur d'orange brun. Le *corſelet* & l'*abdomen* ſont d'un rouge brun. Les *jambes* ſont jaunes. Les *ailes* ſont joliment rayées, & marbrées de lignes pâles, au bord tranchant. Celle-ci eſt très-rare. Elle fut priſe en Kent.

PEDO. *Fig.* 15. *Meſures quatre lignes.*

La *tête* a quelque reſſemblance à celle d'un poiſſon. Le *corſelet* & l'*abdomen* ſont longs & minces; la partie de derrière de l'*abdomen* plie en bas, & paroît comme caſſée. Les *jambes* ſont fort longues & minces. Les *ailes* ſont jolies, petite, tendres, & ſans tache. J'en ai une autre dont l'*abdomen*, la *tête*, le *corſelet*, & les *jambes* de derrière, ne ſont pas ſi longues que cette première; mais comme j'ai déjà gravé la planche, je ne puis pas l'inſérer ici. Elles ſont fort rares.

LUTEUS. *Fig.* 16. *Meafures four lines.*

The *head* is of an orange or rather brown orange colour. The *larger eyes* are nearly black. The *thorax* and *abdomen* are of the fame colour and gloffy. The *legs* and *wings* are yellow.

LUTEUS. *Fig.* 16. *Mefure quatre lignes.*

La *tête* eft couleur d'orange, ou plutôt brun orange. Les *grands yeux* font prefque noirs. Le *corfelet* & l'*abdomen* de même couleur, & luftrés. Les *jambes* & les *ailes* font jaunes.

TIMIDUS. *Fig.* 17. *Meafures three lines.*

The *mouth* and *frontlet* bright orange. The *larger eyes* are dark brown. The *thorax* is of a dirty clay colour. The *abdomen* and *legs* are of an orange. The *wings* are fpacious, and tinged with yellow.

TIMIDUS. *Fig.* 17. *Mefure trois lignes.*

La *bouche* & le *fronteau* font couleur d'orange vif. Les *grands yeux* brun obfcur. Le *corfelet* d'argile fale. L'*abdomen* & les *jambes* orange. Les *ailes* font fpacieufes, & teintes de jaune.

SOLICITUS. *Fig.* 18. *Meafures four lines.*

The *frontlet* yellow. The *larger eyes* and *thorax* of a reddifh brown. The *abdomen* and *legs* are of a yellow orange colour. The *wings* are of a pale amber, and have feveral fmall fpots or clouds on each.

SOLICITUS. *Fig.* 18. *Mefure quatre lignes.*

Le *fronteau* eft jaune. Les *grands yeux* & le *corfelet* d'un rouge brun. L'*abdomen* & les *jambes* font couleur d'orange jaune. Les *ailes* font d'un ambre pâle, & ont fur le deffus plufieurs petites taches ou nuages.

TENER. *Fig.* 19. *Meafures four lines.*

The *frontlet* is orange. The *larger eyes* dark brown. The *thorax* and *legs* are of an orange clay colour. The *wings* yellowifh.

TENER. *Fig.* 19. *Mefure quatre lignes.*

Le *fronteau* eft orange. Les *grands yeux* d'un brun obfcur. Le *corfelet* & les *jambes* font couleur d'orange foncé. Les *ailes* font jaunâtres.

MULSUS. *Fig.* 20. *Meafures three lines.*

The *frontlet* is of an orange colour. *Larger eyes* dark brown. *Thorax* of a dirty clay colour. The *abdomen* yellow. The *legs* are alfo of a dirty clay colour.

MULSUS. *Fig.* 20. *Mefure trois lignes.*

Le *fronteau* eft couleur d'orange. Les *grands yeux* d'un brun obfcur. Le *corfelet* d'argile fale. L'*abdomen* jaune. Les *jambes* font auffi couleur d'argile fale.

VINULUS.

Vinulus. *Fig.* 21. *Meaſures three lines.*

The *larger eyes* are black. The *fillets* are ſilver white. The *frontlet* red. The *thorax* and *abdomen* of a dirty clay colour. The *legs* very ſhort and black. The *wings* are brown, ſtriped, and ſpotted with ſeveral marks of white.

Commoror. *Fig.* 22. *Meaſures four lines.*

The *frontlet* is red. *Larger eyes* black. The *thorax* and *ſcutulum* of a browniſh clay colour. The *abdomen* and *legs* of a light orange brown. The *wings* are clear.

Leporinus. *Fig.* 23. *Meaſures near five lines.*

The *frontlet* is red. The *larger eyes* black. All the other parts of this inſect are of a fine warm orange yellow. On the *thorax* are two brown ſtrokes. The *wings* are white and clear.

Exilis. *Fig.* 24. *Meaſures four lines.*

The *frontlet* is red. *Larger eyes* black. The *thorax* of a browniſh clay colour. The *abdomen* and *legs* are of a ſad or dirty clay colour. The *wings* are clear and browniſh, having a ſmall long ſpeck in the middle. This ſeems ſimilar to Putris, Fig. 1. but is much ſmaller.

Comito. *Fig.* 25. *Meaſures four lines.*

The *frontlet* is red. *Larger eyes* dark brown. The *thorax* brown on the upper part. The *abdomen* and *legs* are of an orange colour. The *wings* are clear, and of an amber colour.

Vinulus. *Fig.* 21. *Meſure trois lignes.*

Les *grands yeux* ſont noirs. Les *bandeaux* blanc d'argent. Le *fronteau* rouge. Le *corſelet* & l'*abdomen* couleur d'argile ſale. Les *jambes* fort courtes, & noires. Les *ailes* brunes, rayées, & tachetées de pluſieurs marques blanches.

Commoror. *Fig.* 22. *Meſure quatre lignes.*

Le *fronteau* eſt rouge. Les *grands yeux* noirs. Le *corſelet* & le *ſcutulum* couleur brun d'argile. L'*abdomen* & les *jambes* d'orange brun clair. Les *ailes* ſont claires.

Leporinus. *Fig.* 23. *Meſure près de cinq lignes.*

Le *fronteau* eſt rouge. Les *grands yeux* noirs. Toutes les autres parties de cet inſecte ſont d'un bel orange jaune. Sur le *corſelet* il y a deux traits bruns. Les *ailes* ſont blanches & claires.

Exilis. *Fig.* 24. *Meſure quatre lignes.*

Le *fronteau* eſt rouge. Les *grands yeux* noirs. Le *corſelet* couleur brun d'argile. L'*abdomen* & les *jambes* ſont d'une mauvaiſe ou ſale couleur d'argile. Les *ailes* ſont claires & brunâtres, & ont dans le milieu une longue petite tache. Celle-ci paroît ſemblable à Putris, Fig. 1. mais eſt beaucoup plus petite.

Comito. *Fig.* 25. *Meſure quatre lignes.*

Le *fronteau* eſt rouge. Les *grands yeux* d'un brun obſcur. Le *corſelet* eſt brun, ſur la partie ſupérieure. L'*abdomen* & les *jambes* ſont couleur d'orange. Les *ailes* ſont claires, couleur d'ambre.

Delicate. *Fig.* 26. *Meaſures two lines.*

The *head* is of a light orange. The *larger eyes* are black. The *thorax* is of a light orange brown, having two dark ſtripes on the back part. The *abdomen* is of a dirty clay colour. The *wings* are tinged of an amber colour, darkiſh on the ſector edge, and have two little dark lines, one in the middle, the other near the fan edge.

Delicate. *Fig.* 26. *Meſure deux lignes.*

La *tête* eſt couleur d'orange claire. Les *grands yeux* ſont noirs. Le *corſelet* eſt orange brun clair, & a ſur le derrière deux raies obſcures. L'*abdomen* eſt couleur d'argile ſale. Les *ailes* ſont teintes de couleur d'ambre, ſombres au bord tranchant, & ont deux petites lignes obſcures, l'une dans le milieu, l'autre proche des bords d'éventails.

Crocus. *Fig.* 27. *Meaſures near five lines.*

The *frontlet* is of a yellow clay colour. On the top are two white ſpots, which will not be ſeen but when the head is placed fronting. The *thorax* and *abdomen* are of a yellow clay colour. The *under ſide* and the *thorax* are white, and on each ſide is a brown ſtroke. The *wings* are tinged of an amber colour, having ſome dark-coloured ſpecks near the fan edges.

Crocus. *Fig.* 27. *Meſure près de cinq lignes.*

Le *fronteau* eſt couleur d'argile jaunâtre, a deux taches blanches au-deſſus, qui ne ſe voient que lorſque la tête fait face. Le *corſelet* & l'*abdomen* ſont couleur d'argile jaune. Le deſſous du *corſelet* eſt blanc, & a un trait brun à chaque côté. Les *ailes* ſont teintes de couleur d'ambre, & ont quelques taches de couleur obſcure près des bords d'éventails.

TAB. XXXV.

MUSCA. Order V.

SECTION I. CONTINUED.

Galpinus. *Fig.* 28. *Meaſures two lines.*

THE *head* and *thorax* clay colour. The *abdomen* brown. The *wings* have each four black ſpots thereon.

Galpinus. *Fig.* 28. *Meſure quatre lignes.*

LA *tête* & le *corſelet* ſont couleur d'argile. L'*abdomen* eſt brun. Les *ailes* ont chacune ſur le deſſus quatre taches noires.

Peragro.

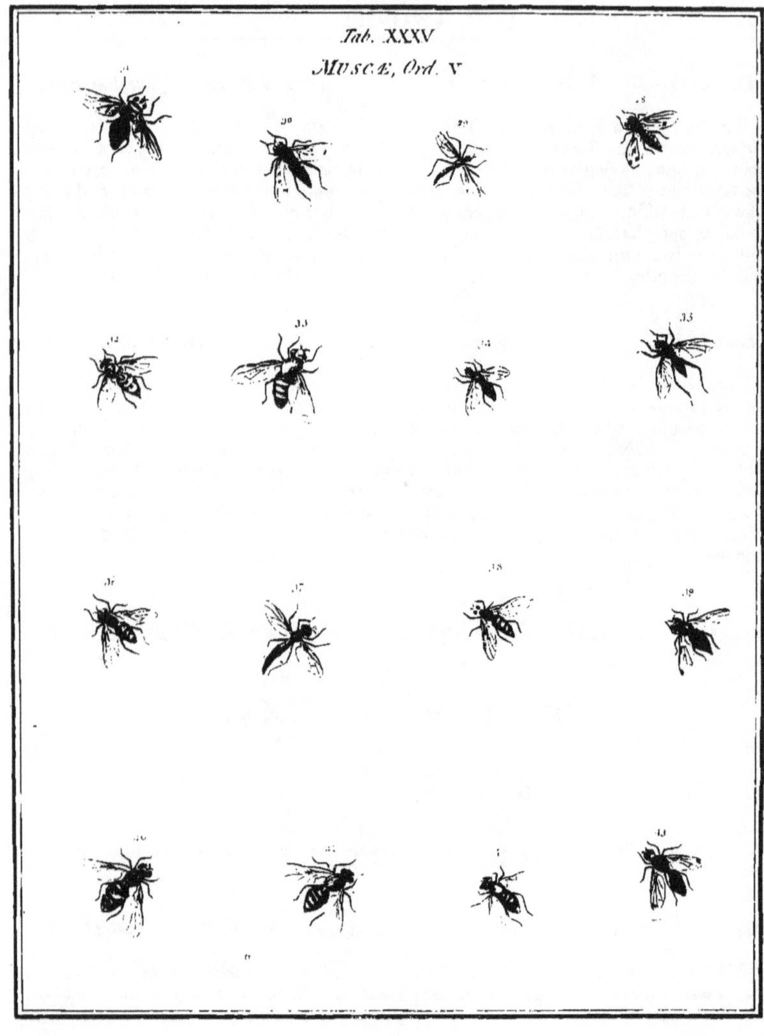
Tab. XXXV
MUSCÆ, Ord. V

PERAGRO. *Fig.* 29. *Meaſures four lines.*

The *frontlet* is red. The *larger eyes* dark brown. The *thorax* and *abdomen* are of a clay colour. The *legs* are very long, and of an orange brown. The *wings* are white and clear.

SANDARACHA. *Fig.* 30. *Meaſures four lines.*

The *frontlet* red. The *head, thorax, abdomen* and *legs* are of an orange clay colour. The *wings* are clear, having two ſhort dark ſtrokes near the middle.

PALPATOR. *Fig.* 31. *Meaſures four lines.*

The *frontlet* is red. The *thorax* of an orange clay colour. The *abdomen* is of a clay colour and hairy. The *legs* are brown. The *wings* are clear, having a black ſpeck in the middle.

LITUS. *Fig.* 32. *Meaſures three lines.*

This inſect is white, ſpotted with black entirely. The *frontlet* is black, and in the form of a heart. On the *thorax* are five black ſpots; and on the *abdomen* are twelve, three on each annulus.

FLAVA. *Fig.* 33. *Meaſures one line and a half.*

The *larger eyes* are of a fine golden green. The *head, thorax* and *abdomen* are of a fine yellow orange, and the *wings* yellowiſh and clear. See Linn. Mus. 115.

PERAGRO. *Fig.* 29. *Meſure quatre lignes.*

Le *fronteau* eſt rouge. Les *grands yeux* ſont d'un brun obſcur. Le *corſelet* & l'*abdomen* ſont couleur d'argile. Les *jambes* ſont fort longues, & d'orange brun. Les *ailes* ſont blanches & claires.

SANDARACHA. *Fig.* 30. *Meſure quatre lignes.*

Le *fronteau* eſt rouge. La *tête*, le *corſelet*, l'*abdomen* & les *jambes* ſont couleur d'orange argile. Les *ailes* ſont claires; elles ont deux traits noirs courts, près du milieu.

PALPATOR. *Fig.* 31. *Meſure quatre lignes.*

Le *fronteau* eſt rouge. Le *corſelet* couleur d'orange argile. L'*abdomen* eſt couleur d'argile, & poileux. Les *jambes* ſont brunes. Les *ailes* ſont claires, & ont une tache noire dans le milieu.

LITUS. *Fig.* 32. *Meſure trois lignes.*

Cet inſecte eſt blanc, entièrement tacheté de noir. Le *fronteau* eſt noir, & en forme de cœur. Il y a cinq taches noires ſur le *corſelet*, & douze ſur l'*abdomen*, trois ſur chaque anneau.

FLAVA. *Fig.* 33. *Meſure une ligne & demie.*

Les *grands yeux* ſont d'un beau vert d'or. La *tête*, le *corſelet* & l'*abdomen* ſont d'un bel orange jaune; & les *ailes* jaunâtres & claires. Voyez Linn. Mus. 115.

DEDUCO. *Fig.* 34. *Measures two lines.*

The *head* and *thorax* are brown. The *abdomen* is of an orange colour, having five rings of black, like belts, round it. The *legs* pale brown. The *wings* are clear.

DEDUCO. *Fig.* 34. *Mesure deux lignes.*

La *tête* & le *corselet* sont bruns. L'*abdomen* est couleur d'orange; il a cinq anneaux noirs qui l'environnent en forme de ceinture. Les *jambes* sont d'un brun pâle. Les *ailes* sont claires.

RELICTUS. *Fig.* 35. *Measures four lines.*

The *frontlet* is red. The *thorax* and *abdomen* are of a dirty clay colour. The *wings* are clear; but the short bar tendon in the middle is a little misty, appearing like a speck.

RELICTUS. *Fig.* 35. *Mesure quatre lignes.*

Le *fronteau* est rouge. Le *corselet* & l'*abdomen* sont couleur d'argile sale. Les *ailes* sont claires; mais le court tendon en barre du milieu est un peu nuagé, paroissant comme une tache.

NUGATER. *Fig.* 36. *Measures three lines aud a half.*

The *larger eyes* are red. The *thorax* is brown on the upper part; but the sides and the under part, with the *abdomen*, are a fine light orange yellow. The *legs* are also yellow. The *wings* large and clear.

NUGATER. *Fig.* 36. *Mesure trois lignes & demie.*

Les *grands yeux* sont rouges. La partie supérieure du *corselet* est brune; mais les côtés & la partie de dessous, avec l'*abdomen*, sont d'un bel orange jaune clair. Les *jambes* sont aussi jaunes. Les *ailes* sont larges & claires.

PERCUSSUS. *Fig.* 37. *Measures five lines.*

The *larger eyes* and *frontlet* are red and a little glossy. The *thorax* is red and of a fine polish, but toward the shoulders black. The *abdomen* is black and dull. The *legs* are yellow. The *antennæ* are long, and with the *head* seem to hang down.

PERCUSSUS. *Fig.* 37. *Mesure quatre lignes.*

Les *grands yeux* & le *fronteau* sont rouges, & un peu lustrés. Le *corselet* est rouge, & d'un beau poli, & noir vers les épaules. L'*abdomen* est noir & triste. Les *jambes* sont jaunes. Les *antennes* sont longues, & avec la tête paroissent pendre en bas.

DEJECTUS. *Fig.* 38. *Measures three lines.*

The *larger eyes* and *frontlet* are of a fine red. The *thorax* is of a dun or brownish ash colour. The *abdomen* and *legs* of a yellow orange colour.

DEJECTUS. *Fig.* 38. *Mesure trois lignes.*

Les *grands yeux* & le *fronteau* sont d'un beau rouge. Le *corselet* est couleur de cendre brunâtre. L'*abdomen* & les *jambes* d'un jaune orange.

VIBRANS. *Fig.* 39. *Measures three lines,*

The *larger eyes* are of a fine red brown. The *frontlet* is red. The *thorax* and *abdomen* are black and ſhining. The *legs* are black and dull. The *wings* are quite clear, having a black ſpot at the tip or apex of each. Taken in July, on the leaves of buſhes, where they walk about, moving their *wings*. See Linn. Mus. 112.

VIBRANS. *Fig.* 39. *Meſure trois lignes.*

Les *grands yeux* ſont d'un beau rouge brun. Le *fronteau* eſt rouge. Le *corſelet* & l'*abdomen* ſont noirs & luiſans. Les *jambes* ſont d'un triſte noir. Les *ailes* ſont entièrement claires, & ont chacune une tache noire au bout. Priſes en Juillet ſur les feuilles des buiſſons, où elles ſe promènent en remuant leurs ailes. Voyez Linn. Mus. 112.

LEPIDUS. *Fig.* 40. *Meaſures one line and a half.*

The *head, thorax* and *abdomen* are of a fine yellow. The *larger eyes* are green. The *real eyes* are fixed on a black eminence on the top of the head. On the *thorax* are three large black ſpots, the middlemoſt being the longeſt. On the *abdomen* are four bars of black, lying acroſs the *legs*, which are yellow.

LEPIDUS. *Fig* 40. *Meſure une ligne & demie.*

La *tête*, le *corſelet* & l'*abdomen* ſont d'un beau jaune. Les *grands yeux* ſont verts. Les *yeux réels* ſont fixés ſur une éminence noire, au-deſſus de la tête. Il y a ſur le *corſelet* trois larges marques noires : celle du milieu eſt la plus longue. L'*abdomen* a quatre barres noires au travers. Les *jambes* ſont jaunes.

AUDACULUS. *Fig.* 41. *Meaſures three lines.*

The *eyes* are of a red brown. The *frontlet* red. The *thorax* and *abdomen* are of an aſh-colour. The *legs* are black. The *wings* plain, towards the ligaments tinged with brown.

AUDACULUS. *Fig.* 41. *Meſure trois lignes.*

Les *yeux* ſont d'un rouge brun. Le *fronteau* eſt rouge. Le *corſelet* & l'*abdomen* ſont couleur de cendre. Les *jambes* ſont noires. Les *ailes* ſont unies vers les ligamens & teintes de brun.

PUDEFACTUS. *Fig.* 42. *Meaſures three lines.*

The *larger eyes* are red. The *frontlet* black. The *head, thorax* and *abdomen* are of a dun colour. The *legs* brown. The *wings* browniſh near the thorax.

PUDEFACTUS. *Fig.* 42. *Meſure trois lignes.*

Les *grands yeux* ſont rouges. Le *fronteau* eſt noir. La *tête*, le *corſelet* & l'*abdomen* ſont d'une couleur ſombre, & tannée. Les *jambes* brunes. Les *ailes* brunâtres proche du corſelet.

The lesser Vibrans. *Fig.* 43. *Measures one line and a half.*

The *head* long and projecting. It is of a deep black shining appearance. The *thorax* and *abdomen* are black and shining. *Legs* brown. The *wings* are clear, having a black spot at the tip or apex of each. Seen on currant leaves in May and June, where they are seen to run about, shaking their *wings*, as if highly delighted.

Vibrans *le plus petit. Fig.* 43. *Mesure une ligne & demie.*

La *tête* est longue & projette; elle est d'un noir foncé, & paroît lustrée. Le *corselet* & l'*abdomen* sont noirs & luisans. Les *jambes* brunes. Les *ailes* sont claires, & il y a une tache noire au bout de chacune. On les voit sur les feuilles des groseillers, en Mai & Juin, sur lesquels elles courent en secouant leurs ailes, & paroissent se divertir.

TAB. XXXVI.

MUSCÆ. Order V. *Continued.*

Exilis. *Fig.* 44. *Measures two lines.*

THE *frontlet* is black. The *head, thorax* and *abdomen* are of a dirty olive. The *legs* black. The *wings* are plain and clear.

Exilis. *Fig.* 44. *Mesure deux lignes.*

LE *fronteau* est noir. La *tête*, le *corselet* & l'*abdomen* sont couleur d'olive sale. Les *jambes* sont noires. Les *ailes* unies & claires.

Limatus. *Fig.* 45. *Measures two lines.*

The *frontlet* is brown. The *head, thorax,* and *abdomen,* are of an ash colour. *Legs* inclining to brown. The *wings* are of an ash colour, and full of small round white spots, so that it appears freckled or frosted.

Limatus. *Fig.* 45. *Mesure deux lignes.*

Le *fronteau* est brun. La *tête*, le *corselet* & l'*abdomen* sont couleur de cendre. Les *jambes* inclinant au brun. Les *ailes* sont couleur de cendre, & pleines de petites rondes taches blanches, ainsi qu'elles paroissent glacées.

Volito. *Fig.* 46. *Measures three lines and a half.*

The *frontlet* and *larger eyes* are red. The *thorax* is of an ash colour, having three lines

Volito. *Fig.* 46. *Mesure trois lignes & demie.*

Le *fronteau* & les *grands yeux* sont rouges. Le *corselet* est couleur de cendre; il a sur le dessus

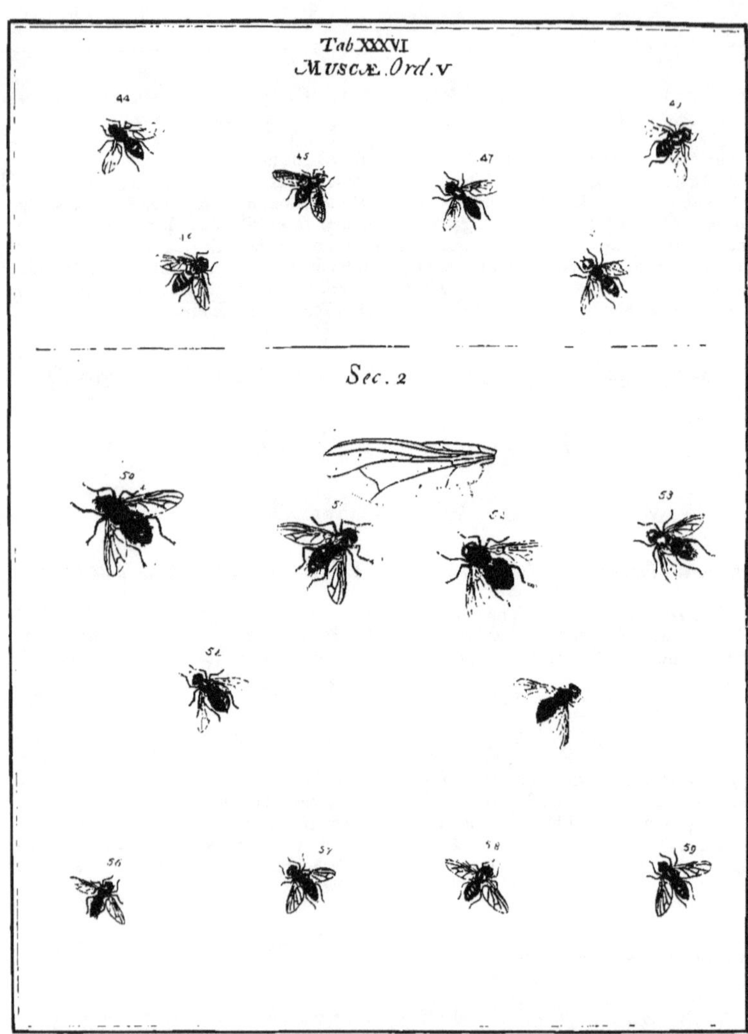
Tab XXXVI
MUSCÆ. Ord. V
44
45
47
Sec. 2
50
53
56
57
59

lines of dark olive thereon, between each of which runs an occult or dotted line. The *abdomen* is of an aſh colour, having a dark ſhining line down the middle. The *legs* are brown.

deſſus trois lignes d'olive obſcur, entre chacune deſquelles il y a une ligne occulte, ou en points. L'*abdomen* eſt couleur de cendre, & a une ligne obſcure & luiſante le long du milieu. Les *jambes* ſont brunes.

CONSSENCIS. *Fig.* 47. *Meaſures three lines and a half.*

The *head*, *thorax* and *abdomen* are of a ſhining jet black appearance. The *legs* are of a dull black. The author found a great number of theſe in a hole of a wall, where they ſeemed very buſy, as they appeared to be all in motion; but what buſineſs they were met upon, he could not diſcover. Found in June.

CONSSENCIS. *Fig.* 47. *Meſure trois lignes & demie.*

La *tête*, le *corſelet* & l'*abdomen* paroiſſent d'un noir de jais luiſant. Les *jambes* ſont d'un noir triſte. L'auteur trouva une quantité de celles-ci dans le trou d'une muraille, où elles paroiſſoient toutes en mouvement & fort occupées; mais ſur quelles affaires elles étoient aſſemblées, il ne put le découvrir. On les trouve en Juin.

ERRO. *Fig.* 48. *Meaſures two lines.*

The *head* brown. The *thorax* is yellow, having three broad black ſtripes almoſt cloſe together. The *ſcutulum* is light yellow. The *abdomen* nearly black. The whole of the underſide and *legs* are of a yellow or buff colour.

ERRO. *Fig.* 48. *Meſure deux lignes.*

La *tête* eſt brune. Le *corſelet* eſt jaune; il a trois larges raies noires qui preſque ſe touchent. Le *ſcutulum* eſt d'un jaune clair. L'*abdomen* à-peu-près noir. Tout le deſſous & les *jambes* ſont d'un jaune foncé.

SIMULATER. *Fig.* 49. *Meaſures three lines.*

The *frontlet* is black. The *thorax*, *abdomen* and *legs* are of a dirty olive black, and a little gloſſy. The *wings* are quite clear.

SIMULATER. *Fig.* 49. *Meſure trois lignes.*

Le *fronteau* eſt noir. Le *corſelet*, l'*abdomen*, & les *jambes*, ſont d'un noir olive ſale, & un peu luſtré. Les *ailes* ſont entièrement claires.

SECTION II.

A Wing of this Section, with its Tendons, carefully delineated.

Une Aile de cette Section, avec ses Tendons, soigneusement dessinée.

VALIDUS. *Fig.* 50. *Measures near seven lines.*

The *frontlet* is of a dark dirty colour. The *larger eyes* are of a deep red brown, or brown ash or dun colour, striped on the upper part with black strokes. The *scutulum* is ript with brown. The *abdomen* is of a bright yellow dun colour, each annulus having jagged marks of brown, which change their appearances according to the portion it is held in. The *thighs* are brown. *Legs* black. *Wings* clear, except the bar tendon, which is tinctured with amber-colour. Found in woods.

VALIDUS. *Fig.* 50. *Mesure près de sept lignes.*

Le *fronteau* est d'un sale obscure. Les *grands yeux* sont d'un rouge brun foncé, ou cendre brunâtre, ou couleur tannée. La partie supérieure est rayée en traits noirs. Le *scutulum* est marqué de brun. L'*abdomen* est d'un jaune vif; chaque anneau est dentelé de marques brunes, qui changent d'apparence, suivant la position qu'on le tient. Les *cuisses* sont noires. Les *jambes* noires. Les *ailes* sont claires, excepté le tendon en barre, qui est teint de couleur d'ambre. On les trouve dans les bois.

REVOLO. *Fig.* 51. *Measures five lines.*

The *larger eyes* are of a deep red. The surrounding fillets are white. The *thorax* is of an ashen dun colour, striped and speckled with darkish brown. The *abdomen* is also of an ashen dun colour, each annulus edged with a row of bristles. The *legs* are of an orange colour. Found in woods and lanes.

REVOLO. *Fig.* 51. *Mesure cinq lignes.*

Les *grands yeux* sont d'un rouge foncé. Les *bandeaux* qui les environnent sont blancs. Le *corselet* est couleur de cendre obscure, rayé, & tacheté de brun obscur. L'*abdomen* est aussi couleur de cendre obscure; chaque anneau est bordé d'un rang de soies. Les *jambes* sont couleur d'orange. On les trouve dans les bois, & feuilles.

LEVIDUS. *Fig.* 52. *Measures almost seven lines.*

The *larger eyes* are of a red brown. The *thorax* of an iron grey, dappled with strokes

4 of

LEVIDUS. *Fig.* 52. *Mesure presque sept lignes.*

Les *grands yeux* sont rouges bruns. Le *corselet* gris de fer, pommelé de noir. Le

scutu-

of black. The *ſcutulum* is browniſh. The *abdomen* is blue, having whitiſh glares, and teſſelated with black, like the Vomitoria. *Legs* black, and the *wings* clear. Theſe are found in woods, ſitting on the barks of trees.

tulum eſt brunâtre. L'*abdomen* eſt bleu avec des lueurs blanchâtres, & diverſifié de noir, comme le Vomitoria. Les *jambes* ſont noires, & les *ailes* claires. On les trouve dans les bois, ſur l'écorce des arbres.

CELSUS. *Fig.* 53. *Meaſures four lines.*

The *larger eyes* are red. The *abdomen* and *ſcutulum* are of a dark dirty colour. The *abdomen* is of a dun-colour, having five round black ſpots thereon, one of which is on the anus. The *legs* are black, and the *wings* clear.

CELSUS. *Fig.* 53. *Meſure quatre lignes.*

Les *grands yeux* ſont rouges. L'*abdomen* & le *ſcutulum* ſont d'une couleur obſcure ſale. L'*abdomen* eſt de couleur ſombre, avec cinq rondes taches noires ſur le deſſus, l'une deſquelles eſt ſur l'anus. Les *jambes* ſont noires, & les *ailes* claires.

DEDUCO. *Fig.* 54. *Meaſures four lines.*

The *larger eyes* are of a brown red. The *thorax* is of an orange dun-colour, having two black ſpots in the middle. The *abdomen* is of an orange clay-colour, having four round ſpots thereon, and two ſmall ſpecks between. The *legs* are brown, and the *wings* clear.

DEDUCO. *Fig.* 54. *Meſure quatre lignes.*

Les *grands yeux* ſont d'un brun rouge. Le *corſelet* couleur d'orange ſombre, avec deux taches noires au milieu. L'*abdomen* eſt couleur d'orange argile, & ſur le deſſus il y a quatre taches rondes, & entre ces taches deux petits points. Les *jambes* ſont noires, & les *ailes* claires.

EVECTUS. *Fig.* 55. *Meaſures five lines.*

The *larger eyes* are red. The *frontlet* dark or dirt colour. The *thorax* aſh-colour, having ſome dark lines thereon. The *abdomen* is of a dun colour. The *legs* black. The *wings* are clear, but the ſhort-bar tendons are a little ſmokey.

EVECTUS. *Fig.* 55. *Meſure cinq lignes.*

Les *grands yeux* ſont rouges. Le *fronteau* eſt noir, ou de couleur ſale. Le *corſelet* couleur de cendre; il y a ſur le deſſus quelques lignes obſcures. L'*abdomen* eſt de couleur ſombre, ou tannée. Les *jambes* noires. Les *ailes* ſont claires, mais les tendons en barres ſont d'un peu fumé.

SUBLATUS. *Fig.* 56. *Meaſures three lines.*

The *head*, *thorax* and *abdomen* are of an aſh colour. The *larger eyes* are red. The *abdomen* is black toward the end. The *legs* are brown.

SUBLATUS. *Fig.* 56. *Meſure trois lignes.*

La *tête*, le *corſelet* & l'*abdomen* ſont couleur de cendre. Les *grands yeux* ſont rouges. L'*abdomen* eſt noir vers le bout. Les *jambes* ſont brunes.

AUCTUS. *Fig.* 57. *Measures three lines.*

The *larger eyes* are red. The *fillets* ash-colour. The *thorax* is of a dirty black. The *abdomen*, *legs*, and ligaments of the *wings*, are of a light orange. The *wings* are clear.

AUCTUS. *Fig.* 57. *Mesure trois lignes.*

Les *grands yeux* sont rouges. Les *bandeaux* couleur de cendre. Le *corselet* est d'un noir sale. L'*abdomen*, les *jambes*, & les ligamens des *ailes*, sont d'orange clair. Les *ailes* sont claires.

DIABOLUS. *Fig.* 58. *Measures four lines.*

The *larger eyes* are red. The *mouth* part white. The *thorax* and *abdomen* are of a blue-black and glossy, the *abdomen* having some glares of a light grey on it. The *legs* are black. The *wings* clear.

DIABOLUS. *Fig.* 58. *Mesure quatre lignes.*

Les *grands yeux* sont rouges. La partie de la bouche blanche. Le *corselet* & l'*abdomen* sont d'un bleu noir & lustré. L'*abdomen* a quelques lueurs d'un gris clair au-dessus. Les *jambes* sont noires. Les *ailes* claires.

LANCIFER. *Fig.* 59. *Measures four lines.*

The *larger eyes* are brown. The *frontlet* orange. The *thorax* is of an ash-colour, striped, and spotted with a dark colour. The *abdomen* is also of an ash-colour, rough or brindled, having some hairs thereon. The *legs* are of a brownish colour, and the *wings* clear.

LANCIFER. *Fig.* 59. *Mesure quatre lignes.*

Les *grands yeux* sont bruns. Le *fronteau* orange. Le *corselet* est couleur de cendre, rayé, & tacheté de couleur obscure. L'*abdomen* est aussi couleur de cendre, raboteur ou de plusieurs couleurs, & a sur le dessus quelques poils. Les *jambes* sont brunâtres, & les *ailes* claires.

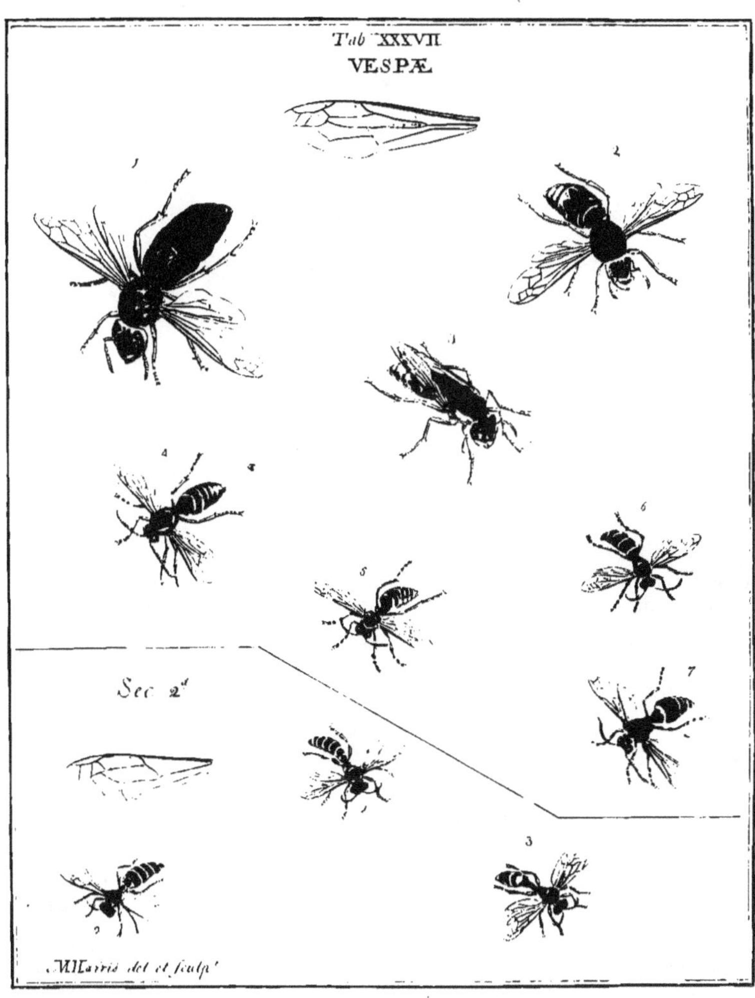
Tab XXXVII
VESPÆ
1
2
3
4
5
6
7
Sec 2d
1
2
3
M Harris del et sculp

TAB. XXXVII.

HYMENOPTERA. VESPÆ.

A Wing of the Vespæ, with the tendons, carefully delineated.

Hath the three eyes on the top of the head.

Une Aile de Vespæ, avec ses tendons, soigneusement dessinée.

Les trois yeux sont au-dessus de la tête.

CRABRO. *Fig. 1. Measures one inch and three lines.*

THE *head* is of an orange colour. The *thorax* is of a red brown. The *abdomen* is of a fine orange brown, but by extension of the annuli discovers a fine glossy black. The first and second annulus are half way brown, and a spot of each side. The *legs* are of a clay colour. The *wings* are of the colour of amber. The *legs* are of an orange clay-colour. This is the hornet which builds its nest in the bodies of trees on forests. See Linn. Vespa 3.

CRABRO. *Fig. 1. Mesure un pouce & trois lignes.*

LA *tête* est couleur d'orange. Le *corselet* est d'un rouge brun. L'*abdomen* est d'un bel orange brun ; & par l'extension des anneaux, on découvre un beau noir lustré. Le premier & le second anneau sont moitié brun, & ont une tache à chaque côté. Les *jambes* sont couleur d'argile. Les *ailes* sont couleur d'ambre. Les *jambes* sont couleur d'orange d'argile. Celui-ci est le hornet ou frelon qui fait son nid dans le corps des arbres dans les forêts. Voyez Linn. Vespa 3.

VEXATOR. *Fig. 2. Measures eleven lines.*

This is coloured and marked very much like the other above; but there is no doubt of their being different species, by the great difference in size, and the colours much brighter. These will build their nests in a hollow tree, or the gable end of a barn, or indeed any cavity they think convenient; but indeed the œconomy of the different species

VEXATOR. *Fig. 2. Mesure onze lignes.*

Cette espèce est beaucoup colorée, & marquée comme celle ci-dessus; mais il n'y a point de doute qu'elles ne soient une différente espèce, par la grande différence de leur taille & couleur qui est plus vive. Celles-ci veulent faire leurs nids dans des trous d'arbre, ou les bouts des toits, ou dans aucune cavité qu'elles trouvent convenable ; mais leur économie dif-

vary very much. The neſt of the Vexator is formed like a large cabbage, and is fabricated of rotten wood, or the ſoft part of fir wood, which lies between the grain; and it is no uncommon thing to ſee them eating it off with unremitting labour. I have drawn one in a ſitting poſture at Fig. 3. where the wings are deſcribed lying on its back, its natural poſition.

diffère beaucoup. Le nid des Vulgaires eſt en forme d'un grand chou, fabriqué de bois pourri, ou de la partie molle du ſapin qui eſt entre le grain; & c'eſt très-commun de le leur voir manger avec avidité. J'en ai deſſiné une poſture ſéante à la fig. 3. où les *ailes* ſont dépeintes, couchées ſur ſon dos, qui eſt ſa poſition naturelle.

PARIETUM. *Fig.* 4. *Meaſures ſeven lines.*

The *antennæ* are long. The *thorax* is black, having a yellow line on each ſide. The *ſcutulum* hath alſo two yellow ſpots. The *abdomen* is yellow, having a number of black rings or belts round it. The *legs* are yellow. See Linn. Vis. 6.

PARIETUM. *Fig.* 4. *Meſure ſept lignes.*

Les *antennes* ſont longues. Le *corſelet* eſt noir, & a une ligne jaune à chaque côté. Le *ſcutulum* a auſſi deux taches jaunes. L'*abdomen* eſt jaune, a nombre d'anneaux noirs, ou de rondes ceintures. Les *jambes* ſont jaunes. Voyez Linn. Vis. 6.

VULGARIS. *Fig.* 5. *Meaſures ſeven lines.*

The *thorax* is black, having a yellow line ſurrounding the fore part. The *ſcutulum* hath four diſtinct yellow ſpots. The *abdomen* is of a golden yellow colour, having triangular ſpots down the back part, and black ſpecks on each ſide. *Legs* yellow. See Linn. Veſpa 4.

VULGARIS. *Fig.* 5. *Meſure ſept lignes.*

Le *corſelet* eſt noir, avec une ligne jaune qui environne la partie de devant. Le *ſcutulum* a quatre diſtinctes taches jaunes. L'*abdomen* eſt d'un jaune d'or, avec des taches triangulaires le long du derrière, & des taches noires à chaque côté. Les *jambes* jaunes. Voyez Linn. Veſpa 4.

INIMICUS. *Fig.* 6. *Meaſures ſix lines.*

Antennæ and *head* black. The *mouth* hath two yellow ſpots which join together. The *thorax* is black, having a neat yellow line in front, two ſpots of yellow under the ligature of each wing, and another on the *ſcutulum*. The *abdomen* is black, having four rings of yellow.

INIMICUS. *Fig.* 6. *Meſure ſix lignes.*

Les *antennes* & la *tête* ſont noires. La *bouche* a deux taches jaunes qui ſe joignent. Le *corſelet* eſt noir, & a au front deux jolies lignes jaunes; ſous la ligature de chaque *aile* il y deux taches jaunes, & une autre ſur le *ſcutulum*. L'*abdomen* eſt noir, & a quatre anneaux jaunes.

INSOLENS. *Fig.* 7. *Measures seven lines.*

The *thorax* is black, having a triangular spot of yellow on each shoulder. The *abdomen* is black, having four rings of yellow, the first at a great distance from the rest. The *legs* are black and yellow.

INSOLENS. *Fig.* 7. *Mesure sept lignes.*

Le *corselet* est noir, & sur chaque épaule il y a une tache jaune triangulaire. L'*abdomen* est noir, & a quatre anneaux jaunes; le premier est à une grande distance des autres. Les *jambes* sont noires & jaunes.

SECTION II.

A Wing of this Section, with its Tendons, carefully delineated.

Une Aile de cette Section, avec ses Tendons, soigneusement dessinée.

EXULTUS. *Fig.* 1. *Measures six lines.*

The *thorax* is black, having two little specks in front, and another which parts the *scutulum* from the *thorax*. The *abdomen* is black, and rough like shagreen, having five rings of yellow on it.

EXULTUS. *Fig.* 1. *Mesure six lignes.*

Le *corselet* est noir, au front duquel il y a deux petites taches, & une autre qui sépare le *scutulum* du *corselet*. L'*abdomen* est noir, & raboteux comme le chagrin, sur lequel il y a cinq anneaux jaunes.

PETULANS. *Fig.* 2. *Measures seven lines.*

The *thorax* hath two yellow spots in front. The *scutulum* hath a yellow spot on each side, and a small line of the same, which divides it from the *thorax*. The *abdomen* is black, having five rings of yellow. It also hath a yellow spot on each side the head.

PETULANS. *Fig.* 2. *Mesure sept lignes.*

Le *corselet* a deux taches jaunes au front. Le *scutulum* a une tache jaune à chaque côté & une petite ligne de même qui le divise du *corselet*. L'*abdomen* est noir, avec cinq anneaux jaunes; il a aussi une tache jaune à chaque côté de la tête.

SUPERBUS. *Fig.* 3. *Measures seven lines.*

The *thorax* hath a yellow line in front, and a yellow spot on the *scutulum*. The *abdomen* is yellow, having three black rings thereon, of which the two towards the *anus* are joined together.

SUPERBUS. *Fig.* 3. *Mesure sept lignes.*

Le *corselet* a une ligne jaune au front, & une tache jaune sur le *scutulum*. L'*abdomen* est jaune, à trois anneaux noirs au-dessus; les deux proches de l'anus sont joints ensemble.

TAB. XXXVIII.

HYMENOPTERA APICIS.

A Wing of the first Section of Bees carefully delineated.

Hath three little eyes on the top of the head. The Sexes are known by the larger eyes. The Male's are close together, and the Female's apart.

Une Aile de la première Section d'Abeilles soigneusement dessinée.

Celle-ci a trois petits yeux au-dessus de la tête. On en connoît le Sexe par les grands yeux. Ceux du Mâle sont proches, & ceux de la Femelle sont séparés.

AUDAX. *Fig.* 1. *Measures one inch and three lines.*

THE *thorax* is black, having a broad yellow band across the shoulders. The *abdomen* is black, having a yellow band crossing it near the hips. The *anus* is also yellow.

AUDAX. *Fig.* 1. *Mesure un pouce & trois lignes.*

LE *corselet* est noir, & a un large bandeau jaune au travers des épaules. L'*abdomen* est noir, avec un bandeau jaune qui le traverse près des hanches. L'*anus* est aussi jaune.

AUDENS. *Fig.* 2. *Measures one inch.*

The whole of this insect is black, except the part about the *anus* and the inner side of the hind legs, which are red.

AUDENS. *Fig.* 2. *Mesure un pouce.*

Cet insecte est tout-à-fait noir, excepté les parties proches de l'*anus*, & le dedans des *jambes* de derrière qui sont rouges.

FIDENS. *Fig.* 3. *Measures ten lines.*

The general colour is black, having a yellow band crossing the shoulders. The *scutulum* is yellow. The *abdomen* hath two yellow spots near the hips. The *anus* and parts contiguous are yellow-orange.

FIDENS. *Fig.* 3. *Mesure dix lignes.*

La couleur générale est noire, a un bandeau jaune à travers les épaules. Le *scutulum* est jaune. L'*abdomen* a deux taches jaunes près des hanches. L'*anus* & les parties contiguës sont jaune-orange.

Tab. XXXVIII
APICIS
1
2
3
4
5
6
7
8
M.Harris del et sculpt

Fidus. *Fig.* 4. *Measures nine lines.*

The general colour is black. It hath a band of a yellow colour over the shoulder, and another crossing the middle of the *abdomen,* which is two lines in breadth. The *anus* and parts adjacent are buff colour.

Fidus. *Fig.* 4. *Mesure neuf lignes.*

Leur couleur générale est noire : elles ont une bande jaune sur les épaules, & une autre qui traverse le milieu de l'*abdomen,* qui est de la largeur de deux lignes. L'*anus* & les parties contiguës sont d'un jaune foncé.

Strenuus. *Fig.* 5. *Measures eight lines.*

The general colour is black. It hath a square yellow spot in the front of the head ; a kind of collar of the same lieth over the shoulders. The tail part of the *abdomen* is of a deep orange red.

Strenuus. *Fig.* 5. *Mesure huit lignes.*

Leur couleur générale est noire ; elles ont une tache jaune quarrée sur le front de la tête, & une espèce de collier de même couleur sur les épaules. Le bout de l'*abdomen* est orange rouge foncé.

Impavidus. *Fig.* 6. *Measures eight lines.*

The *head* is black, but the *front* is covered with yellow hair. The *thorax* and *abdomen* are of an orange colour. The *legs* are black.

Impavidus. *Fig.* 6. *Mesure huit lignes.*

La *tête* est noire, & le *front* est couvert de poils jaunes. Le *corselet* & l'*abdomen* sont couleur d'orange. Les *jambes* sont noires.

Intrepidus. *Fig.* 7. *Mesures eight lines.*

The *head, thorax* and *abdomen* are entirely of a fine black, except the mouth, which is covered with orange-coloured hair. The *legs* are black, excepr the outer parts of the hinder ones, which are orange-colour.

Intrepidus. *Fig.* 7. *Mesure huit lignes.*

La *tête,* le *corselet* & l'*abdomen* sont entièrement d'un beau noir, excepté la *bouche,* qui est couverte de poils couleur d'orange. Les *jambes* sont noires, mais les parties du dehors de celles de derrière sont couleur d'orange.

Perniger. *Fig.* 8. *Measures eight lines.*

This bee is totally black, and nothing else remarkable in it.

Perniger. *Fig.* 8. *Mesure huit lignes.*

Cette abeille est entièrement noire, & n'a rien autre de remarquable.

TAB.

T A B. XXXIX.

A P I C I S. Sect. I. *Continued.*

Mellifica. *Fig. 9. and 10. Male and Female.*

THE male or drone bee, as it is commonly called, is nine lines in length. The *larger eyes* are brown, of a languid gloſs, and meet together on the top of the head. The *thorax* is of a dirty brown, covered with ſhort hair like velvet. The *abdomen* is black, each annulus being edged with brown. The *legs* are black. Hath no chaps. The *little eyes* are placed in the *front* of the *head* in a line a little above the *antennæ*.

The female, at 10, is of a dirty brown, covered with hair of a dirty ſand colour. The *abdomen* appears blackiſh, ſcantily covered with hair, and hath a languid gloſs. There are many treatiſes extant merely on that common inſect the Honey Bee: but I cannot help complaining, that their labours have been to ſo little purpoſe, that the Natural Hiſtory of Bees ſtill remains a ſecret. The author of a late pamphlet, intitled, *An Enquiry into the Nature, Order, and Government of Bees*, ſeems to merit the leaſt credit of any that preceded him: for, after objecting and deriding the opinion of almoſt every other, who has written on the ſubject, he tells us, the working bees are neither male nor female; the drones are of no uſe or ſervice either in the hive or in their generation; and that the young bees proceed from eggs laid by the royal bee (as

Mellifica. *Fig. 9. & 10. Mâle & Femelle.*

LE mâle, ou bourdon, communément appellé, a neuf lignes de longueur. Les *grands yeux* ſont bruns, d'un foible luſtre, & ſe joignent au-deſſus de la tête. Le *corſelet* eſt d'un brun ſale, couvert de poil court comme du velour. L'*abdomen* eſt noir; chaque anneau eſt bordé de brun. Les *jambes* ſont noires. N'a point de mâchoires. Les *petits yeux* ſont placés au front de la tête, dans une ligne un peu au-deſſus des *antennes*.

La *femelle*, à 10, eſt d'un brun ſale, couverte de poils d'un roux ſale. L'*abdomen* paroît noirâtre, très-peu couvert de poil, & d'un foible luſtre. Il y a pluſieurs traités qui exiſtent purement ſur cet inſecte, la mouche-à-miel. Mais je ne puis m'empêcher de me plaindre que leur travail a été ſi peu à propos, que l'hiſtoire naturelle de l'abeille eſt encore un ſecret. L'auteur d'une dernière brochure, intitulée, *Recherches ſur la Nature, l'Ordre, & le Gouvernement des Abeilles*, paroît mériter moins de réputation qu'aucun qui l'a précédé. Car après avoir objecté, & raillé l'opinion de preſque tous ceux qui ont écrit ſur le ſujet, il nous dit que les abeilles qui travaillent ne ſont ni mâles ni femelles; les bourdons ne ſont d'aucun ſervice dans la ruche ou dans leur génération; & que les jeunes abeilles procèdent des œufs de l'abeille royale (comme il l'exprime)

Tab. XXXIX
APICIS
9
11
12
13
14
17
18
21
19
20

(as he terms it) without the aſſiſtance of the other ſex. If theſe are truths, Nature, in this reſpect, ſtrangely deviates from her general ſyſtem of œconomy; for we ſee that even in the vegetable kingdom no fruit is produced without the co-operation of the ſexual organs.

The drones are males, and the working bees are females. At or before the females begin to build their combs, we find the males all dead. The young maggots or caterpillars being already hatched from the eggs in the cells, we find the females labouring to bring them food, which is no other than the farina of flowers, which ſhe brings home on her thighs. The caterpillars being full fed, the cells are cloſed up with thin wax. When the young bees are produced, they feed on the honey provided in other cells for them: at the ſame time, or ſoon after, the female parent dies with ragged wings and an empty abdomen, in which ſtate I have often found them periſhing on the ground.

Of thoſe they term the royal progeny, I make no doubt but, on a careful inſpection, they will be found to conſiſt of both ſexes: theſe are another kind of bees, or a diſtinct ſpecies, but deſigned by Providence to dwell with the others to keep them together, that they may work for the common good; which is done perhaps by a certain ſcent or effluvia which comes from them, very agreeable to the bees.

I believe I ſhall have but few proſelytes to my opinion among the bee-maſters; for almoſt every one of them ſeems to have a ſyſtem of his own, from which he will not recede, becauſe built on his own experience. But it is neceſſary to inform my reader, that the males of all inſects die after copulation; and the females die alſo when they have laid their eggs, or done the neceſſary duty for the ſecurity of their progeny.

With reſpect to the ſituation of the eyes of a bee, &c. If the two hemiſpheres, one on each ſide the head, were the eyes; when the

prime] ſans l'aſſiſtance de l'autre ſexe. Si cela eſt vrai, la Nature, à cet égard, s'égare étrangement de ſon ſyſtême général d'économie; car nous voyons même que dans le royaume végétale il ne ſe produit point de fruit ſans la coopération des organes.

Les bourdons ſont mâles, & les abeilles qui travaillent ſont femelles, du temps où, avant que les femelles commencent à former leurs rayons de miel, nous trouvons que les mâles ſont tous morts. Les petits vers ou chenilles étant déjà éclos des œufs des cellules, nous trouvons que les femelles travaillent à apporter la nourriture, qui n'eſt autre choſe que la farine des fleurs qu'elles apportent au logis ſur leurs cuiſſes. Les chenilles étant bien nourries, les cellules ſont formées de cire. Lorſque les jeunes abeilles ſont produites, elles ſe nourriſſent du miel qui eſt pourvu dans d'autres cellules pour leur réception: en même temps, ou bientôt après, la mère meurt, avec ſes ailes tombant en pièces, & l'abdomen vuide. Je les ai fort ſouvent trouvées dans cette condition périſſant ſur terre.

De celles qu'ils appellent la poſtérité royale, je ne doute point qu'avec de diligentes recherches on trouvera qu'elles conſiſtent des deux ſexes. Celles-ci ſont une autre ſorte d'abeilles, ou une diſtincte eſpèce, mais deſtinée par la Providence d'habiter avec les autres, pour les unir enſemble, afin de travailler pour le bien commun; ce qui peut-être eſt cauſé par une certaine ſenteur ou effuſion qui provient d'elles, & qui eſt très-agréable aux abeilles.

Je crois que, ſuivant mon opinion, j'aurai très-peu de proſélytes parmi les maîtres des abeilles; car preſque chacun d'eux paroît avoir un ſyſtême propre, duquel il ne veut pas ſe dédire, parce qu'il l'a formé ſur ſon expérience. Mais il eſt néceſſaire d'informer mon lecteur que les mâles de tous les inſectes meurent après copulation; & les femelles meurent auſſi quand elles ont pondu leurs œufs, ou accompli le devoir néceſſaire pour la ſureté de leur poſtérité.

 A

the insect was busied in extracting its food, its head being frequently concealed in the hollow parts of the flower, it could not be apprised of danger, as these hemispheres would be concealed in the pappus: but the eyes being situated on the top, or back part of the head, the more the insect sinks his head in the flower, the more these eyes rise to view, keeping continual *watch*.

A l'égard de la situation des yeux de l'abeille, &c. si les deux hémisphères, un à chaque côté de la tête, étoient les yeux, lorsque l'insecte est occupé à extraire sa nourriture, sa tête étant fréquemment cachée dans les parties vuides d'une fleur, il ne pourroit pas être informé du danger, parce que ces hémisphères seroient cachés dans le pappus: mais les yeux étant situés sur le dessus ou le derrière de la tête, plus l'insecte enfonce sa tête dans le fleur, plus ses yeux sont levés pour voir, & pour veiller, continuellement.

FORTIS. *Fig.* 11. *Measures six lines.*

The *thorax* is covered with yellow hair. The *abdomen* is black, glossy and naked. The *frontlet* is covered with yellow hair.

FORTIS. *Fig.* 11. *Mesure six lignes.*

Le *corselet* est couvert de poils jaunes. L'*abdomen* est noir, lustré, & nud. Le *fronteau* est couvert de poils jaunes.

INVICTUS. *Fig.* 12. *Measures six lines.*

The *thorax* is covered with hair of an orange brown. The *abdomen* is black and glossy, having five rings of a cream colour like belts.

INVICTUS. *Fig.* 12. *Mesure six lignes.*

Le *corselet* est couvert de poils d'orange brun. L'*abdomen* est noir & lustré, & a cinq anneaux couleur de crême ressemblant à des ceintures.

INFRACTUS. *Fig.* 13. *Measures six lines.*

The *head*, *antennæ*, *legs*, and the first annulus of the *abdomen*, are red; but the *thorax* is dark red, and rough, having some short pile like hair. The *abdomen* is yellow, having four rings of black.

INFRACTUS. *Fig.* 13. *Mesure six lignes.*

La *tête*, les *antennes*, les *jambes*, & le premier anneau de l'*abdomen*, sont rouges; mais le *corselet* est rouge obscur, & raboteux, avec quelques courtes piles ressemblant à des poils. L'*abdomen* est jaune, & a quatre anneaux noirs.

GENEROSUS. *Fig.* 14. *Measures six lines.*

The *thorax* is of a dark brown. The *legs* are of an orange colour. The *abdomen* is of a dark brown and shining, having four rings of a dusky brown.

GENEROSUS. *Fig.* 14. *Mesure six lignes.*

Le *corselet* est d'un brun obscur. Les *jambes* sont couleur d'orange. L'*abdomen* est d'un brun obscur, & luisant, & a quatre anneaux d'un brun sombre.

ACRIS.

Acris. *Fig.* 15. *Measures five lines.*

The *mouth* is naked, and of a flesh colour. The *head* is large. The *antennæ* are very short. The *thorax* is covered with hair of a dirty sand colour. The *abdomen* is of a dirty black, having four rings of a dirty light brown.

Acris. *Fig.* 15. *Mesure cinq lignes.*

La *bouche* est nue, & couleur de chair. La *tête* est large. Les *antennes* sont fort courtes. Le *corselet* est couvert de poils, & d'un roux sale. L'*abdomen* est d'un noir sale, avec quatre anneaux d'un brun clair sale.

Effrons. *Fig.* 16. *Measures five lines.*

The *thorax* is of a dark dull black. The *abdomen* is black, having a bright polish. The *legs*, which are short, are covered with hair of a sand colour.

Effrons. *Fig.* 16. *Mesure cinq lignes.*

Le *corselet* est d'un noir obscur, sombre. L'*abdomen* est noir, d'un poli reluisant. Les *jambes* sont courtes, de poils roux.

Vitreus. *Fig.* 17. *Measures five lines and a half.*

The *mouth* is yellow. The *head* and *thorax* are of a most beautiful shining green, perhaps unparallelled. The *antennæ, legs*, and *abdomen*, are of a fine yellow, having six broad bars of black which lie across it. The *wings* are clear and colourless.

Vitreus. *Fig.* 17. *Mesure cinq lignes & demie.*

La *bouche* est jaune. La *tête* & le *corselet* sont d'un très-magnifique vert luisant, & peut-être incomparable. Les *antennes*, les *jambes* & l'*abdomen* sont d'un beau jaune, avec six larges barres noires au travers. Les *ailes* sont claires & sans couleur.

Hiberus. *Fig.* 18. *Measures five lines.*

The *front* of the *head* is covered with hair of a sand colour. The *abdomen* is of a round form, and covered with hair of a brown orange colour, beneath which it is black, or very dark brown.

Hiberus. *Fig.* 18. *Mesure cinq lignes.*

Le *front* de la *tête* est couvert de poils roux. L'*abdomen* est d'une forme ronde, & couvert de poils de couleur brun orange. L'*abdomen* est noir, ou d'un brun très-obscur.

Desertus. *Fig.* 19. *Measures five lines.*

The *head* and *abdomen* are of a dirty black, the latter being thinly covered with hair of a sand

Desertus. *Fig.* 19. *Mesure six lignes.*

La *tête* & l'*abdomen* sont d'un noir sale; ce dernier est chétivement couvert de poils roux. L'ab-

4

ſand colour. The *abdomen* is red and gloſſy, having a black cloud-like ſpot on each annulus.

L'*abdomen* eſt rouge & luſtré, & a un nuage noir, comme une tache, ſur chaque anneau.

MYSCELUS. *Fig.* 20. *Meaſures three lines and a half.*

MYSCELUS. *Fig.* 20. *Meſure trois lignes & demie.*

The *head*, *thorax* and *abdomen* are black. The *legs* are yellow. The *wings* clear and colourleſs. *Antennæ* two lines in length.

La *tête*, le *corſelet* & l'*abdomen* ſont noirs. Les *jambes* ſont jaunes. Les *ailes* claires & ſans couleur. Les *antennes* ont deux lignes de longueur.

MINIMUS. *Fig.* 21. *Meaſures three lines.*

MINIMUS. *Fig.* 21. *Meſure trois lignes.*

The *head* and *thorax* black. The *abdomen* is red, but toward the *anus* it is black and gloſſy.

La *tête* & le *corſelet* ſont noirs. L'*abdomen* eſt rouge, mais proche de l'*anus* il eſt noir & luſtré.

T A B. XL.

A P I C I S. SECT. I. *Continued.*

VEREOR. *Fig.* 9. *Meaſures ſeven lines.*

VEREOR. *Fig.* 9. *Meſure ſept lignes.*

THE general colour is black. It hath a yellow band or collar acroſs the ſhoulders; and the *anus* or end of the *abdomen* is red.

LA couleur générale eſt noire, avec une bande ou collier jaune, au travers des épaules; & l'*anus* ou le bout de l'*abdomen* eſt rouge.

FORMIDO. *Fig.* 10. *Meaſures ſeven lines.*

FORMIDO. *Fig.* 10. *Meſure ſept lignes.*

The *head*, and half the *thorax* as far as the wings, is yellow; the other half of the *thorax* is black. The *abdomen* is divided into three parts,

La *tête*, & la moitié du *corſelet* juſqu'aux ailes, eſt jaune; l'autre moitié du *corſelet* eſt noir. L'*abdomen* eſt diviſé en trois parties.

La

Tab. XL
APICIS
11
12
13
14
15
16
17
18
19
M Harris del et sculp.

parts, the firft next the *thorax* is yellow; the fecond black; and the third, or that part near the *anus*, red. The other parts are entirely black.

La première proche du *corfelet* eft jaune; la feconde noire; & la troifième, ou cette partie proche de l'anus, rouge. Les autres parties font entièrement noires.

DUBITO. *Fig.* 11. *Meafures feven lines.*

The general colour is black. The *face* and *thorax* are covered with hair of a buff colour. The *fcutulum* is covered with black hair. The *abdomen* is black and gloffy, having four fpots of pure white down each fide. *Legs* black, covered with hair of a buff colour.

DUBITO. *Fig.* 11. *Mefure fept lignes.*

La couleur générale eft noire. La *face* & le *corfelet* font couleur de jaune foncé. Le *fcutulum* eft couleur de poil noir. L'*abdomen* eft noir & luftré, & a quatre taches d'un pur blanc le long de chaque côté. Les *jambes* font noires couvertes de poils d'un jaune foncé.

OPIS. *Fig.* 12. *Meafures feven lines.*

This bee is entirely black, except part of the *abdomen* near the *anus*, which is orange red.

OPIS. *Fig.* 12. *Mefure fept lignes.*

Cette abeille eft entièrement noire, excepté cette partie de l'*abdomen* proche de l'*anus*, qui eft couleur d'orange rouge.

VULGO. *Fig.* 13. *Meafures feven lines.*

The *head* and *thorax* are covered with hair of a yellow orange colour. The *abdomen* is covered with a mixture of black and yellow hair. The *legs* are black.

VULGO. *Fig.* 13. *Mefure fept lignes.*

La *tête* & le *corfelet* font couverts de poils couleur de jaune orange. L'*abdomen* eft couvert de poils d'un mélange noir & jaune. Les *jambes* font noires.

AUDAX. *Fig.* 14.

The *head* and *abdomen* are covered with hair of an orange colour. The *abdomen* is black and gloffy, covered thinly with hair of an orange colour at the hips, but toward the *anus* black. The *middle legs* are remarkable for tufts of hair on the feet and legs.

AUDAX. *Fig.* 14.

La *tête* & l'*abdomen* font couverts de poils couleur d'orange. L'*abdomen* eft noir & luftré, légérement couvert de poils couleur d'orange, aux hanches; mais proche de l'*anus* il eft noir. Les *jambes* du milieu font remarquables pour des touffes de poils, aux pieds & aux jambes.

PERTRISTIS. *Fig.* 15. *Meafures feven lines.*

The colour of the whole bee is black, except part of the *abdomen* toward the *anus*, which is a fine orange red.

PERTRISTIS. *Fig.* 15. *Mefure quatre lignes.*

La couleur de cette abeille eft entièrement noire, excepté une partie de l'*abdomen* proche de l'*anus*, qui eft d'un bel orange rouge.

Tetricus. *Fig.* 16. *Meaſures ſeven lines.*

The *thorax* is orange. The *abdomen* is orange, and long in form. The *legs* are black. The *wings* are quite clear.

Tetricus. *Fig.* 16. *Meſure ſept lignes.*

Le *corſelet* eſt orange. L'*abdomen* eſt orange, & de forme longue. Les *jambes* ſont noires. Les *ailes* ſont entièrement claires.

Melleus. *Fig.* 17. *Meaſures ſeven lines.*

The *thorax* is of a deep orange brown. The *abdomen* is black, covered with yellow hair. The *legs* are black. The *antennæ* are very ſmall.

Melleus. *Fig.* 17. *Meſure ſept lignes.*

Le *corſelet* eſt couleur d'orange brun foncé. L'*abdomen* eſt noir, couvert de poils jaunes. Les *jambes* ſont noires. Les *ailes* ſont entièrement claires.

Melinus. *Fig.* 18. *Meaſures ſeven lines.*

The *head*, *thorax* and *abdomen* are covered with hair of a dirty orange colour. The *legs* are black. The *horns* are long.

Melinus. *Fig.* 18. *Meſure ſept lignes.*

La *tête*, le *corſelet* & l'*abdomen* ſont couverts de poils couleur d'orange ſale. Les *jambes* ſont noires. Les cornes ſont longues.

Assiduus. *Fig.* 19. *Meaſures ſeven lines.*

The *thorax* is covered with hair of an orange colour. The *abdomen* is black and gloſſy, the upper part being ſtrait, and the under round, or bellied.

Assiduus. *Fig.* 19. *Meſure ſept lignes.*

Le *corſelet* eſt couvert de poils couleur d'orange. L'*abdomen* eſt noir & luſtré; la partie ſupérieure eſt droite, & celle de deſſous ronde, ou gros ventre.

TAB.

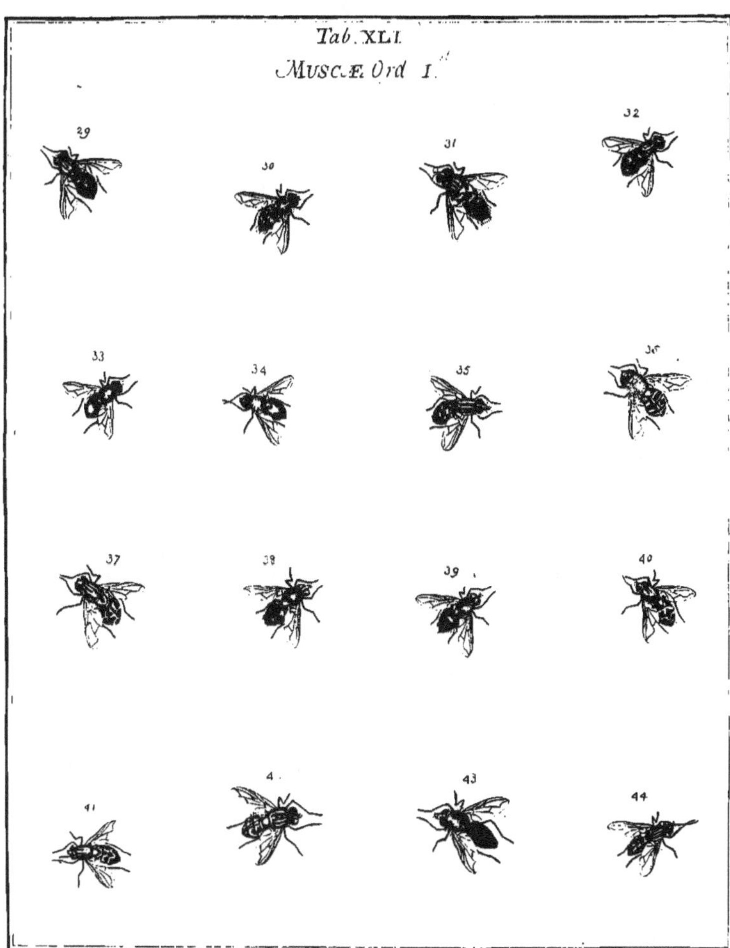
Tab. XLI.
Muscæ Ord. I.
29
30
31
32
33
34
35
36
37
38
39
40
41
43
44

TAB. XLI.

MUSCÆ. ORDER I. *Continued.*

PERVENIO. *Fig.* 29. *Meaſures five lines.*

THE *thorax* is of a browniſh green. The *abdomen* is of a fine gloſſy blue. The *legs* are black.

PERVENIO. *Fig.* 29. *Meſure cinq lignes.*

LE *corſelet* eſt d'un verd brunâtre. L'*abdomen* eſt d'un beau bleu luſtré. Les *jambes* ſont noires.

VENTITO. *Fig.* 30. *Meaſures four lines.*

The *thorax* and *abdomen* are of an iron grey; the latter having the annuli margined with black. The *legs* are black. The ligaments or ſhoulder part of the wings are of a light brown.

VENTITO. *Fig.* 30. *Meſure quatre lignes.*

Le *corſelet* & l'*abdomen* ſont gris de fer; les anneaux du dernier ſont bordés de noir. Les *jambes* ſont noires. Les ligamens, ou la partie des épaules des *ailes*, ſont d'un brun clair.

PROLABOR. *Fig.* 31. *Meaſures eleven lines.*

The *thorax* is of a ruſty brown. The *ſcutulum*, and ſhoulder part of the wings, are of a light brown. The *abdomen* is of an iron grey.

PROLABOR. *Fig.* 31. *Meſure onze lignes.*

Le *corſelet* eſt d'un brun roux. Le *ſcutulum*, & la partie des épaules des *ailes*, ſont d'un brun clair. L'*abdomen* eſt gris de fer.

PROLAPSA. *Fig.* 32. *Meaſures five lines.*

The *thorax* is of an iron grey, with ſome black lines thereon; the *ſcutulum* of a reddiſh brown. The *abdomen* of a lightiſh aſh colour, the *annuli* marginated with black. *Legs* black.

PROLAPSA. *Fig.* 32. *Meſure cinq lignes.*

Le *corſelet* eſt gris de fer, avec quelques lignes noires ſur le deſſus. Le *ſcutulum* eſt d'un brun rougeâtre. L'*abdomen* couleur de cendre claire. Les *anneaux* bordés de noir. Les *jambes* ſont noires.

Ingredior. *Fig.* 33. *Measures five lines.*

The *thorax* and *scutulum* of a fine shining purple. The *abdomen* a most beautiful green.

Ingredior. *Fig.* 33. *Mesure cinq lignes.*

Le *corselet* & le *scutulum* sont d'un beau pourpre luisant. L'*abdomen* est d'un vert très-magnifique.

Redeo. *Fig.* 34. *Measures five lines.*

The *thorax* and *scutulum* of a shining green, but appears a little rusty. The *abdomen* is of a beautiful deep and shining purple.

Redeo. *Fig.* 34. *Mesure cinq lignes.*

Le *corselet* & le *scutulum* sont d'un verd luisant, mais paroissent un peu roux. L'*abdomen* est d'un magnifique pourpre foncé & luisant.

Reverto. *Fig.* 35. *Measures five lines.*

The *thorax* is of a pale brownish ash colour, having three lines of black thereon. The *scutulum* and *abdomen* are of the same colour, but the latter tessèlated or chequered with black.

Reverto. *Fig.* 35. *Mesure cinq lignes.*

Le *corselet* est couleur de cendre brunâtre pâle, & a sur le dessus trois lignes noires. Le *scutulum* & l'*abdomen* sont de la même couleur; mais le dernier est pommelé, ou bigarré de noir.

Remigro. *Fig.* 36. *Measures six lines.*

The *thorax* is covered with short hair, of an orange brown or rusty colour: the *scutulum* the same. The *abdomen* is of a pale brownish ash, chequered with black. Found in windows in the spring.

Remigro. *Fig.* 36. *Mesure cinq lignes.*

Le *corselet* est couvert de poils courts, couleur d'orange brun ou roux. Le *scutulum* de même. L'*abdomen* est couleur de cendre brunâtre pâle, bigarré de noir. On le trouve au printemps, aux fenêtres.

Maculata. *Fig.* 37. *Measures five lines.*

The *thorax* is of a pale dun ash colour, having four interrupted black lines thereon. The *scutulum* hath on it a triangular black spot. The *abdomen* is of the same light dun colour, and beautifully spotted with black.

Maculata. *Fig.* 37. *Mesure cinq lignes.*

Le *corselet* est couleur de cendre brun; & sur le dessus il y a quatre lignes noires détournées. Au dessus du *scutulum* il y a une tache noire triangulaire. L'*abdomen* est de la même couleur sombre tannée & magnifiquement tacheté de noir.

Redambulo.

REDAMBULO. *Fig.* 38. *Meaſures ſix lines.*

The *thorax* is of an iron grey. The *ſcutulum* is brown. The *abdomen* is of an iron grey, having a dark line down the middle; but the parts about the hips are browniſh.

REDAMBULO. *Fig.* 38. *Meſure ſix lignes.*

Le *corſelet* eſt gris de fer. Le *ſcutulum* eſt brun. L'*abdomen* eſt gris de fer, avec une ligne obſcure le long du milieu; mais les parties près des hanches ſont brunâtres.

REVISO. *Fig.* 39. *Meaſures five lines.*

The *thorax* and *ſcutulum* are of an iron grey. The *abdomen* is of a deadiſh ſhining green.

REVISO. *Fig.* 39. *Meſure cinq lignes.*

Le *corſelet* & le *ſcutulum* ſont gris de fer. L'*abdomen* eſt d'un luſtre verd mort.

PRODEO. *Fig.* 40. *Meaſures five lines.*

The *thorax* is of an iron grey, having the appearance of ſome lines towards the head. The *ſcutulum* is brown. The *abdomen* is teſſelated with black. The *legs* are brown.

PRODEO. *Fig.* 40. *Meſure cinq lignes.*

Le *corſelet* eſt gris de fer, avec des apparences de quelques lignes proches de la tête. Le *ſcutulum* eſt brun. L'*abdomen* eſt pommelé de noir. Les *jambes* ſont brunes.

CALCITRANS. *Fig.* 41. *Meaſures four lines.*

The *thorax* is of a pale dun colour, with four interrupted black lines down it. The *abdomen* is of the ſame colour, having three black ſpots on every annulus. The *tongue* or *proboſcis* is near two lines in length, with which it enters the pores of the ſkin, cauſing much anguiſh. They appear in Auguſt and September. See Linn. Conops. 2.

CALCITRANS. *Fig.* 41. *Meſure quatre lignes.*

Le *corſelet* eſt de couleur tannée pâle, le long duquel il y a quatre lignes noires interrompues. L'*abdomen* eſt de la même couleur, & a trois taches noires à chaque anneau. La *langue* ou la *trompe* a près de deux lignes de longueur, avec laquelle elle entre les pores de la peau, & cauſe une grande angoiſſe. Elles paroiſſent en Août & Septembre. Voyez Linn. Conops. 2.

PROCEDO. *Fig.* 42. *Meaſures eight lines.*

The *thorax* is of a blueiſh iron grey colour, having ſome dark lines theron. The *ſcutulum* is brown. The *abdomen* is alſo of an iron grey colour, having ſome whitiſh glares thereon. The *wings* about the ſhort-bar tendons appear a little ſmokey.

PROCEDO. *Fig.* 42. *Meſure huit lignes.*

Le *corſelet* eſt couleur de gris de fer bleuâtre, avec quelques lignes obſcures ſur le deſſus. Le *ſcutulum* eſt brun. L'*abdomen* eſt auſſi couleur de gris de fer, avec quelques lueurs blanchâtres au-deſſus. Les *ailes* près des tendons en barres paroiſſent un peu fumées.

Provenio. *Fig.* 43. *Meaſures nine lines.*

The *thorax* is of a dark olive brown colour. The *ſcutulum* and *abdomen* are of an orange brown colour, the latter having a black liſt or ſtripe down the middle. The *legs* are brown.

Provenio. *Fig.* 43. *Meſure neuf lignes.*

Le *corſelet* eſt couleur d'olive brun. Le *ſcutulum* & l'*abdomen* ſont couleur d'orange brun. Ce dernier a une raie noire le long du milieu. Les *jambes* ſont brunes.

Domestica. *Fig.* 44. *Meaſures three lines.*

The *thorax* is brown, having four occult dark lines thereon. The *abdomen* is of an orange brown, having a few ſpots of black. This is the common houſe-fly, which ſeldom makes its appearance before July. See Linn. Mus. 69.

Domestica. *Fig.* 44. *Meſure trois lignes.*

Le *corſelet* eſt brun, & a quatre lignes occultes obſcures au-deſſus. L'*abdomen* eſt couleur d'orange brun, avec quelques taches noires. Celle-ci eſt la mouche commune des maiſons, qui paroît rarement avant Juillet. Voyez Linn. Mus. 69.

T A B. XLII.

MUSCA. Order I. *Continued.*

Mano. *Fig.* 45. *Meaſures three lines.*

THE *thorax* is of an iron grey. The *abdomen* is of a dark green, and of a languid gloſs.

Mano. *Fig.* 45. *Meſure trois lignes.*

LE *corſelet* eſt gris de fer. L'*abdomen* eſt d'un verd obſcur, & d'un luſtre foible.

Dimano. *Fig.* 46. *Meaſures five lines.*

The *thorax* is of an iron grey. The *abdomen* is of an orange brown colour, having a black line down the middle to the *anus*, which is black.

Dimano. *Fig.* 46. *Meſure cinq lignes.*

Le *corſelet* eſt couleur de gris de fer. L'*abdomen* eſt couleur d'orange brun, avec une ligne noire le long du milieu juſqu'à l'*anus* qui eſt noir.

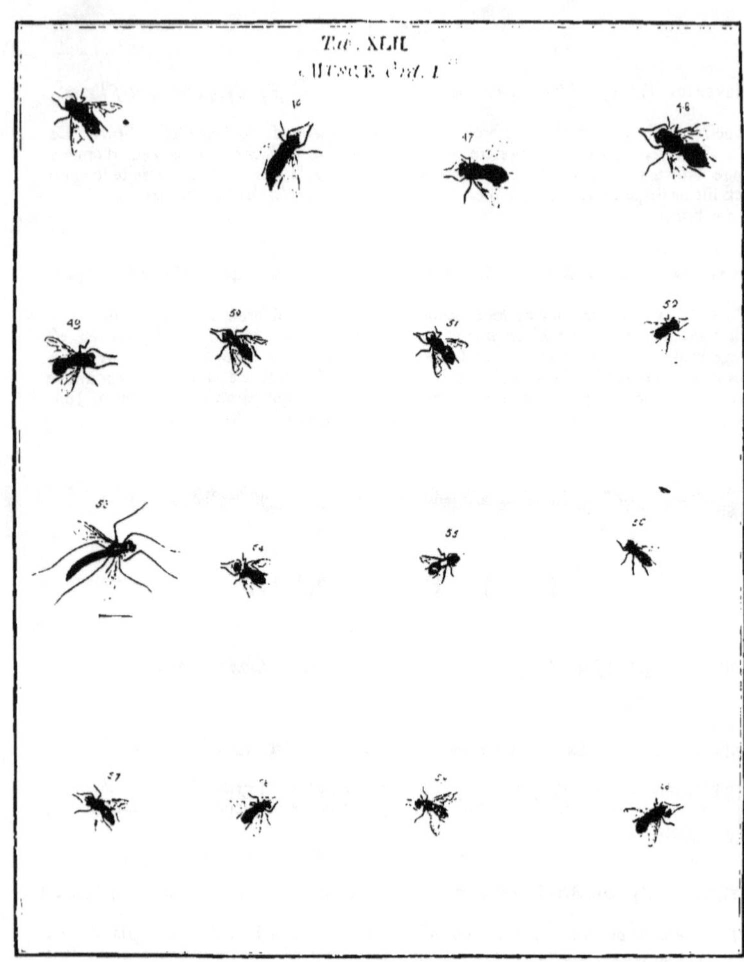
Tab. XLII.
MUSCÆ Cent. I

PROMANO. *Fig.* 47. *Meaſures four lines.*

The *thorax*, *ſcutulum*, *abdomen* and *legs* are of a jet black and gloſſy, and nothing elſe remarkable.

PROMANO. *Fig.* 47. *Meſure quatre lignes.*

Le *corſelet*, le *ſcutulum*, l'*abdomen* & les *jambes* ſont d'un noir de jais & luſtré; & il n'a rien autre de remarquable.

ORIOR. *Fig.* 48. *Meaſures four lines.*

The *thorax*, *ſcutulum* and *abdomen* are of an iron grey, or of a blueiſh black colour, the latter having ſome whitiſh glares near the edges of each annulus.

ORIOR. *Fig.* 48. *Meſure quatre lignes.*

Le *corſelet*, le *ſcutulum* & l'*abdomen* ſont coulenr de gris de fer ou de couleur bleuâtre noire. Ce dernier a quelques lueurs blanchâtres, près du bord de chaque auneau.

CONVOLO. *Fig.* 49. *Meaſures three lines.*

The *thorax*, *ſcutulum* and *abdomen* are of a duſky aſh colour, the latter having the edges or margins of each annulus black and gloſſy.

CONVOLO. *Fig.* 49. *Meſure trois lignes.*

Le *corſelet*, le *ſcutulum* & l'*abdomen* ſont couleur de cendre ſombre: les bords de chaque anneau de ce dernier ſont noirs & luſtrés.

CONFLUO. *Fig.* 50. *Meaſures three lines.*

The *thorax* is of a pale dun colour, having three broad black ſtripes along it. The *abdomen* is of the ſame colour, but each annulus hath a broad border of black.

CONFLUO. *Fig.* 50. *Meſure trois lignes.*

Le *corſelet* eſt de couleur tannée pâle, le long duquel il y a trois larges raies noires. L'*abdomen* eſt de la même couleur, mais chaque *anneau* a un large bord noir.

COEO. *Fig.* 51. *Meaſures two lines.*

The *thorax*, *ſcutulum* and *abdomen* are of a deep gloſſy blue green. The *legs* are black.

COEO. *Fig.* 51. *Meſure deux lignes.*

Le *corſelet*, le *ſcutulum* & l'*abdomen* ſont d'un bleu verd foncé & luſtré. Les *jambes* ſont noires.

CONVENIO. *Fig.* 52. *Meaſures two lines.*

The *thorax*, *ſcutulum* and *abdomen* are of a ſhining dirty black.

CONVENIO. *Fig.* 52. *Meſure deux lignes.*

Le *corſelet*, le *ſcutulum* & l'*abdomen* ſont d'un noir ſale luiſant.

INGRUO. *Fig.* 53. *Measures two lines.*

The *thorax* is short, and of a lovely green. The *abdomen* is very long, and of the same colour. The *legs* are very long and white.

INGRUO. *Fig.* 53. *Mesure deux lignes.*

Le *corselet* est court, & d'un charmant verd. L'*abdomen* est fort long, & de la même couleur. Les *jambes* sont fort longues, & blanches.

SERPO. *Fig.* 54. *Measures two lines.*

The *thorax*, *scutulum* and *abdomen* are of an ash colour, the latter having some small round black spots thereon.

SERPO. *Fig.* 54. *Mesure deux lignes.*

Le *corselet*, le *scutulum* & l'*abdomen* sont couleur de cendre ; le dessus de ce dernier a quelques petites taches rondes noires.

RAPAX. *Fig.* 55. *Measures two lines.*

The *thorax*, *scutulum* and *abdomen* are of a lovely green. The *legs* are black. The *thorax* of some are a little inclinable to blue.

RAPAX. *Fig.* 55. *Mesure deux ligues.*

Le *corselet*, le *scutulum* & l'*abdomen* sont d'un verd charmant. Les *jambes* sont noires. Le *corselet* de quelques-unes est un peu enclin sur le bleu.

PARCUS. *Fig.* 56. *Measures two lines.*

The *thorax* is of an ash colour, and hath three black lines thereon. The *abdomen* is of a light grey. The edges of the annuli are black, and a black line lies down the middle.

PARCUS. *Fig.* 56. *Mesure deux lignes.*

Le *corselet* est couleur de cendre, & a sur le dessus trois lignes noires. L'*abdomen* est d'un gris clair. Les bords des anneaux sont noirs ; & le long du milieu il y a une ligne noire.

INTERVENTUM. *Fig.* 57. *Measures two lines.*

The *larger eyes* are red. The *thorax*, *abdomen* and *legs* are black and glossy. The *wings* are dusky, except a white spot at the tip of each, which is clear.

INTERVENTUM. *Fig.* 57. *Mesure deux lignes.*

Les *grands yeux* sont rouges. Le *corselet*, l'*abdomen* & les *jambes* sout noires & lustrées. Les *ailes* sont obscures, excepté une tache blanche au bout de chacune qui est claire.

RECEDANS. *Fig.* 58. *Measures three lines.*

The *larger eyes* are red. The *thorax* is black and glossy. The *abdomen* is also black and somewhat long, and is in a strait line with the body, and not bending downward as in most others.

RECEDANS. *Fig.* 58. *Mesure trois lignes.*

Les *grands yeux* sont rouges. Le *corselet* est noir & lustré. L'*abdomen* est aussi noir, un peu long, & est en droite ligne avec le corps, & pas recourbé en bas, comme dans plusieurs autres.

5

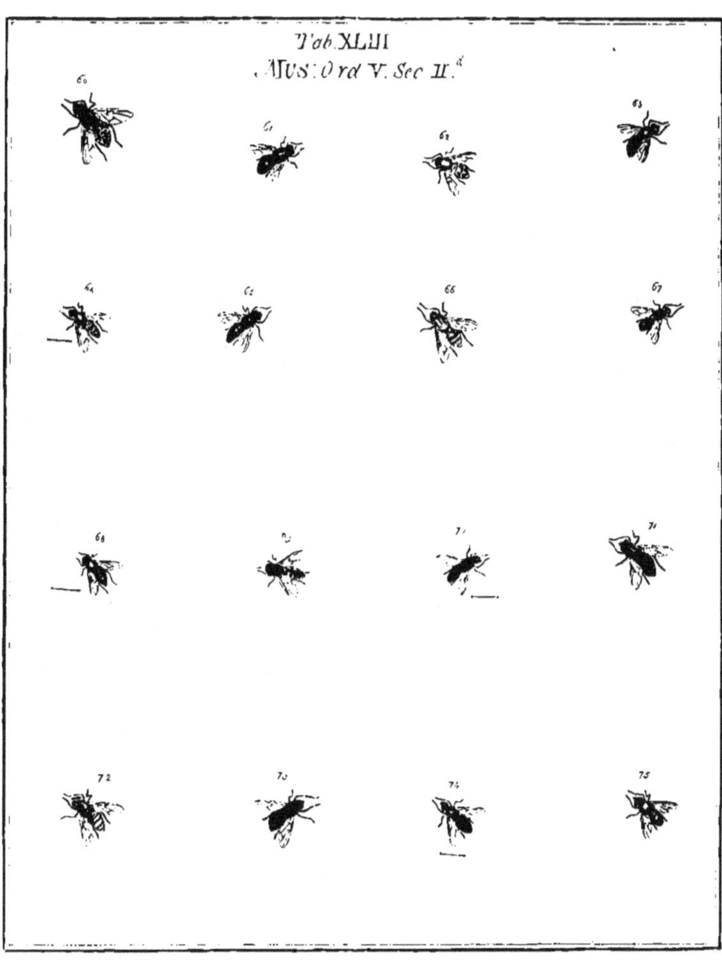
Tab. XLIII
MUS: Ord V. Sec II.d
60
63
66
67
68
72
75

Redians. *Fig.* 59. *Measures two lines.*

The *thorax*, *abdomen*, and all other parts of this fly, are totally of a clay or dun colour, except the *frontlet*, which is red.

Interventus. *Fig.* 60. *Measures three lines.*

The *thorax* is of an iron grey. The *scutulum* is brown. The *abdomen* is black and glossy, having some white glares appearing under the edges of the annuli.

The manner of their breeding is various. Some feed on dead carcases in their worm state, others on the leaves of plants; and a small sort feed withinside the leaf, between the upper and lower pellicle. Some on the outside feed on the aphis. Many different species feed on the inside of caterpillars of every sort, from whence the caterpillars emerge, by eating a hole in its side, and presently changes into an oval brown case, which at a certain time produces the fly. A variety of others, the Musca Domestica in particular, are bred from the earth, especially such earth as is moist, and by the sides of stinking ditches, where they may be found all the latter part of the summer.

Redians. *Fig.* 59. *Mesure deux lignes.*

Le *corselet*, l'*abdomen*, & toutes les autres parties de cette mouche, sont entièrement couleur d'argile ou d'orange tanné, excepté le *fronteau*, qui est rouge.

Interventus. *Fig.* 60. *Mesure trois lignes.*

Le *corselet* est d'un gris de fer. Le *scutulum* est brun. L'*abdomen* est noir & lustré, avec quelques lueurs blanches qui paroissent sous les bords des anneaux.

La manière de leur engendrement est différent: les unes se nourrissent sur les carcasses lorsque dans leur condition de vers, d'autres sur les feuilles des plantes; & une autre petite sorte se nourrit au-dedans des feuilles, entre le pellicule du dessus & du bas. Les unes au dehors se nourrissent sur les bouts. Plusieurs espèces différentes se nourrissent du dedans des chenilles de chaque sorte, d'où les chenilles sortent en faisant un trou au côté, & bientôt change en étui ovale brun, qui dans un certain temps produit la mouche. Quantité d'autres, la Musca Domestica en particulier, est engendrée de la terre, particulièrement la terre humide, & sur les côtés des fossés puans, où on peut les trouver sur la fin de l'été.

T A B. XLIII.

M U S C A. Order V.

S E C T I O N II.

Subventus. *Fig.* 60. *Measures six lines.*

THE *larger eyes* are red. The *thorax* of a dirty grey. The *scutulum* of reddish brown of a yellowish dun colour, having

Subventus. *Fig.* 60. *Mesure six lignes.*

LES *grands yeux* sont rouges. Le *corselet* d'un gris sale. Le *scutulum* d'un rouge brun, de couleur jaunâtre tannée; a sur

ing feveral darkifh fpots thereon, that in fome pofitions appear light, changing its colour like brocade.

fur le deffus plufieurs taches obfcures, qui dans quelques pofitions paroiffent claires, changeant leur couleur à la reffemblance de brocade.

Reditus. *Fig.* 61. *Meafures four lines.*

The *thorax*, *fcutulum* and *abdomen* are of a dirty iron grey; but the latter hath a dark line down the middle.

Reditus. *Fig.* 61. *Mefure quatre lignes.*

Le *corfelet*, le *fcutulum* & l'*abdomen* font de couleur tannée obfcure; mais ce dernier a une ligne obfcure le long du milieu.

Reversio. *Fig.* 62. *Meafures three lines.*

The *thorax*, *fcutulum* and *abdomen* are of a tawny dun colour, the latter having four black fpots thereon, which form a fquare with each other: near the *anus* is another fmall one, fcarcely to be feen in fome.

Reversio. *Fig.* 62. *Mefure trois lignes.*

Le *corfelet*, le *fcutulum* & l'*abdomen* font de couleur tannée obfcure; fur le deffus de ce dernier il y a quatre taches noires, qui avec chaque autre forment un quarré: proche de l'*anus* il y en a une autre petite qui dans quelques-unes eft à peine vifible.

Decore. *Fig.* 63. *Meafures three lines.*

The *thorax*, *fcutulum* and *abdomen* are of a dark olive brown colour, having very little hair on the *abdomen*.

Decore. *Fig.* 63. *Mefure trois lignes.*

Le *corfelet*, le *fcutulum*, & l'*abdomen* font couleur d'olive brun obfcur, avec très-peu de poils fur l'*abdomen*.

Ornate. *Fig.* 64. *Meafures three lines.*

The *thorax* is of a dark dull brown. The *abdomen* is of a dun colour, having three black fpots on each annulus.

Ornate. *Fig.* 64. *Mefure trois lignes.*

Le *corfelet* eft d'un brun obfcur fombre. L'*abdomen* eft de couleur tannée, & a trois taches noires fur chaque anneau.

Solor. *Fig.* 65. *Meafures three lines.*

The *thorax* is of a dull black. The *larger eyes* are red. The *abdomen* is black and gloffy, and lies in a ftrait line with the thorax.

Solor. *Fig.* 65. *Mefure trois lignes.*

Le *corfelet* eft d'un noir obfcur. Les *grands yeux* font rouges. L'*abdomen* eft noir & luftré, & eft en droite ligne avec le *corfelet*.

Lenio. *Fig.* 66. *Measures four lines.*

The *frontlet* is red. The *thorax* is of a dun colour, having thereon three black lines, between each of which are set a regular row of bristles. The *abdomen* is of the same dun colour, having a dark list down the middle. *Legs* are brown.

Lenio. *Fig.* 66. *Mesure quatre lignes.*

Le *fronteau* est rouge. Le *corselet* est de couleur tannée, au-dessus duquel il y a trois lignes noires, entre chacune desquelles est un rang régulier de soie. L'*abdomen* est de même couleur tannée, avec une ligne obscure le long du milieu. Les *jambes* sont brunes.

Allevo. *Fig.* 67. *Measures five lines.*

The *thorax* is of a dull black. The *abdomen* is black, but hath a greyish gloss, which is not seen, but in some positions: when a black triangular spot is visible on each annulus. The *abdomen* is strait, not curved.

Allevo. *Fig.* 67. *Mesure cinq lignes.*

Le *corselet* est d'un noir sombre. L'*abdomen* est noir, & a un lustre grisâtre qui ne se voit que dans de certaines positions; & une tache noire triangulaire est visible sur chaque *anneau*. L'*abdomen* n'est pas courbé, mais est droit.

Structus. *Fig.* 68. *Measures two lines.*

The *frontlet* red. The *thorax* and *abdomen* are black and glossy. The *legs* are also black. The *wings* are clear and white.

Structus. *Fig.* 68. *Mesure deux lignes.*

Le *fronteau* est rouge. Le *corselet* & l'*abdomen* sont noirs & lustrés. Les *jambes* sont aussi noires. Les *ailes* sont claires & blanches.

Socio. *Fig.* 69. *Measures three lines.*

The *thorax* is of a dark dirty brown, and a little glossy. The *fillets* between the eyes shine like silver. The *abdomen* is of a dark dirty olive, a little glossy, having two orange spots on each side near the thorax. This fly is common in houses, in May and August.

Socio. *Fig.* 69. *Mesure trois lignes.*

Le *corselet* est d'un brun obscur, sale, & un peu lustré. Les *bandeaux* entre les yeux reluisent comme l'argent. L'*abdomen* est couleur d'olive obscur sale, un peu lustré, avec deux taches couleur d'orange à chaque côté proches du corselet. Cette mouche est commune dans les maisons, en Mai & Août.

Exactus. *Fig.* 70. *Measures two lines.*

The *frontlet* is red. The *thorax*, *abdomen* and *legs* are of a dark brown, and a little glossy. The *antennæ* are long.

Exactus. *Fig.* 70. *Mesure deux lignes.*

Le *fronteau* est rouge. Le *corselet*, l'*abdomen*, & les *jambes*, sont d'un brun obscur, & un peu lustrés. Les *antennes* sont longues.

DOMITOR. *Fig.* 71. *Meaſures three lines.*

The *frontlet* is black. The *thorax* is black and a little gloſſy, having three broadiſh ſtripes on it, one on each ſide, and another in the middle. The *abdomen* is of an iron grey, having ſome glares of whitiſh grey near the rims of each annulus.

DOMITOR. *Fig.* 71. *Meſure trois lignes.*

Le *fronteau* eſt noir. Le *corſelet* eſt noir & un peu luſtré, ſur lequel il y a trois larges raies, une à chaque coté, & une autre dans le milieu. L'*abdomen* eſt d'un gris de fer, & a quelques lueurs d'un gris blancheâtre près des bords de chaque anneau.

LUSTRATOR. *Fig.* 72. *Meaſures three lines.*

The *larger eyes* are red. The *thorax* is of a darkiſh dun colour. The *abdomen* is of an orange brown. The *legs* and *ligatures* of the *wings* are of a brown orange.

LUSTRATOR. *Fig.* 72. *Meſure trois lignes.*

Les *grands yeux* ſont rouges. Le *corſelet* eſt de couleur tannée obſcure. L'*abdomen* eſt d'un brun orange. Les *jambes* & les *ligatures* des *ailes* ſont d'un brun orange.

MANTES. *Fig.* 73. *Meaſures three lines.*

The *frontlet* is black. The *thorax* and *abdomen*, &c. are of a diſmal black, inclining to olive. The *ligatures* or joints of the *wings* are browniſh.

MANTES. *Fig.* 73. *Meſure trois lignes.*

Le *fronteau* eſt noir. Le *corſelet*, l'*abdomen*, &c. ſont d'un miſérable noir, penchant à l'olive. Les *ligatures* ou jointures des *ailes* ſont brunâtres.

IRRITANS. *Fig.* 74. *Meaſures two lines.*

The *thorax* is of a dark dirty colour, a little upon the dun. The *abdomen* is of a dark dun colour, having a black line down the middle. The edge of each annulus is black, or appears ſo from their being apart from each other, ſo that the *abdomen* is divided into eight ſquare compartments. There are ſome darkiſh ſtripes on the *thorax*. The *head* is furniſhed with a proboſcis. This is the fly which teazes the cows, &c. by ſettling on their ſides in thouſands, and ſucking them. See Linn. Conops. 3.

IRRITANS. *Fig.* 74. *Meſure deux lignes.*

Le *corſelet* eſt de couleur obſcure ſale, un peu ſur le tanné. L'*abdomen* eſt d'une couleur ſombre, avec une ligne noire le long du milieu. Le bord de chaque anneau eſt noir, ou paroît ainſi, parce qu'ils ſont ſéparés l'une de l'autre, ainſi que l'*abdomen* eſt diviſé en compartimens de huit quarrés. Il y a quelques lignes obſcures ſur le *corſelet*. La *tête* eſt garnie d'une trompe. Celle-ci eſt la mouche qui tourmente les vaches, &c. en ſe fixant ſur leurs peaux par milliers & les ſuçant. Voyez Linn. Conops. 3.

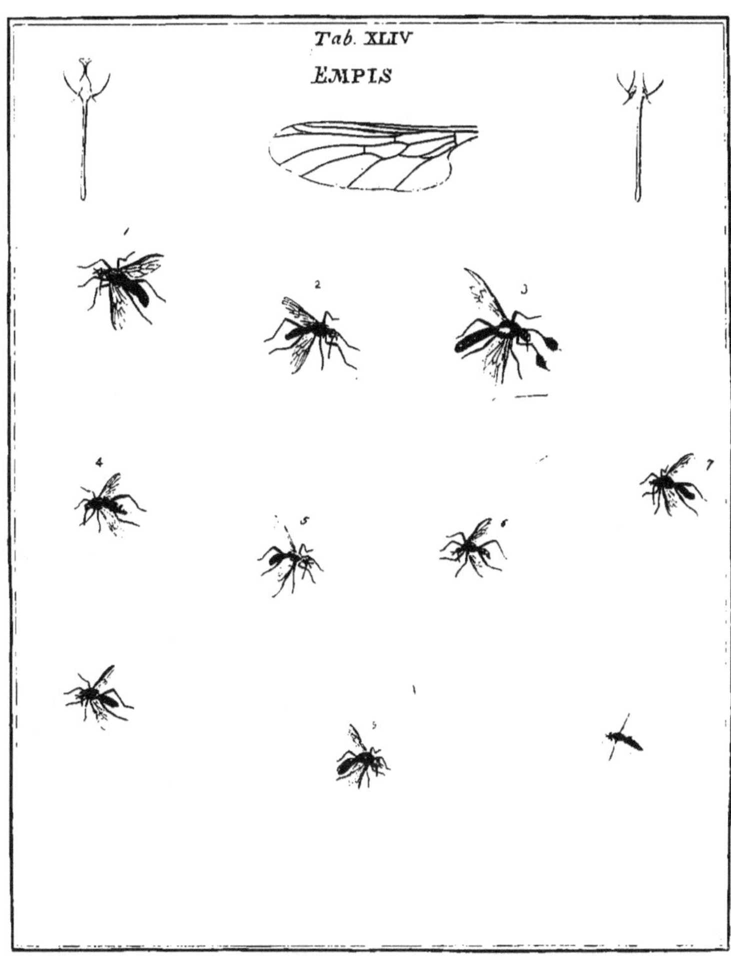
Tab. XLIV
EMPIS
1
2
3
4
5
6
7
1
5

CONSTANS. *Fig.* 75.

The *thorax* is of a dark dirty olive, nearly black, and of a dead gloſs. The *abdomen* is lighter, appearing more upon the dun.

CONSTANS. *Fig.* 75.

Le *corſelet* eſt d'un olive obſcur ſale, preſque noir, & d'un luſtre mort. L'*abdomen* eſt plus clair, reſſemblant plus à la couleur ſombre.

TAB. XLIV.

DIPTERA. EMPIS.

A Wing of the Empis, with its Tendons, carefully delineated.

The Sexes are diſcovered by the larger eyes; the Male *having them cloſe together; and in the* Female *they are parted by the frontlet, as expreſſed in the two figures in the plate, drawn as they appeared through a magnifier. They have three little eyes on the top of the head.*

Une Aile de l'Empis, avec ſes Tendons, ſoigneuſement deſſinée.

On en découvre le Sexe par les grands yeux. Le Mâle *les a proches l'un de l'autre; & dans la* Femelle *ils ſont ſéparés par le fronteau, comme exprimé dans les deux figures dans la planche, deſſinée comme elles paroiſſent au microſcope. Elles ont trois petits yeux au-deſſus de la tête.*

LIVIDA. *Fig.* 1. *Meaſures five lines.*

THE *larger eyes* are red. The *thorax* is of a dun colour, having three black lines on the upper part. The *abdomen* and the under part of the *thorax* are of a lightiſh dun olive. The *annuli* of the former are dark and gloſſy ſome way upward from the edges. The *wings* are of a pale orange brown. The *legs* dark brown. See Linn. Empis. 3.

LIVIDA. *Fig.* 1. *Meſure cinq lignes.*

LES *grands yeux* ſont rouges. Le *corſelet* eſt de couleur ſombre, avec trois lignes noires ſur la partie ſupérieure. L'*abdomen* & la partie de deſſous du *corſelet* ſont couleur d'olive ſombre claire. Les *anneaux* du premier ſont obſcurs & luſtrés, un peu audeſſus des bords. Les *ailes* ſont couleur d'orange brun pâle. Les *jambes* d'un brun obſcur. Voyez Linn. Empis. 3.

CONSTANS. *Fig.* 2. *Meaſures four lines.*

The *thorax* is of a dun brown. The *abdomen* and *legs* of an orange brown. *Wings* are duſky.

CONSTANS. *Fig.* 2. *Meſure quatre lignes.*

Le *corſelet* eſt d'un brun ſombre. L'*abdomen* & les *jambes* d'orange brun. Les *ailes* ſont obſcures.

CLAVIPES. *Fig.* 3. *Meaſures near three lines.*

The *head* is very ſmall. The *thorax, abdomen, legs,* &c. are of a dark, ſad, dirty olive. The *fore legs* have the joint next the feet clubbed, each ball or club twice as large as the head. The *wings* are a little miſty.

CLAVIPES. *Fig.* 3. *Meſure près de trois lignes.*

La *tête* eſt très-petite. Le *corſelet,* l'*abdomen,* les *jambes,* &c. ſont de couleur olive obſcure, triſte, ſale. Les *jambes* de devant ont les jointures proches des pieds groſſes ; chaque nœud ou groſſeur eſt deux fois auſſi gros que la tête. Les *ailes* ſont un peu nuagées.

FUGEO. *Fig.* 4. *Meaſures three lines and a half.*

The *thorax* and *abdomen* are of a browniſh olive. The *legs* are orange brown. The *wings* clear.

FUGEO. *Fig.* 4. *Meſure trois lignes & demie.*

Le *corſelet* & l'*abdomen* ſont couleur d'olive brunâtre. Les *jambes* ſont olive brun. Les *ailes* ſont claires.

PERTINAX. *Fig.* 5. *Meaſures three lines.*

The *thorax* and all other parts of this inſect are of an orange colour, except a black line which divides the *thorax* in two parts. The *wings* are of a pale orange.

PERTINAX. *Fig.* 5. *Meſure trois lignes.*

Le *corſelet* & toutes les autres parties de cette inſecte ſont couleur d'orange, excepté une ligne noire qui diviſe le *corſelet* en deux parties. Les *ailes* ſont d'un pâle orange.

OERTUS. *Fig.* 6. *Meaſures two lines.*

This, though not above one quarter the ſize of the above, is in every reſpect like it, except the black line on the *thorax,* this having none.

OERTUS. *Fig.* 6. *Meſure deux lignes.*

Celle-ci, quoiqu'elle n'eſt pas un quart de la groſſeur de celle ci-deſſus, lui eſt à tout égard ſemblable, excepté la ligne noire ſur le *corſelet,* celle-ci n'en ayant point.

CONFIDENS.

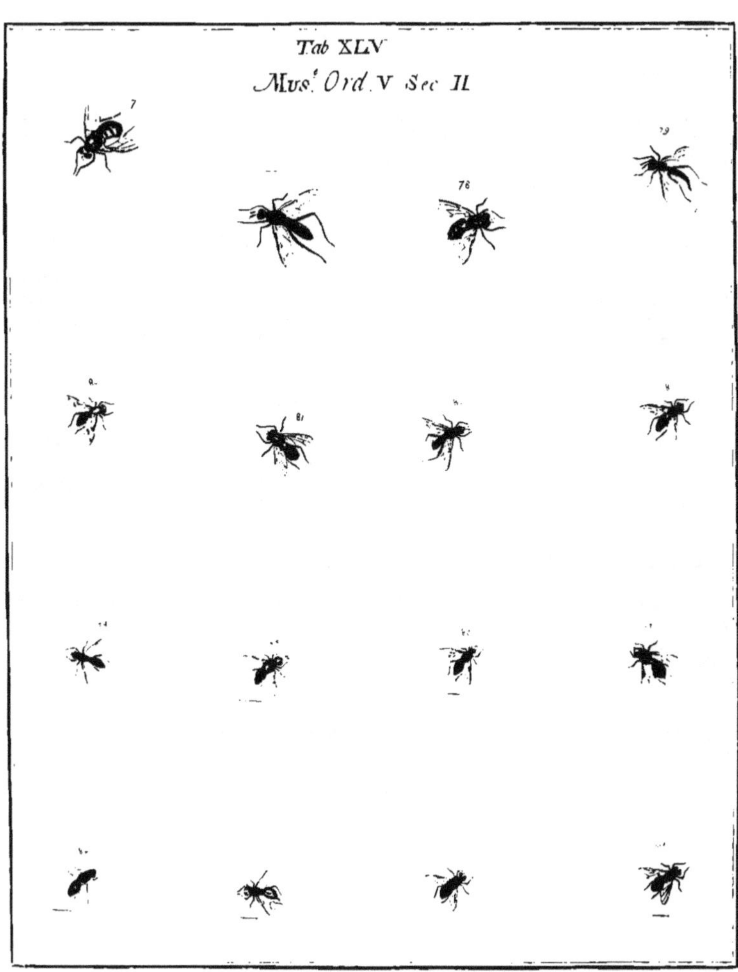
Tab XLV
Mus.ᵉ Ord. V Sec II
7
79
78
81

Confidens. *Fig*. 7. *Measures three lines.*

The *thorax* and *abdomen* are of a dun ash colour. The *legs* are brown, especially at the knees. The *thighs* of the hind legs are thick and clubbed.

Confidens. *Fig*. 7. *Mesure trois lignes.*

Le *corselet* & l'*abdomen* sont couleur de cendre sombre. Les *jambes* sont brunes, particulièrement aux genoux. Les *cuisses* des *jambes* de derrière sont épaisses & grosses.

Fixus. *Fig*. 8. *Measures three lines.*

The *thorax* is of a very dark dun, nearly black, having three black lines thereon. The *abdomen* and *legs* are black. The *wings* are brownish.

Fixus. *Fig*. 8. *Mesure trois lignes.*

Le *corselet* est d'une couleur fort sombre à-peu-près noir, & a sur le dessus trois lignes noires. L'*abdomen* & les *jambes* sont noires. Les *ailes* sont brunâtres.

Vicanus. *Fig*. 9. *Measures four lines.*

The *larger eyes* are red. The *thorax* is of a dark olive colour, and of a languid gloss. The *abdomen* and *legs* are nearly black. *Wings* brownish.

Vicanus. *Fig*. 9. *Mesure quatre lignes.*

Les *grands yeux* sont rouges. Le *corselet* est couleur d'olive obscur, & d'un foible lustre. L'*abdomen* & les *jambes* sont presque noires. Les *ailes* sont brunâtres.

Avidus. *Fig*. 10. *Measures three lines.*

The *thorax* is brown. The *abdomen* of a pale brown. On the *wings* are a few dark cloud-like specks near the middle, on the sector edge.

Avidus. *Fig*. 10. *Mesure trois lignes.*

Le *corselet* est brun. L'*abdomen* est d'un brun pâle. Sur les *ailes*, près du bord tranchant, il y a quelques nuages obscurs qui ressemblent à des taches.

T A B. XLV.

M U S C Æ. Order V.

SECTION II. CONTINUED.

Princeps. *Fig*. 76. *Measures four lines.*

THE *frontlet* and *thorax* are of a dark dun colour. The *scutulum*, *ligaments* of the *wings* and *legs* are of brown orange.

Princeps. *Fig*. 76. *Mesure quatre lignes.*

LE *fronteau* & le *corselet* sont de couleur tannée obscure. Le *scutulum*, les *ligamens* des *ailes* & les *jambes* sont d'un brun-orange.

SIMULATOR. *Fig.* 77. *Meaſures four lines.*

The *antennæ* are long, and a little clubbed, and have a little hair at the end of each. The *frontlet* is of a fine gloſſy blue. The *thorax* is of an aſh colour. The *abdomen* is black and gloſſy, having a reddiſh appearance in ſome poſitions. The *legs* are long and red.

SIMULATOR. *Fig.* 77. *Meſure quatre lignes.*

Les *antennes* ſont longues, & paroiſſent comme retrouſſées, & ont un peu de poils au bout de chacune. Le *fronteau* eſt d'un beau bleu luſtré. Le *corſelet* eſt couleur de cendre. L'*abdomen* eſt noir & luſtré, & dans de certaines poſitions paroît rougeâtre. Les *jambes* ſont longues & rouges.

VICANUS. *Fig.* 78. *Meaſures four lines.*

The *thorax* and *legs* are black. The *abdomen* appears of a greyiſh dun colour, and hath a dark line down the middle, the whole appearing in ſome directions to have a greyiſh glare.

VICANUS. *Fig.* 78. *Meſure quatre lignes.*

Le *corſelet* & les *jambes* ſont noires. L'*abdomen* paroît d'une couleur griſâtre tannée, & a une ligne obſcure le long du milieu; dans de certaines directions le tout paroît avoir une lueur griſâtre.

LONGERRO. *Fig.* 79. *Meaſures ſeven lines.*

The *thorax* of an orange brown. The *frontlet* red brown. *Abdomen* black. *Legs* yellow.

LONGERRO. *Fig.* 79. *Meſure quatre lignes.*

Le *corſelet* eſt orange brun. Le *frontlet* rouge brun. L'*abdomen* noir. Les *jambes* jaunes.

AVARUS. *Fig.* 80. *Meaſures three lines.*

The *thorax*, *abdomen* and *legs* are of an orange clay colour. The *wings* are prettily clouded with paliſh ſpots. The tips of the *wings* are whitiſh.

AVARUS. *Fig.* 80. *Meſure trois lignes.*

Le *corſelet*, l'*abdomen* & les *jambes* ſont couleur d'orange argile. Les *ailes* ſont joliment nuagées de taches pâles. Les bouts des *ailes* ſont blanchâtres.

FICTOR. *Fig.* 81. *Meaſures four lines.*

The *thorax* is almoſt black, except toward the ſhoulders, where are four black ſtripes ſcarcely viſible. The *abdomen* is of a dun colour, having ſix black ſpots thereon; two on the firſt annulus cloſe to the ſcutulum, and two on each of the ſucceeding ones.

FICTOR. *Fig.* 81. *Meſure quatre lignes.*

Le *corſelet* eſt preſque noir, excepté vers les épaules, où il y a quatre taches noires à peine viſibles. L'*abdomen* eſt de couleur ſombre, ſur le deſſus duquel il y a ſix taches noires, deux ſur le premier anneau près du ſcutulum, & deux ſur chaque autre qui le ſuccède.

Vagus. *Fig.* 82. *Measures three lines.*

The *antennæ* are long. The *head, thorax, abdomen,* &c. are entirely of a reddiſh brown colour. It hath a very ſmall ſpeck in the middle of each wing.

Vagus. *Fig.* 82. *Meſure trois lignes.*

Les *antennes* ſont longues. La *tête*, le *corſelet*, l'*abdomen*, &c. ſont entièrement de couleur rougeâtre brun, & une très-petite tache dans le milieu de chaque aile.

Socio Minor. *Fig.* 83. *Measures two lines.*

The *fillets* which ſurround the eyes are dark, near a black; or elſe in every other reſpect, but in ſize, it reſembles Muſca. Socio. Tab. 43. Fig. 69.

Socio Minor. *Fig.* 83. *Meſure deux lignes.*

Les *bandeaux* qui environnent les yeux ſont obſcurs, preſque noirs; ou autrement, à tout autre égard, excepté la taille, il reſſemble à Muſca Socio. Tab. 43. Fig. 69.

Paganus. *Fig.* 84. *Measures three lines.*

The *frontlet* is orange. The *thorax* and *abdomen* black and gloſſy. The *legs* pale orange.

Paganus. *Fig.* 84. *Meſure trois lignes.*

Le *fronteau* eſt orange. Le *corſelet* & l'*abdomen* ſont noirs & luſtrés. Les *jambes* orange pâle.

Urbanus. *Fig.* 85. *Measures two lines.*

In the front of the *head* is a projecting ſnout, rather of an orange colour. The *frontlet* pale orange. The *thorax* is of a dun colour. The *legs* and *abdomen* are of a pale orange, the latter having a dark line reaching from the *anus*, which is black, up to the ſcutcheon.

Urbanus. *Fig.* 85. *Meſure deux lignes.*

Au front de la *tête* il y a un groin qui projette, & qui eſt plutôt couleur d'orange. Le *fronteau* couleur d'orange pâle. Le *corſelet* eſt d'une couleur ſombre. Les *jambes* & l'*abdomen* ſont d'un pâle orange; ce dernier a une ligne noire qui s'étend de l'*anus*, qui eſt noir, juſqu'au *ſcutulum*.

Comio. *Fig.* 86. *Measures two lines.*

The *head, thorax, abdomen* and *legs* are all of a dark red brown colour, quite naked and gloſſy.

Comio. *Fig.* 85. *Meſure deux lignes.*

La *tête*, le *corſelet*, l'*abdomen* & les *jambes* ſont tous de la couleur d'un rouge brun obſcur, entièrement nuds & luſtrés.

CLEMENS. *Fig.* 87. *Meaſures three lines.*

The *larger eyes* are red. The *fillets* remarkably broad. The *frontlet* very narrow and reddiſh. The *thorax* is of a dun colour, lightiſh about the ſhoulders. The *abdomen* is of a dun colour, and the *legs* brown.

CLEMENS. *Fig.* 87. *Meſure trois lignes.*

Les *grands yeux* ſont rouges. Les *bandeaux* ſont remarquablement larges. Le *fronteau* très-étroit & rougeâtre. Le *corſelet* eſt de couleur ſombre, & clair autour des épaules. L'*abdomen* eſt de couleur ſombre. Les *jambes* ſont brunes.

LENIS. *Fig.* 88. *Meaſures one line.*

The *head, thorax* and *abdomen* are of a ſand colour. The *frontlet* is orange. The *wings* are of the appearance of pearl; but the *tendons* are black, eſpecially toward the tips or apices.

LENIS. *Fig.* 88. *Meſure une ligne.*

La *tête*, le *corſelet* & l'*abdomen* ſont de couleur roux. Le *fronteau* eſt orange. Les *ailes* reſſemblant à la perle; mais les *tendons* ſont noirs, particulièrement vers les bouts.

VECORS. *Fig.* 89. *Meaſures two lines.*

The whole inſect is black, and of a fine poliſh. The *wings* are white and clear. The *abdomen* forms itſelf to a ſharp point at the *anus*.

VECORS. *Fig.* 89. *Meſure deux lignes.*

Tout cet inſecte eſt noir, & d'un beau poli. Les *ailes* ſont blanches & claires. L'*abdomen* ſe forme en pointe aiguë à l'*anus*.

EXCORS. *Fig.* 90. *Meaſures three lines.*

The *frontlet* is red. The *thorax* and *abdomen* are of a dun colour. *Legs* the ſame, but darker. The *ligaments* of the *wings* appear browniſh.

EXCORS. *Fig.* 90. *Meſure trois lignes.*

Le *fronteau* eſt rouge. Le *corſelet* & l'*abdomen* ſont de couleur tannée ou ſombre. Les *jambes* de même couleur, mais plus foncée. Les *ligamens* des *ailes* paroiſſent brunâtres.

IGNAVUS. *Fig.* 91. *Meaſures three lines and a half.*

The *frontlet* is black and gloſſy. The *thorax* black, and of a fine gloſs; and the black ſeems to have the appearance of a deep reddiſh or bloody hue. The *abdomen* is black and ſhining; but appears ſomewhat braſſy. The *legs* are black.

This

IGNAVUS. *Fig.* 91. *Meſure trois lignes & demie.*

Le *fronteau* eſt noir & luſtré. Le *corſelet* eſt noir, & d'un beau luſtre; & le noir a l'apparence d'un rouge foncé, ou de teinture de ſang. L'*abdomen* eſt noir & luſtré, mais paroît en quelque façon couleur d'airain. Les *jambes* ſont noires.

Cc:

Neuroptera Order 4th

This order of the Musca delights chiefly in the dung of other animals, that of oxen particularly; but they also feed on other flies. The author has very often found them sucking one of their own order; and when startled, will fly away with it in their claws. The principal haunts of the various species are on leaves of flowers, in woods and lanes, against the bodies of trees, near putrid ditches; and others in meadows, on the flowers of the dandelion, on the inner side of windows, &c.

Cet ordre de Musca se plaît principalement dans le fumier d'autres animaux, particulièrement celui de bœufs; ils se nourrissent aussi d'autres mouches. L'auteur les a trouvées fort souvent à sucer une de leur propre espèce, & quand épouvantées s'envoler avec leur proie entre leurs griffes. Leur principe est de fréquenter les diverses espèces de feuilles de fleurs, dans les bois & les ruelles, contre le corps des arbres, près des fossés puans; & autres, dans les prairies, sur les fleurs de dent-de-lion, ou le dedans des fenêtres, &c.

TAB. XLVI.

LIBELLULÆ. WINGS EXPANDED.

MACULATA. *Fig.* 1. *Expands three inches and a quarter.*

THE *nose* is of a yellow brown, having a projection of the same colour above it, beneath which lies concealed one of its eyes; the other two are placed, on each side one. The *thorax* and *abdomen* are covered with hair of a fine yellow brown. The *abdomen* is flat, and hath three edges like a sword. The *wings* are stained with a fine brownish yellow near the body. The *superior wings* have a brown spot in the midde of the rector edge, and a long black one near the apex. The *inferior wings* are spotted the same as the other; but have an additional one on the abdominal edge, of ten times the size of the former. The *legs* of the libellas are black in general.

MACULATA. *Fig.* 1. *Déploie ses ailes trois pouces & un quart.*

LE *nez* est d'un jaune brun, au dessus duquel il y a une projection de même couleur, & un de ses yeux est caché dessous cette projection; les deux autres sont placés à chaque côté l'un de l'autre. Le *corselet* & l'*abdomen* sont couverts de poils d'un beau jaune brun. L'*abdomen* est plat, & a trois tranchans comme une épée. Les *ailes* sont teintes d'un beau jaune brunâtre près du corps. Les *ailes supérieures* ont une tache brune dans le milieu du bord tranchant, & une autre noire longue proche des bouts. Les *ailes inférieures* sont tachetées de même que les autres; mais il y en a une de surplus sur les bords abdominaux, dix fois plus larges que les premières. Les *jambes* des libellas sont généralement noires.

FUGAX.

FUGAX. *Fig.* 2. *Expands two inches and three quarters.*

The *nose*, *thorax* and *abdomen* are of a fine yellow brown. The *abdomen* is shaped like the former. The *superior wings* have a brown spot at the apices, and a narrow stroke of brown near the *thorax*. The *inferior* have also dark spots at the apices, and another on each of the abdominal edges very dark, and in form like that of the foregoing. All the *wings* are stained with yellow on the sector edges, and near the body.

FUGAX. *Fig.* 2. *Déploie ses ailes deux pouces & trois quarts.*

Le *nez*, le *corselet* & l'*abdomen* sont d'un beau jaune brun. L'*abdomen* est formé comme la première. Les *ailes supérieures* ont une tache brune aux bouts, & une raie brune étroite proche du *corselet*. Les *ailes inférieures* ont aussi aux bouts des taches obscures, & une autre sur chaque bord abdominal, qui est très-obscure, & en forme comme celle de la précédente. Toutes les *ailes* sont teintes de jaune aux bords tranchans, & proche du corps.

VULGATA. *Fig.* 3. *Expands two inches.*

The *nose* is of a yellow brown. The *larger eyes* are of a deep red brown. The *thorax* is of a deep orange red. The *abdomen* is of a lovely deep blood-coloured scarlet. The *wings* are stained with orange colour near the body.

VULGATA. *Fig.* 3. *Déploie ses ailes deux pouces.*

Le *nez* est d'un jaune brun. Les *grands yeux* sont d'un rouge brun foncé. Le *corselet* est orange rouge foncé. L'*abdomen* est d'une jolie couleur de sang écarlate foncée. Les *ailes* proche du corps sont teintes de couleur orange.

FLAVEOLA. *Fig.* 4. *Expands two inches.*

The *nose* is yellow. The *thorax* is of a lovely yellow brown; but the sides are of a bright yellow, having irregular oblique streaks of black. The *abdomen* is of a fine yellow brown. *Wings* are clear. These generally settle in paths, and are vulgarly called the *path libella*.

FLAVEOLA. *Fig.* 4. *Déploie ses ailes deux pouces.*

Le *nez* est jaune. Le *corselet* est d'un joli jaune brun ; mais les côtés sont d'un jaune brillant, avec des raies noires obliques, irrégulières. L'*abdomen* est d'un beau jaune brun. Les *ailes* sont claires. Celles-ci se posent généralement dans les sentiers, & on les appelle vulgairement la *libella* des sentiers.

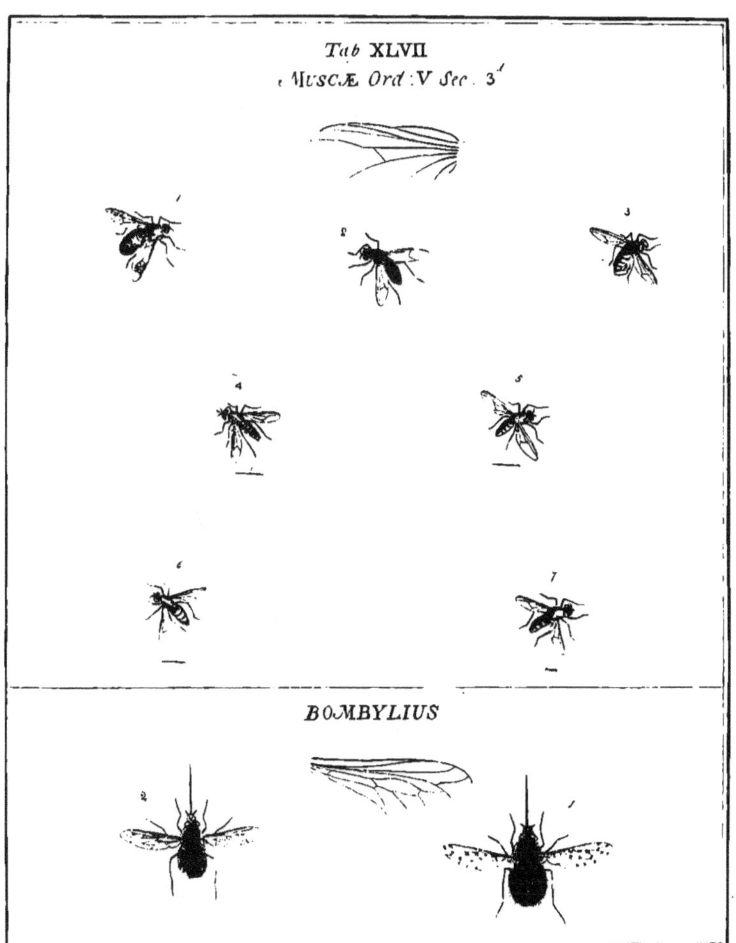
Tab XLVII
MUSCÆ Ord:V Sec. 3
1
2
3
4
5
6
7
BOMBYLIUS
2
1

TAB. XLVII.

MUSCA. ORDER V.

SECTION III.

A Wing of this Section carefully delineated.

Une Aile de cette Section soigneusement dessinée.

JOCO. *Fig.* 1. *Measures four lines.*

THE *thorax* is of a fine green. The *abdomen* the same, but a little upon the copper colour. The *legs* are yellow. The *wings* have a dark cloud-like spot toward the apices, which are tipt with white.

JOCO. *Fig.* 1. *Mesure quatre lignes.*

LE *corselet* est d'un beau verd. L'*abdomen* de même, mais tire un peu sur la couleur de cuivre. Les *jambes* sont jaunes. Les *ailes* ont un nuage obscur, comme une tache, près des bouts, qui sont teints de blanc.

LUDICRUS. *Fig.* 2. *Measures four lines.*

The *thorax* and *abdomen* are of a fine green. *Legs* are orange yellow; but the *wings* are clear and without spots.

LUDICRUS. *Fig.* 2. *Mesure quatre lignes.*

Le *corselet* & l'*abdomen* sont d'un beau verd. Les *jambes* sont couleur d'orange jaune; mais les *ailes* sont claires & sans taches.

LUDEUS. *Fig.* 3. *Measures three lines.*

The *thorax* is green. The *abdomen* is of an orange colour, but in a particular direction appears as white and glossy as polished silver.

LUDEUS. *Fig.* 3. *Mesure trois lignes.*

Le *corselet* est verd. L'*abdomen* est couleur d'orange, mais dans une particulière direction paroît aussi blanc & poli que l'argent.

HEBES. *Fig.* 4. *Measures two lines and a half.*

The *thorax* and *abdomen* are of a lovely dark green. The *wings* are clear, and the *legs* black.

SANNIO. *Fig.* 5. *Measures two lines.*

The *thorax* and *abdomen* are of a greenish copper colour. The *legs* are yellow. The *wings* are clear. It hath two dark lines on the *abdomen*.

CAUDEX. *Fig.* 6. *Measures two lines.*

The *thorax* is of a glossy green. The *abdomen* dark brown, having a coppery gloss. The *wings* are clear, and the *legs* brown.

AMICULA. *Fig.* 7. *Measures half a line.*

The *frontlet*, *thorax* and *abdomen* are of a bright and shining green. The *legs* are brown. The *wings* are radiant like mother-o'pearl.

They fly in woods, near wet, swampy places, in spring time, and settle on the leaves in large companies.

HEBES. *Fig.* 4. *Mesure deux lignes & demie.*

Le *corselet* & l'*abdomen* sont d'un beau verd obscur. Les *ailes* sont claires, & les *jambes* sont noires.

SANNIO. *Fig.* 5. *Mesure deux lignes.*

Le *corselet* & l'*abdomen* sont de couleur verdâtre de cuivre. Les *jambes* sont jaunes. Les *ailes* sont claires ; & il y a deux lignes obscures sur l'*abdomen*.

CAUDEX. *Fig.* 6. *Mesure deux lignes.*

Le *corselet* est d'un verd lustré. L'*abdomen* couleur de brun foncé, & d'un lustre de cuivre. Les *ailes* sont claires, & les *jambes* brunes.

AMICULA. *Fig.* 7. *Mesure une demi-ligne.*

Le *fronteau*, le *corselet* & l'*abdomen* sont d'un verd vif & luisant. Les *jambes* sont brunes. Les *ailes* sont brillantes comme la nacre de perle.

Elles volent au printemps dans les bois, près des places humides & marécageuses, & se reposent en grandes compagnies sur les feuilles.

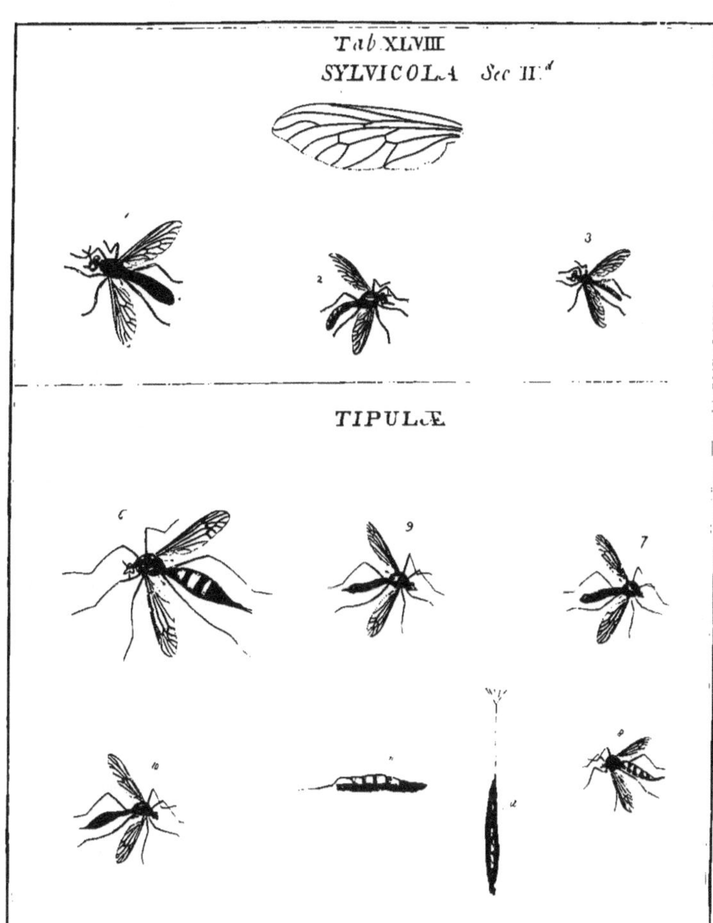
Tab. XLVIII
SYLVICOLA Sec. II.d
1
2
3
TIPULÆ
9
7
10
a

TAB. XLVIII.

SYLVICOLÆ. SECTION IV.

A Wing of this Section, with its Tendons, carefully delineated.

Une Aile de cette Section, avec ses Tendons, soigneusement dessinée.

LUGUBRIS. *Fig.* 1. *Measures nine lines.*

THE *frontlet* is of a buff colour. The *thorax* and *abdomen* are black and glossy. The *legs* are of an orange brown. The *feet* black. The *wings* are of a dark smokey brown colour, especially toward the thorax.

CURSOR. *Fig.* 2. *Measures six lines.*

The *frontlet* is white. The *thorax* and *abdomen* are black and glossy. The *legs* are orange, and *feet* black, except the hind legs which are totally black. The *wings* are clear.

INFORMIS. *Fig.* 3. *Measures four lines.*

The *frontlet* is white. The *thorax* and *abdomen* are of a dull black. The *legs* are black, a little ringed with orange. The *wings* are quite clear.

LUGUBRIS. *Fig.* 1. *Mesure neuf lignes.*

LE *fronteau* est d'un jaune foncé. Le *corselet* & l'*abdomen* sont noirs & lustrés. Les *jambes* sont couleur d'orange brun. Les *pieds* noirs. Les *ailes* sont de couleur brune fumée obscure, particulièrement près du corselet.

CURSOR. *Fig.* 2. *Mesure six lignes.*

Le *fronteau* est blanc. Le *corselet* & l'*abdomen* sont noirs & lustrés. Les *jambes* sont couleur d'orange, & les *pieds* noirs, excepté les *jambes* de derrière, qui sont entièrement noires. Les *ailes* sont claires.

INFORMIS. *Fig.* 3. *Mesure quatre lignes.*

Le *fronteau* est blanc. Le *corselet* & l'*abdomen* sont d'un noir triste. Les *jambes* sont noires, un peu teintes d'orange. Les *ailes* sont tout-à-fait claires.

TIPULÆ. *Continued.*

PERPULCHER. *Fig. 6. Measures twelve lines.*

THE *thorax* is black, and of a fine polish, bedecked with studs and spots of fine orange colour. The *abdomen* is of a deep velvet black, having three broad stripes across it of yellow, more beautiful than that of gold, and a round spot on each side below those of the same colour. The *anus* is also yellow. The *wings* are tinged with a fine amber colour. The *tendons* are black, and appear strong, having a black spot on each sector edge near the apex.

PERPULCHER. *Fig. 6. Mesure douze lignes.*

LE *corselet* est noir & d'un beau poli, orné de clous & de taches, de belle couleur orange. L'*abdomen* est d'un noir de velour foncé, avec trois larges raies jaunes qui le traversent, dont la couleur est plus brillante que celle d'or, & une tache ronde à chaque côté, au-dessous de celles-ci, de la même couleur. L'*anus* est aussi jaune. Les *ailes* sont teintes d'une belle couleur d'ambre. Les *tendons* sont noirs, paroissent forts, & ont une tache noire à chaque bord tranchant, près des bouts.

LENTUS. *Fig. 7. Expands one inch.*

The *thorax* and *abdomen* are black and a little glossy. The *ligatures* of the *wings* and the *balteries* are of a pale orange. The *legs* are of a dark brown, but yellowish next the body. The *wings* are broad and clear. The caterpillar feeds at the bottom of standing pools, especially those near dunghills.

LENTUS. *Fig. 7. Déploie ses ailes un pouce.*

Le *corselet* & l'*abdomen* sont noirs & un peu lustrés. Les *ligatures* des *ailes* & les *bandes* sont orange pâle. Les *jambes* sont d'un brun obscur, mais jaunâtres près du corps. Les *ailes* sont larges & claires. La chenille se nourrit au fond des étangs croupissans, principalement ceux qui sont proches des fumiers.

VERSIPELLIS. *Fig. 8. Expands one inch.*

The *head* and *thorax* are of a very dark brown and glossy. The *abdomen* is of a lighter brown; but the edges of the annuli are black and glossy. The *legs* are brown, nearly black. They are found near ditches of running water. The caterpillar at *(a)* lives in the mud at the bottom of little running ditches, wherein it stands in a perpendicular form, immerged in the mud, in which three parts of his body is concealed. From the end of the upper part, it exerts a long thread-like instrument, the top of which, when arrived at the surface, divides into a number of little hairs, and spreads them like a star; this causes a small dimple or hollow in the surface, that any little fly coming down the

VERSIPELLIS. *Fig. 8. Déploie ses ailes un pouce.*

La *tête* & le *corselet* sont d'un brun très-foncé & lustré. L'*abdomen* est d'un brun plus clair, mais les bords des anneaux sont noirs & lustrés. Les *jambes* sont brunes, presque noires. On les trouve près des fossés d'eau courante. La chenille à *(a)* se nourrit dans le limon, au fond de petits fossés d'eau courante, où elle se tient en forme perpendiculaire: trois parties de son corps sont cachées dans le limon; du bout de la partie supérieure elle découvre un long filet comme un instrument, le bout duquel, lorsque parvenu à la surface, se divise en nombre de petits cheveux, & les déploie en forme d'étoile; ce qui occasionne une petite fossette, ou creux sur la surface, lorsque toutes petites mouches

Tab XLIX
APICIS Ord II.d

the ſtream near the place, is ſuddenly drawn into it: it immediately contracts the ſtar-like filaments together, and, embracing the inſect, draws it down, where it becomes a prey to its artifice. The caterpillars may be found as above in April. The chryſalis is ſeen at (6).

CÆNOSUS. *Fig.* 9. *Expands one inch and a quarter.*

The *thorax*, *abdomen*, and *legs*, of a duſky dun colour. The *wings* are brown, and a little cloudy. The caterpillar lives under ground, where it changes to the chryſalis, and the fly is produced in about fourteen days.

DIVAGOR. *Fig.* 10. *Expands one inch and a half.*

The *thorax* and *legs* brown. The *abdomen* of an orange brown, having a dark ſtripe down the middle. The *wings* are brown, and have two or three dark ſpots or clouds on them.

mouches qui deſcendent le courant proche de l'endroit ſont ſubitement priſes; alors elle contracte immédiatement enſemble ſes filamens, reſſemblant à une étoile, & embraſſe l'inſecte, le tire en bas, où il devient la proie de ſon artifice. On peut trouver les chenilles comme ci-deſſus expliqué au mois d'Avril. On voit la chryſalis à (6).

CÆNOSUS. *Fig.* 9. *Déploie ſes ailes un pouce & un quart.*

Le *corſelet*, l'*abdomen*, & les *jambes*, ſont de couleur tannée ſombre. Les *ailes* ſont brunes, & un peu nuagées. La chenille habite ſous terre, où elle change en chryſalide; & la mouche eſt produite aux environs de quatorze jours.

DIVAGOR. *Fig.* 10. *Déploie ſes ailes un pouce & demi.*

Le *corſelet* & les *jambes* ſont brunes. L'*abdomen*, couleur d'orange brun, avec une raie obſcure le long du milieu. Les *ailes* ſont brunes, & ont ſur le deſſus deux ou trois taches obſcures, ou nuages.

TAB. XLIX.

APIS. ORDER II.

A Wing of this Order, with the Tendons, carefully delineated.

Une Aile de cet Ordre, avec ſes Tendons, ſoigneuſement deſſinée.

DENTALA. *Fig.* 1. *Meaſures eight lines.*

THE lower part of the *face* and *chaps* are yellow. The *thorax* is meanly covered with buff-coloured hair. The *abdomen* is

DENTALA. *Fig.* 1. *Meſure huit lignes.*

LA partie de deſſous de la *face* & des *mâchoires* ſont jaunes. Le *corſelet* eſt chétivement couvert de poils de couleur jaune

is covered with a brownifh hair. The *anus* hath five tooth-like points, above which are two longifh yellow fpots. I know not if this is one of the 4 *Dentata* of Linn. Ap. 29.

jaune foncé. L'*abdomen* eft couvert de poils brunâtres. L'*anus* a cinq dents comme des pointes, au-deffus defquelles il y a deux longues taches jaunes. Je ne fais pas fi celle-ci eft une des 4 *Dentata* de Linn. Ap. 29.

CENTUNCULARIS. *Fig.* 2. *Meafures near eight lines.*

The *face* is covered with brownifh hair. The *thorax* is covered with hair of a reddifh caft. The *abdomen*, inftead of being curved or bent underneath, is ftrait in a line with the *thorax*. The under fide of the *abdomen* is thickly clothed with hair. The nidus or neft of this bee is enwrapt in rofe leaves, which fhe is very dexterous in providing; for fhe no fooner fettles on a leaf, but begins to cut with her teeth, and neatly takes a piece out of it the fize of a fhilling, as quick as it could be cut with fciffars, carefully rolling it up as fhe cuts it; then flies away with it enclafped in her claws. See Linn. Ap. 4.

CENTUNCULARIS. *Fig.* 2. *Mefure près de huit lignes.*

La *face* eft couverte de poil brunâtre. Le *corfelet* eft couvert de poils d'un teint rougeâtre. L'*abdomen*, au lieu d'être courbé ou de pencher en bas, eft en droite ligne avec le *corfelet*. Le deffous de l'*abdomen* eft épaiffement garni de poils. Le nid de cette abeille eft enveloppé dans des feuilles de rofes, qu'elle fe procure avec beaucoup de dextérité; car elle ne fe pofe pas plus tôt fur une feuille, qu'elle commence à couper avec fes dents, & en enlève proprement une pièce de la groffeur d'un fhelin, auffi vîte qu'il eft poffible de la couper avec des cifeaux, la ployant foigneufement à mefure qu'elle la coupe, alors s'enfuit, l'embraffant avec fes griffes. Voyez Linn. Ap. 4.

PERVIGIL. *Fig.* 3. *Meafures five lines.*

The fides of the *face* and *chaps* are yellow. The *head* and *thorax* are covered with hair of a dirty foot colour. The *abdomen* is of a dull languid glofs, hath five yellow fpots on each fide, and two a little above the *anus*.

PERVIGIL. *Fig.* 3. *Mefure cinq lignes.*

Les côtés de la *face* & des *mâchoires* font jaunes. La *tête* & le *corfelet* font couverts de poils de couleur de fuie fale. L'*abdomen* eft d'un foible luftre, a cinq taches jaunes à chaque côté, & deux un peu au-deffus de l'*anus*.

BICORNIS. *Fig.* 4. *Meafures fix lines.*

The *head* is black, having two horn-like projections a little above the chaps. The *thorax* is covered with black hair. The *abdomen* is covered with hair of an orange colour. *Legs* the fame.

BICORNIS. *Fig.* 4. *Mefure fix lignes.*

La *tête* eft noire, & a deux cornes comme projections, un peu au-deffus des mâchoires. Le *corfelet* eft couvert de poil noir. L'*abdomen* eft couvert de poils couleur d'orange. Les *jambes* de même.

Longicornis. *Fig.* 5. *Measures six lines.*

The *face* is covered with hair of a yellow brown. The *head* is furnished with *antennæ*, each about the length of the whole insect. The *thorax* is covered with hair of a fine orange brown, as is the *abdomen*, but toward the *anus* is naked, black and glossy.

Longicornis. *Fig.* 5. *Mesure six lignes.*

La *face* est couverte de poils d'un jaune brun. La *tête* est garnie d'*antennes*, chacune de la longueur de l'insecte. Le *corselet* est couvert de poils d'un bel orange brun, de même que l'*abdomen*; mais proche de l'*anus*, il est nud, noir, & lustré.

Agitabilis. *Fig.* 6. *Measures six lines.*

The *mouth* and sides of the *face* are yellow. The *antennæ* orange. *Thorax* black, having two yellow spots near or on the *scutulum*. The *abdomen* is black, having five yellow stripes on each side. The *legs* are orange colour. It appears much like the Vespa.

Agitabilis. *Fig.* 6. *Mesure six lignes.*

La *bouche* & les côtés de la *face* sont jaunes. Les *antennes* sont couleur d'orange. Le *corselet* est noir, & a deux taches jaunes, proches ou dessus le *scutulum*. L'*abdomen* est noir, & sur chaque côté il y a cinq raies jaunes. Les *jambes* sont couleur d'orange. Elle a beaucoup l'apparence de Vespa.

Agino. *Fig.* 7. *Measures near five lines.*

The *mouth* and *frontlet* are covered with hair of a fine buff colour. The *thorax* is black, and covered with the same. The *abdomen* is covered with hair of an orange brown. *Antennæ* as long as the *head* and *thorax*.

Agino. *Fig.* 7. *Mesure près de cinq lignes.*

La *bouche* & le *fronteau* sont couverts de poils d'une belle couleur de jaune foncé. Le *corselet* est noir, & couvert de même. L'*abdomen* est couvert de poils d'orange brun. Les *antennes* sont aussi longues que la *tête* & le *corselet*.

Agilis. *Fig.* 8. *Measures six lines.*

The *head* and *thorax* are wrought like shagreen, meanly covered with hair of a dirty buff. The *thorax* hath two little horns on the upper part, one on each side the *scutulum*. The *abdomen* is black, having a languid gloss. Each *annulus* is fringed with hair of a dirty buff, so that it appears as if it was encircled with yellowish rings. It is in shape like a cone, coming to a point at the *anus*.

Agilis. *Fig.* 8. *Mesure six lignes.*

La *tête* & le *corselet* sont crépis comme du chagrin, chétivement couvert de poils d'un jaune foncé sale. Le *corselet* a deux petites cornes sur la partie supérieure, une à chaque côté du *scutulum*. L'*abdomen* est noir, & d'un foible lustre. Chaque anneau est frangé de poils de la même couleur, qu'il paroît comme environné de cinq anneaux. Il est de la forme d'un cone, devenant pointu à l'*anus*.

Altercator.

ALTERCATOR. *Fig.* 9. *Measures six lines.*

The *head, thorax,* and *legs,* are covered with hair of a dirty buff. The *abdomen,* which is long, hath each annulus thickly fringed with hair of the same colour, that it appears encircled with rings of black and dirty buff. The *legs* and *antennæ* are long.

SUPERBUS. *Fig.* 10. *Measures four lines.*

The *head,* which is large, is black; as are the *thorax* and *abdomen,* being scantily covered with whitish hair. They appear of a bluish gloss. The *wings* are clear.

ALTERCATOR. *Fig.* 9. *Mesure six lignes.*

La *tête,* le *corselet,* & les *jambes,* sont couverts de poils d'un jaune foncé sale. L'*abdomen,* qui est long, a chaque anneau épaissement frangé de poils de la même couleur, qu'il paroît environné d'anneaux de couleur noire, & d'un jaune foncé sale. Les *jambes* & les *antennes* sont longues.

SUPERBUS. *Fig.* 10. *Mesure quatre lignes.*

La *tête,* qui est large, est noire, de même que le *corselet* & l'*abdomen,* qui sont chétivement couverts de poils blanchâtres. Ils paroissent d'un lustre bleuâtre. Les *ailes* sont claires.

T A B. L.

A P I S. ORDER II. *Continued.*

STRENUUS. *Fig.* 11. *Measures near five lines.*

THE *head, thorax,* and *abdomen,* are black, covered scantily with hair of a buff colour. The *feet* are short. The *antennæ* long as the head and thorax.

TUMIDUS. *Fig.* 12. *Measures five lines.*

The *head, thorax,* and *abdomen,* are black and glossy, and very thinly covered with hair of a dirty pale buff. The latter is very long and narrow, and bends or turns under at the *anus.* The *wings* are a little cloudy at the apices.

STRENUUS. *Fig.* 11. *Mesure près de cinq lignes.*

LA *tête,* le *corselet,* & l'*abdomen,* sont noirs, chétivement couverts de poils d'un jaune foncé. Les *pieds* sont courts. Les *antennes* aussi longues que la tête & le corselet.

TUMIDUS. *Fig.* 12. *Mesure cinq lignes.*

La *tête,* le *corselet,* & l'*abdomen,* sont noirs & lustrés, & très-chétivement couverts de poils d'un jaune pâle sale. Ce dernier est long & étroit, & plie ou tourne en dessous à l'*anus.* Les *ailes* sont un peu nuagées aux bouts.

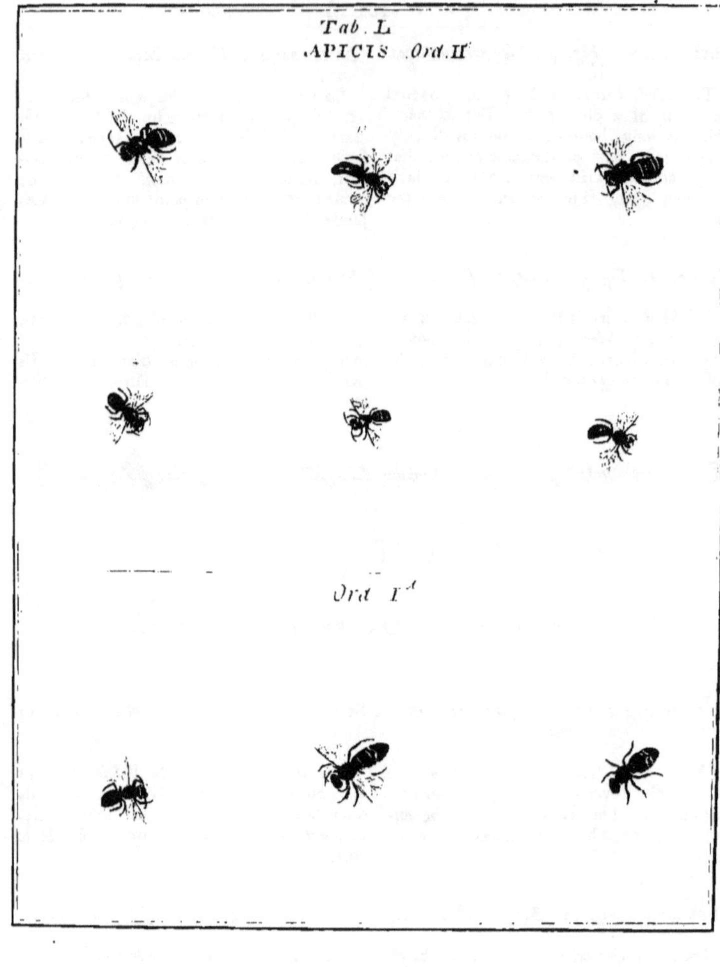
Tab. L
APICIS Ord. II
Ord. I

Fastosus. *Fig.* 13. *Meaſures ſix lines.*

The *head*, *thorax* and *abdomen* are black, thinly covered with hair of a dirty buff. The latter, though almoſt naked on the upper ſide, is thickly clothed on the under, and, inſtead of turning downward, bends or turns upward, as if it was inverted, and the under ſide upward.

Fastosus. *Fig.* 13. *Meſure ſix lignes.*

La *tête*, le *corſelet* & l'*abdomen* ſont noirs, chétivement couverts de poils d'un jaune foncé ſale. Ce dernier, quoique preſque nud ſur la partie ſupérieure, eſt épaiſſement garni ſous le deſſous, & au lieu de tourner en bas, tourne en deſſus, comme s'il étoit renverſé, & le deſſous en deſſus.

Impavidus. *Fig.* 14. *Meaſures three lines.*

The *head*, *thorax* and *abdomen* are totally black and naked, except the *face*, which is of a ſilver white, and in the ſhape of a ſhield.

Impavidus. *Fig.* 14. *Meſure trois lignes.*

La *tête*, le *corſelet* & l'*abdomen* ſont entièrement noirs & nuds, excepté la *face*, qui eſt d'un blanc d'argent, & de la forme d'un bouclier.

Tacitus. *Fig.* 15. *Meaſures three lines.*

The *head*, *thorax* and *abdomen* are black, having a few whitiſh hairs about them; but the latter is well clothed on the under ſide with hair of a brown orange colour. The *wings* are clear.

Tacitus. *Fig.* 15. *Meſure trois lignes.*

La *tête*, le *corſelet* & l'*abdomen* ſont noirs, & ont quelques poils blanchâtres; mais le deſſous de ce dernier eſt bien garni de poils de couleur d'un brun orange. Les *ailes* ſont claires.

Melodes. *Fig.* 16. *Meaſures three lines.*

The *head*, *thorax* and *abdomen* are black; the two former covered with hair of a pale orange colour: the latter is thinly ſet with ſhort hair, and has a braſſy gloſs.

Melodes. *Fig.* 16. *Meſure trois lignes.*

La *tête*, le *corſelet* & l'*abdomen* ſont noirs: les deux premiers ſont couverts de poils, de couleur orange pâle; le dernier eſt chétivement couvert de poils courts, & a un luſtre d'airain.

A P I S. Order I.

Derisor. *Fig.* 17. *Meaſures three lines.*

THE *head*, *thorax* and *abdomen* are black and gloſſy, and almoſt totally bald. The *wings* are clear.

Derisor. *Fig.* 17. *Meſure troi, lignes.*

LA *tête*, le *corſelet* & l'*abdomen* ſont noirs & luſtrés, & preſque entièrement chauves. Les *ailes* ſont claires.

Europa. *Fig.* 18. *Meaſures ſix lines.*

The *head*, with the *antennæ*, are black. The *thorax* is of an orange red, except a callous border ſurrounding it, which is black. The *abdomen* is of a dark gloſſy blue, like blued ſteel: on it are three rings or bars of white, or rather yellow hair croſſing it, one near the *thorax*, the other two in the middle.

Europa. *Fig.* 18. *Meſure ſix lignes.*

La *tête*, avec les *antennes*, ſont noires. Le *corſelet* eſt couleur d'orange rouge, excepté un bord calleux qui l'environne, & qui eſt noir. L'*abdomen* eſt d'un luſtre bleu foncé, reſſemblant à l'acier bleui; ſur le deſſus il y a trois anneaux ou barres, de poils blancs, ou plutôt jaunâtres, qui le traverſent, une proche du *corſelet*, les deux autres dans le milieu.

Simile. *Fig.* 19. *Meaſures ſix lines.*

The *head* is black. The *thorax* dark red orange. The *abdomen* is black, and covered with hair; it hath four white ſpots, two on each ſide the middle, and one near the *thorax*. The *legs* are alſo black. It has no *wings*!

Simile. *Fig.* 19. *Meſure ſix lignes.*

La *tête* eſt noire. Le *corſelet* d'un rouge orange foncé. L'*abdomen* eſt noir, & couvert de poils; il a quatre taches blanches, deux à chaque côté du milieu, & une proche du *corſelet*. Les *jambes* ſont auſſi noires. Elle n'a point d'*aiſes*!

F I N I S.

INDEX.

INDEX.

INDEX.

INDEX.

www.ingramcontent.com/pod-product-compliance
Lightning Source LLC
Chambersburg PA
CBHW021516210326
41599CB00012B/1270
9783337176082